図解即戦力

家電業界のしくみと仕事がしっかりわかる教科書

これ1冊で

堀田泰希
Yasuki Hotta

技術評論社

はじめに

家電製品が登場し、進化することで私たちの生活はより便利で快適になりました。家電メーカーが日本の復興・国力向上の一翼を担ってきたのは紛れもない事実です。その後、家電製品がコモディティ化し、東アジアを含む海外メーカーの台頭により、日本の家電メーカーは苦戦を強いられています。また、グローバル化した市場では、環境問題などの重要課題の解決が求められており、日本の家電業界も例外ではありません。

しかし、この世界的な潮流のルールメーカーの役割は他国が果たしています。そのため、取り組みは素晴らしくとも、ルールを定める国々の国益追求の姿勢が明確になっています。こういった状況のなか、日本の家電メーカーが「特定の国の利益に偏らず、全国際社会が公平に取り組める持続可能性を目指す」という真のルールメーカーになるには、日本独特の高い精神性・社会性のもと、一流の開発・技術力をさらに磨き、正しい情報を発信して世界を牽引することが必要です。

また、ひと言で家電メーカーといっても、重電まで扱っている総合電機メーカーやカテゴリーに特化した専業メーカー、ターゲットを絞った製品を製造している中堅メーカーなど、製品だけでなく、組織体系や生産体制まで、企業ごとに大きな違いがあります。これに加え、家電製品の国内流通チャネルも多様化し、家電メーカーの販売戦略に大きな影響を与えています。日本の家電メーカーをはじめとする家電業界全体の復権を目指すには、すでに家電業界に携わっている方、これから家電業界に就職や転職を考えている方の一人ひとりが、家電業界の業種や企業ごとの違いなど、まずは基本事項や全体像を把握することが大切です。

本書では、家電業界を俯瞰的に見ながら、家電製品というモノから、家電メーカー、そして最大の流通チャネルである家電量販店に至るまでの業界の基本的な構造や主要な課題への対策までを幅広く説明しています。本書が、家電業界に興味を持っていただくきっかけとなり、優秀な方々が家電業界への就職や関わりを持つことによって、日本の家電業界が世界市場をけん引する日が来ることを願ってやみません。

堀田泰希

CONTENTS

Chapter 3

主要カテゴリーの動向

Chapter 4

主要な家電メーカーと市場

Chapter 6

家電メーカーの主な仕事

Chapter 7

家電を進化させる技術

Chapter 8

家電メーカーが取り組むビジネス戦略

Chapter 9

家電メーカーの課題と展望

第 1 章

家電の基礎知識

家電メーカーは、技術の進化と共に多くのカテゴリーを誕生させてきました。現在では、日常生活のほとんどの場面に、家電製品は深く入り込んでいます。ここでは、家電製品の種類から市場の推移まで、基礎的な項目について幅広く取り上げ、家電メーカーの置かれている状況を明らかにしています。

家電製品の定義と範囲

日常生活を送るうえで、欠かすことのできない家電製品。家電製品の定義や範囲は明確には定められていませんが、消費者の日常生活に用いられ、浸透していくことで、家電製品として定着していくことになります。

消費者の認識によって形成される家電製品の定義

家電製品には、明確に決められた定義はありません。一般的には「家庭で使用され、日常生活を効率化し、便利さや快適さを提供するために設計された**民生用電気機器**や民生用**電子機器**など」を総称して家電製品と呼ぶことが多くなっています。しかし、「照明器具や電球、乾電池は除く」という意見があったり、家庭用パソコンやタブレット、スマートフォンなどの情報通信機器も家電化したりしています。こうしたことから、家電製品の定義は、消費者の日常生活に用いられ、浸透していくことで形成されていくと考えられます。

民生用
消費者による使用や家庭での使用を目的としたもの。

電気機器
電気によって動作する機器の総称。主なものは電気ストーブ、電気こたつ、電気毛布、電気カーペット、電気かみそり、冷蔵庫、洗濯機など。

電子機器
電子部品やコンピューターなどによってさまざまな機能を動作させる機器の総称。情報をデジタル処理する機器や、映像・音声を電気的にアナログ処理する機器などが含まれる。

流動的な「消費者の考える家電製品」の定義と範囲

家電製品の範囲も、消費者の認識に基づいて形成されています。例えば、カーナビゲーションシステムでは、自動車に組み込まれた製品は「自動車関連機器」ですが、外付けのものは「家電製品」と考える消費者も多くいます。これは、カーナビは家電量販店でも普通に販売されており、消費者も家電製品として認識しやすい状況にあるからです。また、業務用エアコンのように、同一カテゴリーでも家電製品と認識されない範囲の製品もあります。

さらに、パソコンは「情報通信機器」に分類されていたとしても、家庭用パソコンが普及し、現在のようにどの家電量販店にも普通に展示されていれば、消費者は（情報）家電という認識を持ちます。このように各メーカーや業界の業務上の分類と消費者の受け止め方は違い、家電製品の定義と範囲は流動的です。消費者を中心に考えれば、その認識に影響を与えている「家電量販店で一般的に販売されている電機製品（右ページ上図参照）とその関連製品」という広い捉え方ができます。

電機製品の種類（例）

電機製品（一例）		
種類	カテゴリー	左記のうち家電製品と認識されるカテゴリー
①情報通信機器	・パソコン　・タブレット ・スマートフォン　・ルーターなど	家庭用で使用される ・パソコン　・タブレット ・スマートフォン　・ルーターなど
②オフィス機器	・コピー機　・プリンター　・電卓 ・スキャナー　・ファックス機など （オフィス環境で使用される電子機器）	家庭用で使用される ・コピー機　・プリンター　・電卓 ・スキャナー　・ファクシミリなど
③自動車関連機器	・カーナビゲーションシステム ・カーオーディオ ・エンジン制御ユニット ・エアバッグシステムなど （自動車に関連する電子機器）	・外付けカーナビゲーションなど
④工業用電気製品	・モーター制御装置　・産業用ロボット ・制御パネルなど （産業分野で使用される電気機器）	
⑤電子部品	・抵抗器　・コンデンサー ・トランジスタ　・ダイオード ・集積回路（IC）など （電子機器の構成要素として使用される電子部品）	
⑥家電製品	・冷蔵庫　・洗濯機　・電子レンジ　・掃除機　・扇風機　・エアコン　・空気清浄機 ・テレビなど	

消費者の認識による家電製品の範囲（例）

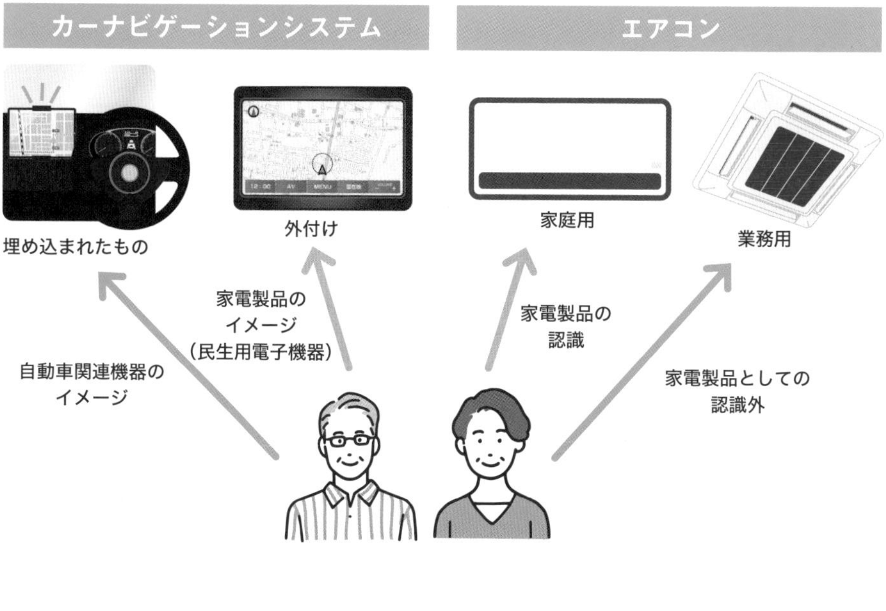

Chapter1
02

家電製品の種類

当初、家電製品は洗濯機や冷蔵庫、白黒テレビといった限られた種類しかありませんでした。メーカーの技術力の向上や消費者ニーズの多様化により、現在では、日常生活のあらゆる場面で数多くの家電が活躍しています。

日常生活への浸透による種類の増加

家電製品は、「消費者の家庭での日常生活を効率化し、便利さや快適さを提供する」ために、メーカーが研究を重ね、開発してきたものです。当初は、冷蔵庫・洗濯機・白黒テレビなど、日常生活の構成要素の1つである「家事」と「娯楽」のなかの一部分のみの役割を担うものでした。

その後、技術の進化とともに徐々に**カテゴリー**数が増えていき、現在では、日常生活のほとんどの場面に、家電製品は深く入り込んでいます。家事を支援する「家事家電」や余暇を楽しむ「AV家電」以外に、健康管理を行う「健康家電」や身だしなみを整える「理美容家電」、ネットワーク対応や単体で情報を処理する「情報家電本体」など、多くの新しいカテゴリーが誕生しています。

カテゴリー
市場にある家電製品のすべてのカテゴリーを製造しているメーカーは存在しないため、家電製品の分類は各メーカーがそれぞれ製造している範囲内での分類となっている。

家電製品のカテゴリー化のメリット

家電製品の種類とは、テレビや冷蔵庫といったカテゴリー（小分類）としての分類の総数になります。このカテゴリーを共通の特徴でまとめたものが中分類になります。中分類化することで、家電メーカーは製品の開発やマーケティングを**効率的に行う**ことができます。さらに、この中分類を共通の特徴でまとめたのが大分類であり、一般的に「AV（Audio & Visual）家電」・「情報家電」・「生活家電」の3つに分類されることが多くなっています。

また、それぞれのカテゴリーに特化した技術の開発や市場ニーズを把握することで、より適切な製品を提供することが可能になります。消費者を深く知ることで、日常生活の困り事や消費者自身も気付いていない問題点を見抜くことができれば、それが新しいカテゴリーの出現につながるため、今後も家電製品の種類は増えていくと考えられます。

効率的に行う
例えば、テレビとレコーダーという映像に関する機器で、共通する技術の有無がわかりやすくなり、開発の効率化を図れることなどが該当する。

家電製品の3つの大分類

AV家電

AV家電とは、主に趣味や娯楽といった「余暇を楽しむ」ために用いられる家電製品

生活家電

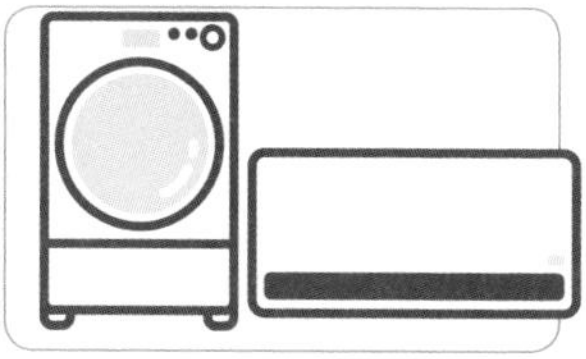

生活家電とは、家事や調理の手間を軽減したり、健康管理や身だしなみ、生活の快適化を促進させる家電製品

情報家電

情報家電とは、趣味やデータ管理、創作活動、学習といった、「余暇を楽しむ」ことに加え、「日常生活の効率化」などに用いられる家電製品

家電製品の3つの大分類と主なカテゴリー

大分類	中分類	小分類（本書ではカテゴリーと表現）の主な例
AV家電	ビジュアル家電	テレビ、レコーダー・プレーヤーなど
	オーディオ家電	ポータブルオーディオプレーヤー、単品オーディオ、ラジオなど
情報家電	情報家電本体	パソコン、タブレット、ゲーム機、電子辞書、スマートウォッチなど
	周辺機器	プリンター、スキャナー、メモリーカードなど
	通信家電	携帯電話・スマートフォン、スマホアクセサリー、固定電話機、FAXなど
	カメラ類	デジタルカメラ、デジタルビデオカメラ、ドライブレコーダーなど
生活家電	家事家電	洗濯機、掃除機、アイロン、布団乾燥機、高圧洗浄クリーナーなど
	調理家電	冷蔵庫、炊飯器、電子レンジ、ガステーブル、食器洗い乾燥機など
	理美容家電	シェーバー、ドライヤー、フェイスケア器具、脱毛器など
	健康家電	マッサージチェア、体組成計、電動歯ブラシ、電子血圧計など
	季節家電	エアコン、扇風機、除湿機、加湿器、電気ストーブ、石油暖房器具など
	住宅設備家電	照明器具、温水洗浄便座、ヒートポンプ給湯器、ガス給湯器など
	その他	配線器具、掛／置時計など

ONE POINT

「カテゴリー」とは何を指すか

正確にいえば、上図に記載のある「大分類」「中分類」「小分類」のそれぞれがカテゴリーです。これらすべてにカテゴリーという言葉を用いるとわかりにくくなるため、本書では上図にある「小分類」について、カテゴリーの言葉を使用しています。

Chapter1
03

製品の寿命と部品保有期間

家電製品の寿命を考える場合、税法上の減価償却資産の耐用年数である「法定耐用年数」や製造業表示規約の「補修用性能部品表示対象品目と保有期間」などが用いられることがあります。

家電製品と法定耐用年数

「法定耐用年数」とは、「減価償却資産の耐用年数等に関する省令」により定められた、税法における減価償却資産の耐用年数のことです。法定耐用年数は減価償却資産に限られるため、家電製品のなかの一部しか対象となっていません。

減価償却資産
時の経過により価値が減っていくとされる資産。

また、決められている耐用年数は、実際の家電製品の寿命よりかなり短い期間に設定されているため、家電製品の寿命として用いるときは、1つの目安として考えるとよいでしょう。

家電製品の最低限の寿命に該当する部品保有期間

製品が壊れたときの修理に必要な部品には、メーカーが保有すべき期間（補修用性能部品の保有期間）が決められています。対象となる家電製品は主として「生活家電」や「AV家電」で、最低限のカテゴリーと年数が決められています（右ページ下図参照）。

補修用性能部品の保有期間
「家庭電気製品製造業における表示に関する公正競争規約及び施行規則」の「第12条 規約第５条第１項第５号」に規定されている。

また、パソコンやデジカメの修理用部品の保有期間は、一般的に業界慣行やパソコンメーカーの独自基準に基づいています。

独自基準
例えばデジカメの場合、メーカーによって「製造終了後から原則として7年間、5年間」というように保有期間に違いがある。

家電製品の寿命を考える場合、この「補修用性能部品の保有期間」が大きく影響します。製造終了後からの保有期間の年限が経過した製品は「部品供給不能」のため、修理することができません。まれに保有期間が過ぎてもメーカーに在庫が残っていたり、該当機種より新しい製品で同一の部品を使用していたりする場合は、部品保有期間を過ぎても修理が可能です。また、右ページ上図に記載されているカテゴリーは「製造終了後からの年限」であり、「新製品発売すぐの購入」と「モデルチェンジ前の購入」では、通常１年程度の開きが出ます。いずれにせよ、有償修理にはなりますが、家電製品の最低限の寿命として「補修用性能部品の保有期間」の年限が当てはまるといえます。

主な減価償却資産の耐用年数表

構造又は用途	細目	耐用年数
家具、電気機器、ガス機器、家庭用品（他の項に掲げるものを除く。）	ラジオ、テレビジョン、テープレコーダーその他の音響機器	5年
	冷房用・暖房用機器	6年
	電気冷蔵庫、電気洗濯機その他これらに類する電気・ガス機器	6年
事務機器及び通信機器	電子計算機	
	パーソナルコンピュータ（サーバー用のものを除く）	4年
	その他のもの	5年
	複写機、計算機（電子計算機を除く）	5年
	その他の事務機器	5年
	ファクシミリ	5年
	インターホーン	6年
時計	時計	10年
光学機器	カメラ	5年

出典：国税庁「主な減価償却資産の耐用年数表」

補修用性能部品表示対象品目と保有期間

製品名	年	製品名	年	製品名	年
電気冷蔵庫	9	テープレコーダー	6	エアーコンディショナー	9
電気洗濯機	6	白黒テレビ	8	電気掃除機	6
カラーテレビ	8	ミキサー・ジューサー	6	ステレオ	8
電気釜	6	扇風機	8	電気コタツ	6
電気井戸ポンプ	8	電気アンカ	6	冷水器	8
電気毛布	6	冷風扇	8	電気ストーブ	6
電子レンジ	8	電気カミソリ	6	換気扇	6
電気ポット	5	電子ジャー	6	トースター	5
ズボンプレッサー	6	ロースター	5	電気パネルヒーター	6
アイロン	5	ウィンドファン	6	電気コンロ	5
ラジオ	6	ヘアーカーラー	5	屋外排気式石油ストーブ	7
開放式石油ストーブ	6				

※年数は製造終了後からの年限。各カテゴリーの年数は、これを下回ることはできない

出典：公益社団法人全国家庭電気製品公正取引協議会HP「補修用性能部品表示対象品目と保有期間」

ONE POINT

一般的な家電製品の寿命（イメージ）

部品の保有期間は、有料の修理可能期間であり、家電製品の最低限の寿命となります。家電製品の実際の寿命は、使用頻度や設置環境などによって異なります。また、機能的な陳腐化からの買い替えも多いため、一律に示すことはできませんが、一般的なイメージは次のようになります。

【6～8年程度】ブルーレイディスク（BD）レコーダー、パソコン、デジカメ、ビデオカメラ、洗濯機、掃除機、炊飯器、電気ポットなど

【8～10年程度】テレビ、電子レンジ、ステレオなど

【概ね10年】冷蔵庫、エアコン、ガス給湯器、エコキュート、ガスコンロ、IHクッキングヒーターなど

需要の変化①

製品の需要の傾向

家電製品の主要カテゴリーの普及率は高いため、需要の多くは「買い替え需要」が占めています。また、需要の発生には外部からの要因が深く関わっていることが多く、需要の傾向にも影響を与えています。

家電製品の需要の種類

家電製品の需要を消費者の購入理由で分けると、「買い替え需要」、「新規需要」、「追加需要」の３つに分類されます。「買い替え需要」は、すでに使用中の家電製品が対象となり、家電製品の故障や画期的な新機能の登場がきっかけとなります。「新規需要」は、所有していないカテゴリーの家電製品に必要性を感じたときに発生する需要です。例えば、結婚や一人暮らしの際にそろえる家電製品の購入が該当します。「**追加需要**」は、新規需要の一部と見なされることもありますが、使用中の家電製品の追加購入に必要性を感じたときに生じる需要です。

追加需要
例えば、エアコンを設置していない部屋用にエアコンを購入するといったケースが該当する。

家電市場の拡大には、この3つの需要への対応が欠かせません。「買い替え需要」は定期的に発生するため、販売台数を維持しながら、高付加価値商品を提案することが重要です。「新規需要」と「追加需要」は販売台数と売上高の純増につながるため、自社製品の認知度向上と優位性のアピールが必要になってきます。

需要の発生と傾向に影響を及ぼす外部要因

これらの需要は、外部からの要因によっても大きく突き動かされます。この外部要因は一般的に「政治的要因」「社会的要因」「経済的要因」「技術的要因」の４つに分類されます（右ページ下図参照）。家電製品は**外部要因の影響**を受けやすく、例えば消費税率が引き上げられるときは、毎回必ず駆け込み需要が発生しています。このように需要の傾向は、そのときの外部要因によって変化します。最近の傾向としては、電気料金の高騰や物価高により、節約志向が高まっており、省エネ製品に注目が集まっています。

外部要因の影響
特に新型コロナウイルス感染症が蔓延したときは、給付金の支給や在宅時間の増加などもあり、大型家電品の買い替え需要、内食増加による調理家電の買い替え需要と新規需要、テレワーク用品の新規需要などが発生した。

主要耐久消費財の普及率（２人以上の世帯）

単位：%

普及率の高いカテゴリー ＝ 買い替え需要の可能性が高い

カテゴリー	普及率 令和3年3月末 (2021年3月末)
カラーテレビ薄型(液晶、プラズマなど)	96.2
携帯電話	95.8
スマートフォン	88.9
スマートフォン以外	28.9
ルームエアコン	92.2
温水洗浄便座	80.3
パソコン	78.5
光ディスクプレーヤー・レコーダー	74.2
DVD（プレーヤー・レコーダー）	45.4
ブルーレイ（プレーヤー・レコーダー）	50.0

カテゴリー	普及率 令和3年3月末 (2021年3月末)
衣類乾燥機	54.3
洗濯機一体型	41.4
その他（浴室乾燥機含む）	22.7
ファンヒーター	47.9
温水器	47.0
空気清浄機	45.2
タブレット型端末	43.8
ファクシミリ	43.3
ビデオカメラ	36.4
食器洗い機	34.4

出典：内閣府「消費動向調査 令和３年３月実施調査結果」より筆者作成

需要に影響する「４つの外部要因」

外部要因の主な事象

政治的要因	経済的要因
・消費税率のアップ ・各種支援策の実施 ・各種補助金の支給 ・給付金の支給など	・業界動向 ・電気料金など光熱費の推移 ・株価の推移 ・為替相場 ・インフレ、デフレなど
社会的要因	**技術的要因**
・感染症の流行 ・少子高齢化 ・核家族化 ・災害の発生 ・気象など	・インターネット技術の進歩 ・センサー技術の進歩 ・無線通信技術の進歩 ・AI技術の進歩など

近年発生した大きな要因

近年に起こった外部要因の一例

政治的要因	経済的要因
・緊急事態宣言の発出 ・特別定額給付金の支給（給付対象者１人10万円）など ※感染症の５類移行は外出が増え、内食などの阻害要因になる	・半導体の不足 ・電気料金など光熱費の高騰 ・物価の上昇など
社会的要因	**技術的要因**
・新型感染症の流行 ・猛暑の通年化など	・IoT技術の進歩 ・生成AIの登場 ・VR/AR/MR技術の進歩など

外部要因を受けた需要のイメージ例

外部要因からの影響：「在宅時間の拡大」「給付金による購買意欲の向上」「省エネ志向」

買い替え需要

①大型家電製品の買い替え
・エアコン、空清、洗濯機、冷蔵庫など
②内食増加による調理家電の買い替え
・炊飯器、ホットプレート、電子レンジなど

新規需要

①内食増加による調理器具の新規購入
・保有していない調理家電
②テレワーク用品の新規購入
・ヘッドセット、ゲーミングチェアなど

追加需要

①感染症対策として追加購入
・未設置の部屋用として、空気清浄機、テレビ、エアコンなど
・在宅勤務用として、パソコンなど

Chapter1 05

需要の変化②

売れ筋製品の変遷

家電市場が沸き立った時代には、必ず「新しいカテゴリー」が登場してきました。新技術の搭載が既存カテゴリー中心となっている現在、メーカーには「価値の伝達」と「新カテゴリーの創出」が求められています。

家電製品の登場と売れ筋製品の変換

我が国における家電製品の本格的な普及は、生活者の日常生活を大きく変える「三種の神器」といわれる「冷蔵庫」・「洗濯機」・「**白黒テレビ**」から始まりました。

白黒テレビ
1958年には10.4%の普及率だった白黒テレビは、皇太子殿下（現在の上皇陛下）のご成婚（1959年）や東京オリンピック（1964年）もあり、1965年には一気に90.0%にまで高まった（冷蔵庫51.4%、洗濯機68.5%）。

1960年代中頃には、3Cと呼ばれる「カラーテレビ」・「クーラー」・「自動車」の需要が拡大し、さらに新3C（電子レンジ・コテージ〈別荘〉・セントラルヒーティング）へと続きました。これらの普及率が高まると、メーカーは新たな需要を創造するため、1970年代半ばにはビデオデッキやヘッドホンステレオ、1980年代にはポータブルCD、CDラジカセを発売。これら新しいカテゴリーも生活者に受け入れられ、家電市場は沸き立ちました。そして、1995年、パソコンを身近なものとするWindows 95が発売され、デジカメ・プリンターなど周辺機器の需要につながっていったのです。

新技術が搭載された家電の登場とメーカーの課題

現在、**新しいカテゴリーの創出**は進んでいません。全世帯に一気に普及する需要をつくることは難しく、「買い変え需要」が中心となっています。最近では、新型コロナウイルス感染症の蔓延による外出自粛や給付金の支給により、一時的ではあったものの大型家電の買い替えや内食、テレワークなどの特需が生まれました。

新しいカテゴリーの創出
冷蔵庫や洗濯機といった既存のカテゴリーではなく、これまで存在していなかったカテゴリーを市場に送り出すこと。

既存のカテゴリーの家電製品には、IoTやAIなど新しい技術が次々と搭載されてきています。これには「買い替えのため、普及に時間がかかる」、「消費者の感情を揺さぶる価値があるか」といった課題もあります。新技術の搭載と需要の発生は別物です。表面化していないニーズを反映したモノづくりと、新しいカテゴリーの創出、そして価値の伝達がメーカーには求められています。

我が国における主要家電製品の推移

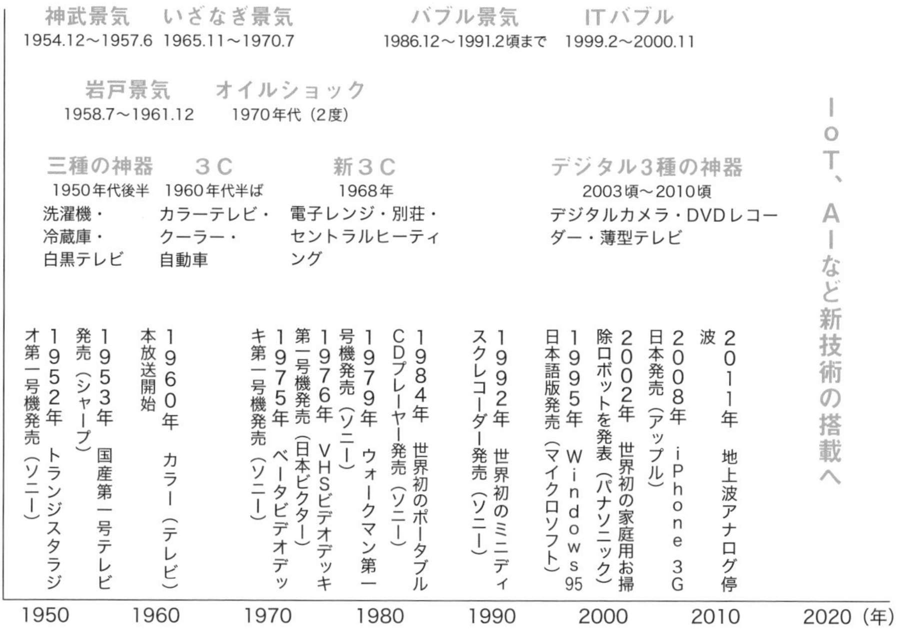

主要耐久消費財などの初期普及率（全世帯）

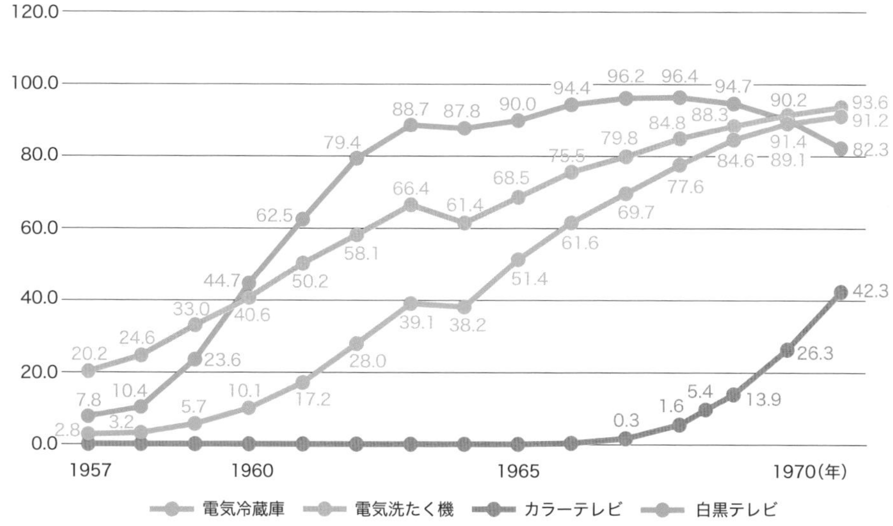

出典：内閣府「消費動向調査 主要耐久消費財の普及率」より筆者作成

Chapter1 06

需要の変化③

家電メーカーの市場規模の推移

家電市場は成熟した市場です。家電エコポイント制度が実施されていた2010年度の10.3兆円（メーカー出荷額約6.9兆円）をピークに、その後は約7兆円の市場規模（同4.5兆前後）で推移し、現在に至っています。

家電市場に影響を与えたエコポイントとアナログ停波

現在の家電市場の形成に大きく影響したのが、2009年5月から開始された「**家電エコポイント制度**」と2011年7月24日に行われた「地上波アナログ停波」です。エコポイントの対象は「地上デジタル放送対応テレビ」、「エアコン」、「冷蔵庫」でしたが、他の家電製品の追加購入も促進されました。特に2010年11月はエコポイント制度が改正される前の駆け込みで、各家電量販企業は**過去最高額の売上高**を記録しています。

なかでも、テレビは通年900万台程度の出荷台数でしたが、エコポイント開始からアナログ停波までの3年間で5,865万台を出荷し、3年間分以上の需要を先取りしました。2012年度からはその反動で出荷台数が半減しました。現在はスマートフォンが普及し、若年層を中心に「テレビを見ないライフスタイル」が生じ、テレビの需要は2008年以前の5～6割程度で推移しています。

家電エコポイント制度
グリーン家電を購入すると、さまざまな商品やサービスと交換可能な家電エコポイントが取得できる制度。2010年12月1日から、付与されるエコポイント数が、ほぼ半減するなど、駆け込み需要が起きた。

過去最高額の売上高
2010年度のメーカー出荷額（民生用電子機器、民生用電気機器、パソコン本体の合計）は約6.9兆円。2008年度比約130%となった。家電市場全体では約10.3兆円程度と見られている。

さまざまな特需にけん引される市場

一方、エアコンはエコポイント終了後も猛暑による需要に加え、各部屋へ設置する複数台需要と技術の進化による寒冷地需要が発生しています。そのため、2008年以前の出荷台数は年間700～750万台程度でしたが、現在は900～950万台に定着しており、生活家電をけん引しています。メーカー出荷額は、一時4.2兆円程度で推移していましたが、2019年10月の消費増税前の駆け込み需要や2020年のコロナ禍による特別定額給付金（10万円）の支給により、大型家電の買い替え需要や巣ごもり需要・テレワーク需要などによって底上げされました。2022年度では、メーカー出荷額約4.6兆円、家電市場全体の規模は約7兆円となっています。

メーカーの国内市場供給量の推移

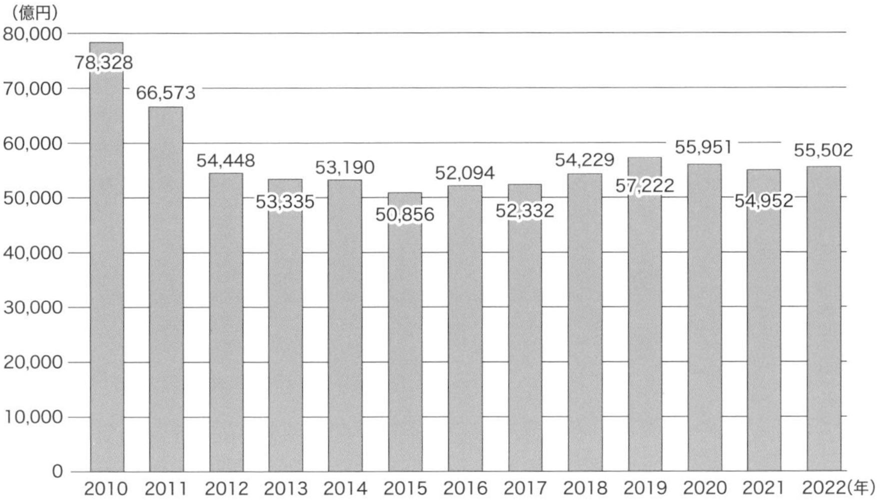

出典：一般社団法人家電製品協会「家電製品ハンドブック2023（抜粋版）」より著者作成

家電市場の特需発生に影響した主な要因

年	要因	年	要因
2008		2016	
2009	家電エコポイント制度 2009年5月15日~2010年3月31日購入分が対象。期限はその後2010年12月31日、2011年3月31日と条件を段階的に厳しくしながら延長	2017	
2010		2018	2018年、猛暑によりエアコンが記録的な伸長
2011	2011年7月24日、地上波アナログ停波 猛暑によりエアコンが伸長	2019	2019年10月1日　消費税率UP (8%→10%)
2012		2020	新型コロナウイルスの蔓延 →緊急事態宣言・特別定額給付金
2013		2021	半導体不足の発生
2014	2014年4月1日　消費税率UP (5%→8%) 2014年4月9日　Windows XP サポート終了	2022	
2015			

政府の法律改正や税制変更、支援制度などは、メディアで取り上げられる大きな広報力を伴います。今後も、社会の変化と市場の動きに注目しましょう。

Chapter1

07

市場の変化①

家電メーカーを取り巻く環境の変化

人口や世帯数の増減は家電市場の形成に深く関わる環境の変化です。この傾向をつかみ、グローバル化した競争環境や日々進化している技術を整理して考えることで、市場の置かれた状況をよりよく理解することができます。

人口減少と世帯数の増加による家電市場の縮小

家電メーカーを取り巻く国内の環境変化として、ベースとして考えねばならないのが、「人口減少と世帯数の増加」です。現在、日本では人口は減少し、世帯数が増加しています。これは1世帯当たりの人数が減少していることを表しており、一番多い世帯構成は「単身世帯」(世帯人員が1人の世帯）です。1世帯当たりの人数が減少すれば、大容量や高機能といった家電製品は売れにくくなります。これは単身世帯だけではなく、高齢者夫婦世帯などにも当てはまり、家電市場のトータル金額の減少をもたらします。

また、単身世帯が増えれば、「テレビを見ない」、「外食するため、冷蔵庫は必要ない」というように、販売単価だけでなく、販売台数も減少する可能性が高まります。

単身世帯
令和2年の国税調査では、2,115万1千世帯で一般世帯の38.1％を占めている。

家電メーカーが対応を求められる環境変化

国内での家電製品の販売は、コモディティ化の進行により、価格競争が高まっています。この環境変化に加え、海外メーカーの市場参入により、競争はグローバル化し、激しさを増しています。また、近年では半導体不足により、生産体制に大きな影響が出たり、国際情勢の変化でサプライチェーンの見直しが検討されたりと、負の環境変化も目立ちます。

しかし、脱炭素化の需要に対応し、環境を上手く利用しているメーカーもあります。また、IoTやAIなどは日々進化していますが、こうした技術を発展させスマートホームやスマート家電などの相互運用性を開発できれば、市場でイニシアチブを取ることも可能になります。近年の環境意識の高まりを受け、省エネやリサイクルなど、環境に配慮して開発することが求められています。

コモディティ化
複数のメーカーが参入し、高付加価値商品の市場価値が低下すること。

国内の一般世帯数と世帯人員の推移

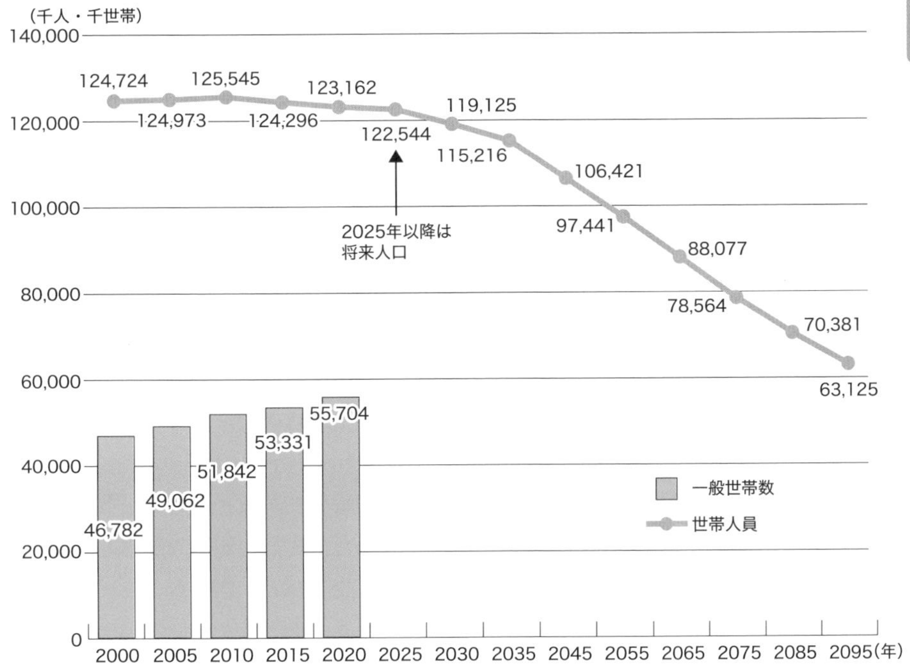

出典：総務省統計局「令和２年国勢調査 人口基本統計／人口の推移と将来人口」より著者作成

家電メーカーを取り巻く環境

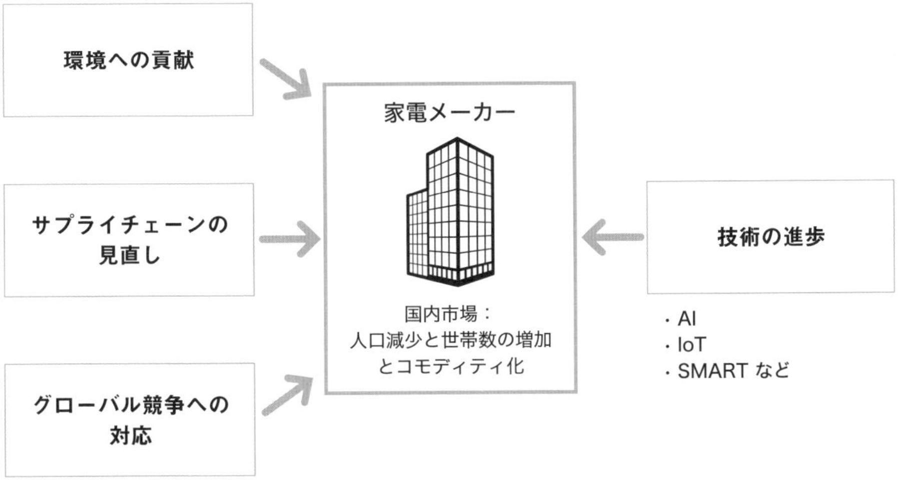

Chapter1
08

市場の変化②

購買方法の多様化

家電メーカーの販売チャネルは多様化しており、消費者に便益を与えています。家電メーカーは、複数の販売チャネルをバランスよく構築することで、自社のリスクの分散や競争力を維持することができます。

多様化する家電製品の販売チャネル

家電メーカーは、自社製品を販売するルート確立のために販売店の系列化を進め、1960年代に特定メーカーのみ扱う「メーカー系列店」が本格化しました。家電製品は1970年代頃までメーカー系列店での購入が一般的で、販売チャネルの構成比は80％程度でした。その後、系列店のなかで複数メーカーを扱う混売店が登場。家電量販店は、大きく分けてこの混売店や家電販売に参入してきた異業種（倉庫業・卸売業など）などが大型化したものと、カメラ店が大型化したカメラ系量販店から誕生しました。

1980年代半ばには、家電量販店が地域電器店の販売チャネル構成比を抜き、現在までトップシェアを誇っています。2000年代になるとアマゾン・ジャパンがサイトをオープンし、その後、家電製品の取り扱いを開始したのをはじめ、多くのネット通販が登場しています。その他、GMSやディスカウントストア（DS）、ホームセンター（HC）も販売チャネルとなっています。

販売チャネルごとの戦略の構築

家電製品を扱う販売チャネルは現在、ネット通販も含めて多様化しています。メーカーは、複数の販売チャネルをバランスよく構築することで、リスク分散や競争力の維持が図れます。

しかし、現状では家電量販店が60％程度のチャネル構成比であり、強い交渉力を持っています。経産省によると「生活家電、AV機器、PC・周辺機器等」のEC化率は、2014年の24.13％から2021年は38.13％と急伸していますが、このデータには家電量販店のネット販売分も入っています。販売チャネル間のバランスを取りながら、家電量販店に対し、「交渉力を発揮できる戦略」を構築することが重要です。

GMS
General Merchandise Store（ゼネラルマーチャンダイズストア）で、イオンなどに代表される総合スーパーのこと。

多様化
消費者からすれば、商品選びや使い方などに不安があれば地域電器店、多くの商品を実際に見たいなら家電量販店というように選択できる便利な状況である。

EC化率
全売上のうち、EC（電子商取引）サイトから購入された売上がどれくらいかを示す割合のこと。

家電製品の販売チャネルの種類

	販売チャネル	ワンポイント	
		メーカーからの視点	消費者からの視点
①	系列店	・製造・販社・販売店の一体化により、生産計画が立てやすく、販売価格が安定	・他メーカーとの比較ができない ・訪問型で手厚いサービスが受けられる ・価格が高い
②	混売店	・自社系列を守りたいメーカー ・系列店以外の販路開拓をしたいメーカー ・取り扱いメーカーを増やしたい系列店	・複数メーカーの比較をして購入できる ・訪問型で手厚いサービスが受けられる ・価格が高い
③	カメラ店	・先行取引メーカーへの追随	・価格が安い
④	家電量販店 (②③が進化)	・大量仕入れ ・大店立地法（2000年6月1日施行）による店舗の大型化と新興家電量販店による価格競争の激化 ・補填の増大	・実機が確認できる ・品揃えが豊富 ・価格が安い
⑤	ネット通販	・大手EC専業企業との直接取引の検討 ・取り引きのない中小ネット通販への対応 ・自社ECサイトと家電量販店との折り合い	・リアル店舗より安い価格で購入できる ・24時間・自宅で購入可能 ・リアル店舗より豊富な品揃え ・自分の判断による購入のため、「新しい発見」を見過ごしやすい（後悔も多い）
⑥	その他 GMS、HC、DS	・販売チャネルの構成比は低い ・GMSは、過去に販売価格などの主導権の問題が発生	・理美容、調理家電など小物家電や電池など消耗品関係の購入が多い

生活機器・AV機器・PC・周辺機器などのBtoC-EC市場規模

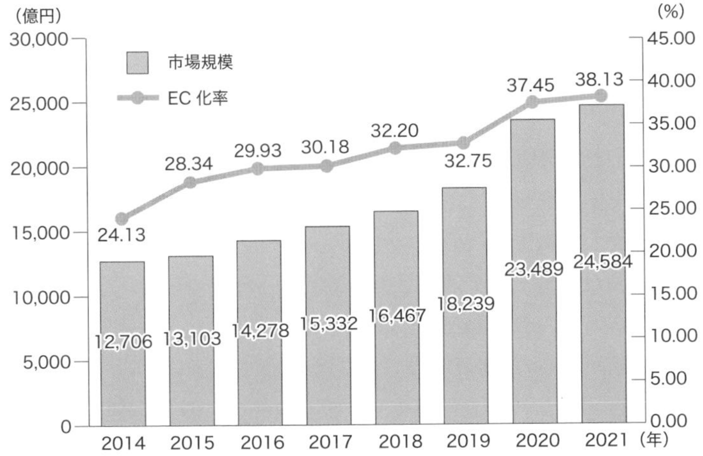

出典：経済産業省「令和３年度デジタル取引環境整備事業（電子商取引に関する市場調査）」より筆者作成

市場の変化③

Chapter1
09

価格競争による低価格化

家電製品はコモディティ化しており、販売現場での価格競争は激化しています。この低価格化は、最大の販売チャネルである家電量販店との商談材料にも取り上げられるため、メーカーのさらなる利益圧迫につながっています。

家電製品のコモディティ化による低価格の進行

家電製品の「価格競争による低価格化」は、主に競合メーカーと強い交渉力を持った販売チャネルによって引き起こされます。

これまで家電メーカーは、「消費者の利便性」を追求し、市場のなかで多くの競合メーカーと激しい技術競争を行ってきました。これにより、冷蔵庫や洗濯機、テレビをはじめとした多くの家電製品が一般世帯に普及しました。現在では、消費者の生活を根底から変えるような技術開発は難しく、コモディティ化が進行し、価格競争が激しさを増しています。

また、市場自体が成熟期を迎えて買い替え需要が中心となっているため、新製品を発売しても販売台数を大きく伸ばすことが難しくなっています。この縮小した市場を奪い合う競争は、最大の販売チャネルである家電量販店にも大きな影響を与えており、メーカーが利益を確保しにくい要因の１つになっています。

メーカーの利益を左右する家電量販店

国内家電販売の60％前後のシェアを握っているのが、家電量販店です。家電量販店は利益を確保したいため、メーカーの本部担当者と家電量販店のバイヤーによる商談で交渉しています。家電製品がコモディティ化しているため、商談では仕入値の引き下げや補填《ほてん》条件の話などが中心になります。また、家電量販店では定番制が取られており、高い定番ランクを取れば、販売を優先してもらえるシステムになっています。この定番を確保するには、製品の高評価を前提として、金銭的な条件も大きく関わってきます。これは、利益低下にもつながるため、取引企業を限定するなど、戦略的に取り組んでいるメーカーもあります。

強い交渉力
大量仕入れを背景に高まった「メーカーへの影響力」により、強い要求や条件を通すことができる。

コモディティ化
➡1-07参照。

バイヤー
商品（メーカーの製品）の検討、仕入れ、価格交渉を行い、店舗の品揃えを管理する専門職のこと。

補填
市場価格の変動により、販売店が製品の価格を下げた際に、元の販売価格と新しい低価格との差額を補うことを意味する。

定番
通常は、流行に左右されず日常的に取り扱う商品のこと。家電業界では、日常的な取り扱いに加え、販売の優先順位を表す。

市場から見た低価格化

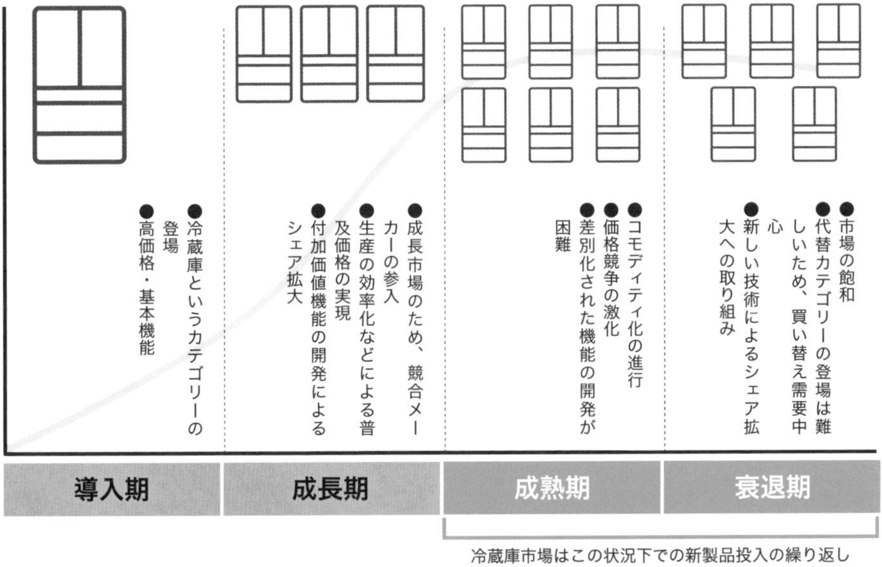

特定型番の値崩れのしくみ（家電量販店との商談）

新製品（個別型番）の登場

▼

新製品（個別型番）の導入商談

- 定番の決定、初回売価の設定、初回仕入台数の決定など

→この時期の価格が一番高い

▼

定期的な商談

- 時間の経過とともに、初回売価からプライスダウンさせ、さらなる拡売を狙う家電量販店が現れる
- 他の家電量販店との商談で「自社も価格を下げるから、条件をよくしてほしい」と持ちかけられる

→結果、すべての量販店へ安く商品を卸すようになる

→以後も、この流れが繰り返される・・・メーカーは利益がドンドン低下！

- キャンペーンやメーカー販売応援者の投入などを行えば、メーカーはさらに費用がかかる

▼

処分の商談

→処分時期が来ると、処分売価の商談

→在庫が無くなるまで、条件を求められる・・・メーカーは、さらなる利益低下

→売れ残っている台数が多いほど、被害額が大きくなる

● こういったメーカーにとっての悪循環の回避策の1つが、値引きできない「**指定価格制度**」

▼

後継新機種の登場

市場の変化④

海外メーカーの台頭

近年は、海外メーカーの製品を目にすることも多くなってきました。海外メーカーは、突出した機能を装備した製品を展開するほか、国内メーカーを買収し、高付加価値製品を製造するなど、多彩な取り組みを行っています。

国内家電メーカーを買収する東アジア企業

近年、東アジアの企業による国内家電メーカーの買収が目立っています。2012年、ハイアールが三洋電機の冷蔵庫・洗濯機事業を買収したのが始まりです。現在、買収した事業はAQUAブランドとして展開されていますが、これ以外にハイアール自体も自社ブランドで、洗濯機や冷蔵庫を販売しています。

業界の再編が一気に加速したのが2016年です。世界最大の電子機器受託生産企業であるフォックスコンが**シャープ**を買収。また、同年、東芝の**白物家電**事業である東芝ライフスタイルが中国の電機メーカーグループ、マイディアに買収されました。その後、東芝のテレビ事業は中国のハイセンス、パソコン事業はシャープの傘下となっています。東アジアの家電メーカーが日本国内で販売している家電製品には安価なものが多いですが、買収した国内家電メーカーで、引き続き付加価値の高い製品を製造することによって、日本国内の需要に応えています。

シャープ
液晶テレビを「国産／亀山工場」という訴求で一気にブランドイメージを高めた。その技術は現在も生かされ、8K液晶テレビなどが代表的な製品となっている。

白物家電
冷蔵庫、電子レンジ、炊飯器や洗濯機、掃除機など、生活に密着した家電のこと。

機能的優位性を打ち出す海外メーカー

国内市場では、機能面で優れた海外メーカーが注目されています。特に、カテゴリーの基本機能に特化したり、これまでになかった斬新な機能を開発することで、カテゴリーにおけるイメージを消費者に深く刻み込んでいます。例えば、クリーナーでは、ダイソン（英国）が「強い吸引力」のイメージを定着させており、高い認知度と人気を誇っています。また、アイロボット（米国）のロボット掃除機「ルンバ」は、クリーナー市場に新たなジャンルを形成しています。このように、インパクトのある機能でのイメージづくりも海外メーカーの特徴の１つとなっています。

海外メーカーによる国内家電メーカーの買収

企業名	国名	内容
海爾集団 (ハイアール)	中国	2012年、パナソニック(現パナソニックHD)から、三洋電機の冷蔵庫・洗濯機事業を買収
鴻海精密工業 (フォックスコン)	台湾	2016年、シャープを買収
美的集団 (マイディア)	中国	2016年、東芝の白物家電事業の東芝ライフスタイルを買収
海信家電 (ハイセンス)	中国	2018年、東芝映像ソリューションの発行済み株式の95%を海信視像科技股份有限公司に譲渡完了 ※株式会社東芝5%

日本国内で販売している主な海外メーカー

日本国内で販売している主な海外メーカー						
中国		韓国	台湾	米国	その他	

小米集団 /シャオミ	ZTE	サムスン電子	エイサー	アイロボット	ブラウン	独国
ハイセンス	レノボ	LG電子	エイスース	アップル	ダイソン	英国
ハイアール	TCL集団			デル	デロンギ	伊国
オッポ				マイクロソフト	グループセブ/ ティファール	仏国
ファーウェイ				HP		

スマホのシャオミ、オッポ、ファーウェイ、黒物のハイセンス、白物のハイアールなど、中国メーカーが台頭しています。ただし、安全保障の世界的情勢により流動的な側面もあります。

COLUMN 1

家電業界でのカテゴリーの意味

カテゴリーとは何か

家電製品をメーカーや販売店の立場で考える際の基本的な考え方に「カテゴリー」があります。カテゴリーとは、簡単にいえば「部類・分類・ジャンル」のことです。しかし、このカテゴリーは、企業によって使い方が違っていたり、属する内容が違っており、非常にあいまいです。

例えば、アゲハ蝶やモンシロ蝶は、「蝶」というカテゴリーに属します。また、オニヤンマや赤トンボは、「トンボ」というカテゴリーです。この「蝶」と「トンボ」は、「昆虫」のカテゴリーに属し、昆虫や犬、鳥などは、さらに上層の「生物」というカテゴリーに属します。

カテゴリーに何を含むかは企業によって異なる

見たように、「カテゴリー」という言葉はすべての階層で使用される言葉であり、しかも、企業ごとに使い方や内容が違うため、注意が必要です。カテゴリーという言葉を見たら「何を表しているのか」ということを確認する必要があります。

家電業界では多くの場合、冷蔵庫や洗濯機、テレビといったくくりで使用されます。冷蔵庫なら300～400ℓというように、容量別にさらに細かく分類されますが、この分類ではカテゴリーとは呼ばず、400クラスなどと表現することが多くなっています。

また、大手メーカーは「冷蔵庫」などでのくくりを事業部編成の基準とし、家電量販店も同様のカテゴリー分けのため、製造者と販売者で呼称が一致する唯一の階層です。

家電メーカーと家電量販店は、予算編成や前年比較をこのカテゴリーで必ず行います。注意すべき点は、「家電メーカーが決算書などで、複数の共通カテゴリーをまとめて実績を報告することがある」ということです。この場合は、セグメントなど、カテゴリーとは別の表現を取ることが多くなっています。セグメントに属するカテゴリーは企業によって違うため、同じ名称でも単純比較できません。このように、家電業界でのカテゴリーの意味を知れば、理解も進みやすくなります。

第2章

家電メーカーの構造

家電製品を消費者に届け、満足して使用し続けてもらうまでには、製造から販売、製品サポートまで、いくつものプロセスがあります。この一連のプロセスと全体的な流れを効率的に管理するのがサプライチェーンマネジメント（SCM）です。ここでは家電メーカーの一般的なSCMについて掘り下げてみましょう。

Chapter2
01

家電メーカーの概要①

付加価値を生かしたトップ企業戦略

実績としての市場シェアをつかむことは非常に重要ですが、自社製品の拡販には、「消費者にとってのトップ企業」というイメージづくりが不可欠。独自技術のターゲティングを、製造から販売の間で共有することが大切です。

消費者にとっての「トップ企業」

市場でのシェアはメーカーにとって重要でも、消費者には関係のないことです。消費者からすれば、「自分に必要な機能が一番優れている企業」がトップ企業になります。

例えばエアコンの場合、市場シェアで考えれば、ダイキンやパナソニックがトップ企業です。しかし現在、ブランドだけを評価して購入する消費者は極わずかです。エアコンの主力機種には、各メーカーとも特徴的な付加価値機能を装備しており、消費者は自分の生活をベースに、「節電」や「加湿」などの付加価値機能の有無・優劣を比較し、購入商品を選択します。選択されたメーカーこそが、その消費者にとってのトップ企業になるのです。

「トップ企業」を創造するターゲティングの共有

消費者にトップ企業と認識される一例として、シャープの**プラズマクラスターイオン**という独自技術が挙げられます。菌やウイルス、ニオイなどを抑制できるため、ペットと暮らしている方などにとって、シャープは「除菌ができるエアコンのトップ企業」と認識され、購入してもらえます。他のメーカーもこうした独自技術を開発し、事業部ではターゲットも設定しています。

しかし、販売部門（**販社**含む）、取引先企業のバイヤーと商談を重ねるにつれ、当然のことながら**条件面の商談**が絡み、ターゲットや製品によって提供できるベネフィットなどの話は薄くなります。メーカーは、「エアコンといえば、〇〇（自社の独自技術）」とイメージしてもらうことで「消費者にとってのトップ企業」になれます。それには、取引先企業との商談の構造を変えるしくみづくりと製造・販売の双方が協力した情報発信が不可欠です。

プラズマクラスターイオン
➡4-03参照。

販社
販売会社。自社製品を販売するための会社のこと。

条件面の商談
仕入値の変更や補填などの金銭的なものや品薄商品などの在庫確保などの商談のこと。

エアコンの購入を決定する付加価値機能

エアコンの独自機能とターゲット

メーカー	ダイキン	パナソニック	三菱	日立	シャープ
	Rシリーズ	Xシリーズ	Zシリーズ	Xシリーズ	R-Xシリーズ
型番	AN-223ARS-W	CS-X223D-W	MSZ-ZW2223-W	RAS-X22N-W	AY-R22X-W
独自技術	・うるる加湿 ・さらら除湿	・ナノイーX ・内部クリーン	・エモコアイ ・ムーブアイmirA.I.+ ・ピュアミスト	・Premiumプラズマ空清 ・ファンお掃除ロボ ・凍結洗浄 除菌ヒートプラス	・プラズマクラスターNEXT ・CO_2センサー
ターゲットの一例	肌が気になる女性や赤ちゃんがいる家庭：無給水加湿	在宅勤務など自宅で長時間過ごす方：部屋の空気もエアコン内部も清潔にできる、ナノイーX・内部クリーン	リビングで過ごす時間が長い家族：センサーでの「2カ所同時空調」	エアコンのお手入れがしにくい高齢者の家庭：エアコン内部各所の自動清掃	ペットと暮らしている方：プラズマクラスターイオン
年間電気代目安（※）	17,800円	16,800円	17,000円	16,100円	16,300円
参考価格（税込）	238,000円	198,000円	228,000円	218,000円	194,800円

※製品を1年間（冷暖房期間中において1日に18時間）使用した場合の目安電気料金となります（電力料金目安単価27円/kWhにて算出）。
※目安電気料金は使用条件や電力会社により異なります。

家電メーカーのビジネスモデル

家電製品は普及が進んでおり、一般的には現行商品の後継機種として新製品が発売されます。そのため、現行モデルの処分と新製品導入のスピードを重視し、販売チャネルでの活動も考慮したビジネスモデルが組まれています。

家電メーカーのビジネスモデル

家電メーカーは自社の現行機種に対し、競合メーカーの同等製品を「競合製品」として型番レベルで指定しており、調査会社などから購入している家電量販店の販売データをもとに、自社製品とともに週単位で販売台数や販売金額をつかんでいます。このような調査に加え、消費者アンケートなどを実施し、つかんだニーズをターゲット設定やポジショニングに生かしています。また、部品の調達や生産ラインの配置は、**外部要因の影響**を強く受けるため、見直しや変更の必要も出てきます。

こうして製造された製品は、複数の販売チャネルを通して消費者のもとに届けられます。特に国内最大の販売チャネルである家電量販店との商談では、前モデルと同ランク以上の**定番**獲得や拡販指定機種の指定を受けることが大きな目標となっています。

外部要因の影響
➡1-04参照。

定番
➡1-09参照。

早期販売で利益を確保するビジネスモデル

現在、家電製品は価格競争が激しく、新製品発売時の利益幅をMAXとして、時間の経過とともに販売価格と粗利益が下落していきます。すると、家電量販店から**土日対策費**など何らかの理由・条件で補填を要求され、メーカーの利益はさらに減少します。利益を確保するには、新製品発売後、早期の**拡売**が必要です。

この早期販売は売価も高く値崩れしていないため、家電量販店にもメリットがあります。メーカーは、新製品発表会の開催や現行機種の処分情報、処分後の展示場所の確保、販売担当者への新製品情報の提供など、店舗での営業活動も重視しています。このように、メーカーは自社の利益確保と一体のものとして、セルアウト（売り切り）も重視するビジネスモデルを構築しています。

土日対策費
市場価格の乱れなどから、土曜日・日曜日に通常売価より安く販売し、その差額を補填する費用のこと。

拡売
売上を拡大すること。

家電メーカーのビジネスモデル（例）

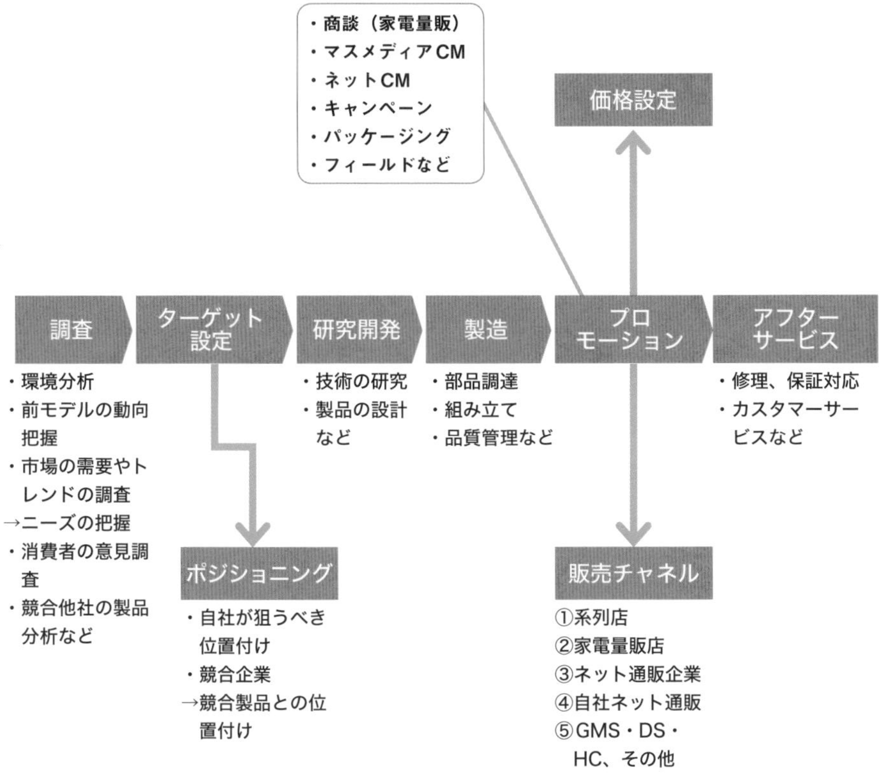

早期販売と利益のイメージ

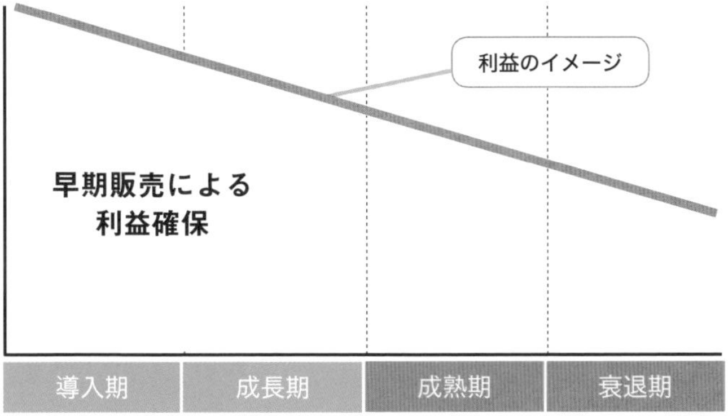

Chapter2
03

家電メーカーの分類

家電メーカーの分類は、メーカーに多くのメリットをもたらしますが、消費者にも製品選びの参考になることがあります。分類した企業特性をアピールすることで、消費者に信頼性や専門性を感じてもらうことができます。

家電メーカーの分類と分類するメリット

家電メーカーを分類するとき、総合電機メーカーや総合家電メーカー、専業メーカーという名称がよく用いられます。しかし、家電メーカーの分類には定義はなく、これらは「業界で慣習的に使われている**通称**」になります。そのため、企業ごとに名称やカテゴリーの範囲が違うこともあります。

通称
例えば、炊飯器や電気ポットが有名なメーカーで空気清浄機まで製造している場合、調理家電専業メーカーと呼ぶ人（企業）もあれば、生活家電メーカーや白物家電メーカーと呼ぶ人（企業）もいる。

この分類名は業界用語といえるもので、分類自体も消費者に直接の関係はありません。「なぜ分類するか」というと、「企業間の比較やシェアなどの調査をしやすくしたり、消費者に専門性をアピールしたりする」ためです。例えば、調理家電専業ということを消費者に伝えれば、「調理に特化したメーカーが製造した質の高い商品」というイメージを持ってもらいやすくなります。

家電メーカーの一般的な分類

「総合家電メーカー」とは、幅広いカテゴリーの家電製品の製造を行っているメーカーのことです。この幅広い家電製品に加え、重電と呼ばれている遮断機や変圧器、発電機などの大型の電気機器も製造しているのが「総合電機メーカー」です。

また、主に空調機器を製造したり、健康器具に特化したりするなど、カテゴリーを絞って製造しているメーカーは、「専業メーカー」と呼ばれています。専業メーカーは、主なカテゴリーごとに存在しているため、メーカーの数も多くあります。

総合電機・総合家電メーカーには、企業規模による信頼性、幅広いカテゴリーとそれらの**シナジー効果**があります。これに対し、専業メーカーには、その分野における専門性や高い技術力・開発力などが強みとして挙げられます。

シナジー効果
相乗効果のこと。個々の要素が組み合わさることで、それぞれ独自では得られない、より大きな成果や効果が生まれること。

家電メーカーを分類するメリット

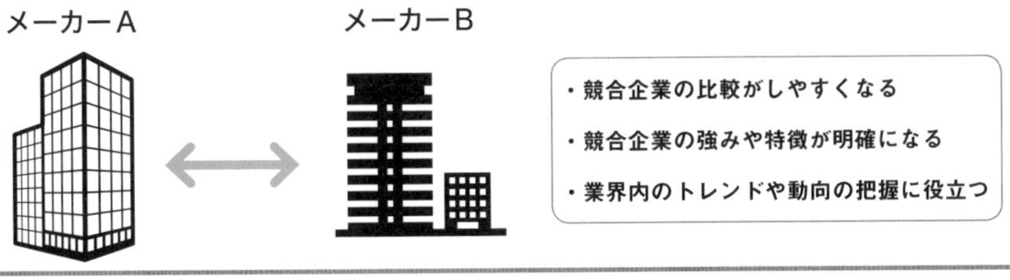

● 消費者に対して　：　アピールを行った場合の消費者の反応

分類	消費者の反応
「総合電機メーカー」といえば？	・企業規模の大きさによる信頼性の向上 ・重電製造という高い技術力のイメージなど
「総合家電メーカー」といえば？	・マス媒体による卓越した知名度による安心感 ・幅広いカテゴリーによるブランドの信頼性と一貫性による安心感など
「専業メーカー」といえば？	・専門分野における高い技術力、開発力のイメージ ・特定カテゴリーにおける強い信頼性による安心感など

家電メーカーの一般的な分類

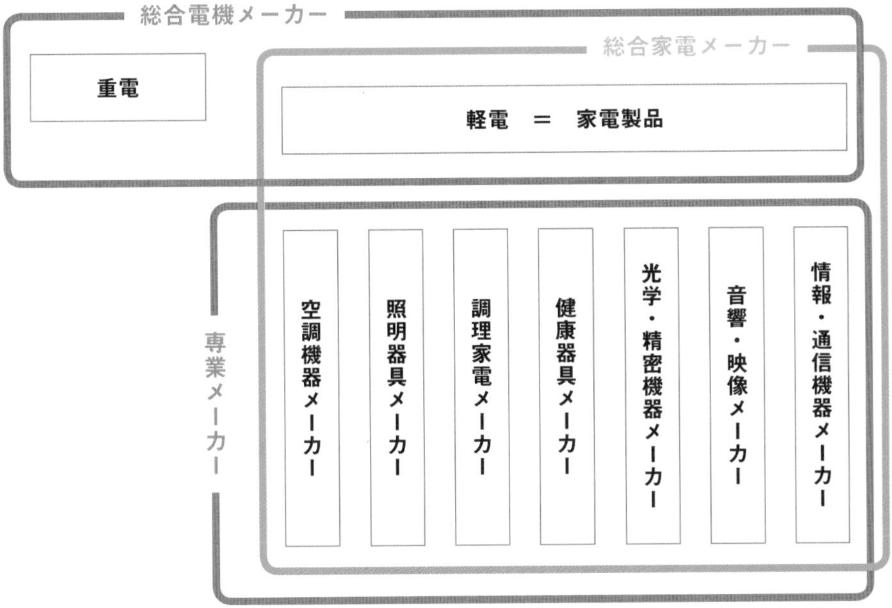

Chapter2
04

サプライチェーンの全体像

サプライチェーンとは、「部品の調達から製品サポートまでの一連の流れ」のことです。サプライチェーンを構成する各工程の部分最適に加え、全体の流れの最適化を図ることが重要になります。

家電メーカーにおけるサプライチェーン

サプライチェーンとは、「部品の調達から製品サポートまでの一連の流れ」のことです。例えば、家電メーカーがテレビを製造・販売する場合、需要予測を行い、それに沿った**事業計画**を立てます。製造に必要な部品・資材は供給している業者（サプライヤー）から調達しています。部品・資材がそろえば工場で組み立てを行い、完成した製品を安定して供給する必要があります。そのため、在庫管理により在庫切れや過剰在庫を防止し、家電量販店などの取引先から注文が入れば最短日数で製品を届けています。

また、自社製品の拡売のため、取引先にさまざまな営業支援・販売促進を行っています。家電製品の場合、消費者が購入して終わりではなく、修理に必要な交換部品なども保有しておく必要があり、製品サポートまでがサプライチェーンの対象となります。

事業計画
経営計画の一部で、経営計画の目標を達成するため、部門的、短期的、戦術的視点を持つ具体的な実行計画。

サプライチェーンマネジメントによる最適化

サプライチェーンで検討すべき内容はスケールが大きいです。例えば海外製造なら、国際情勢や為替の変動などの環境の変化により、柔軟な対応や高度なリスク管理などが求められます。また、脱炭素や**SDGs**など世界的な潮流を無視することもできません。

このような環境変化をベースに、サプライチェーンの各工程の運営方法やリスクなどを管理する部分最適に加え、サプライチェーンの全体最適を図るのが、サプライチェーンマネジメント（Supply Chain Management：SCM）です。これには収益性の向上やコスト削減などのメリットがあります。最近ではAIやビッグデータが活用され、生産計画や品質管理、在庫管理、物流管理などの業務を効率化し、効果的な意思決定に役立っています。

SDGs
「Sustainable Development Goals」（持続可能な開発目標）の略称。2015年に国連総会で採択された、持続可能な開発のための17の国際目標のこと。

サプライチェーンの全体像

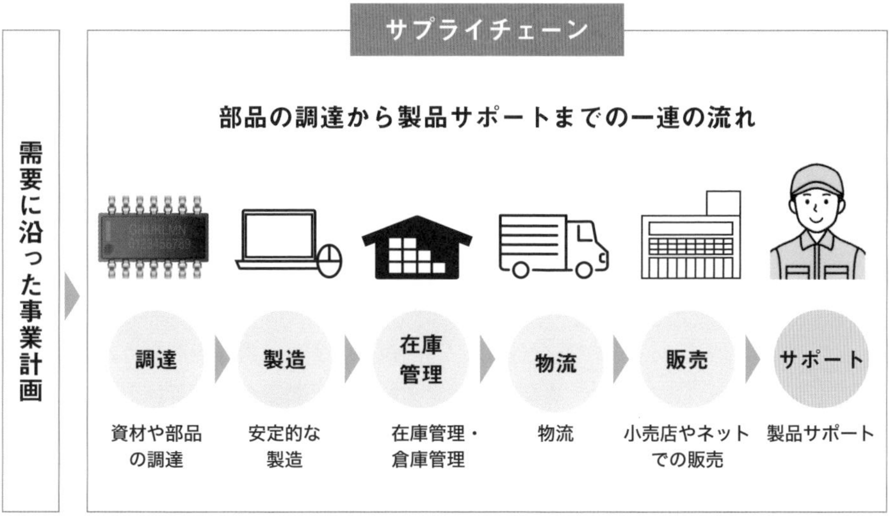

サプライチェーンマネジメントのメリット

サプライチェーンマネジメントのメリット

- 生産と供給の効率UP
- 在庫の最適化によるコスト削減
- 消費者ニーズへの迅速かつ正確な対応
- リードタイム短縮による迅速な商品供給
- 高いレベルでの品質の維持
- 環境負荷を低減し、持続可能な経済活動を実現

Chapter2
05

需要に沿った事業計画

需要予測に基づいた事業計画は、各部門の部分最適だけでなく、サプライチェーンの全体最適化に貢献します。事業計画という共通の目標に向かって各部門が協力することで、効率的なサプライチェーンが構築されます。

需要予測に欠かせない定量情報と定性情報

企画・設計が進み、製品が確定すれば需要予測が行われ、それに基づき、事業計画が組まれます。需要予測に用いられるデータは大量であり、製品によって収集する情報も異なりますが、定量情報と定性情報を組み合わせて予測することが重要になります。

定量情報でよく用いられている数値には過去データがあります。自社や競合の現行製品や前モデルなどの販売台数・金額や市場規模、季節変動などが該当します。

定性情報には、消費者の嗜好や保有しているイメージなど、時間の経過とともに変化する、陳腐化が激しい情報も多い傾向があります。そのため、需要予測には修正や改善が必要となります。

定量情報
各数値は現行商品だけでなく、後継の新製品の予測にも使用できる。「市場にないカテゴリーの新製品」のように過去データがない製品は、類似するカテゴリーがあれば、そのデータを使用することもある。

季節変動
季節ごとに変わる数字を指し、特定の時期に規則的に発生する「データの変動」を意味する。

部門間の全体最適を図る事業計画

家電メーカーによくある課題の1つとして、「調達・製造・在庫管理・販売の工程を担当する各部門で、多めの発注や製造、必要以上の倉庫スペースや輸送手段の確保が常態化し、部門間の連携も取れていないこと」が挙げられます。これらの不都合を解消するのが「事業計画」です。事業計画とは、需要予測に基づき、サプライチェーン全体の最適化と各部門の最適化を目指すための基本的な計画です。事業計画を受け取った各部門は、事業計画に従いながら自部門の目標達成に向けて、部門内の最適化を図ります。

事業計画に販売などは含まれないように見えますが、事業計画に基づき、生産計画、調整計画、販売計画が組まれるため、実際には密接に関係しています。事業計画という共通の目標に向かって各部門が協力することで、全体最適を追求する効率的なサプライチェーンが実現します。

需要予測に用いられるデータ、情報の一例

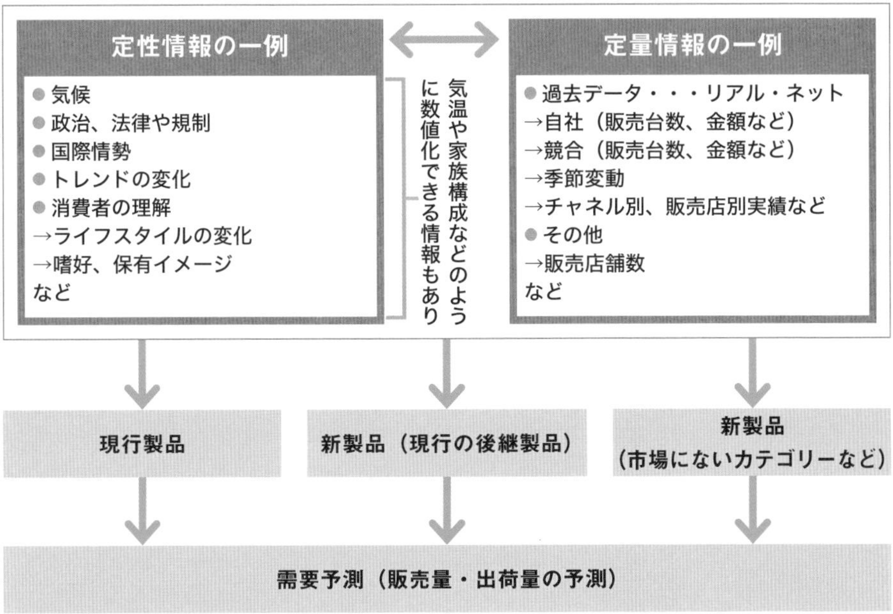

需要予測をもとにした事業計画のイメージ

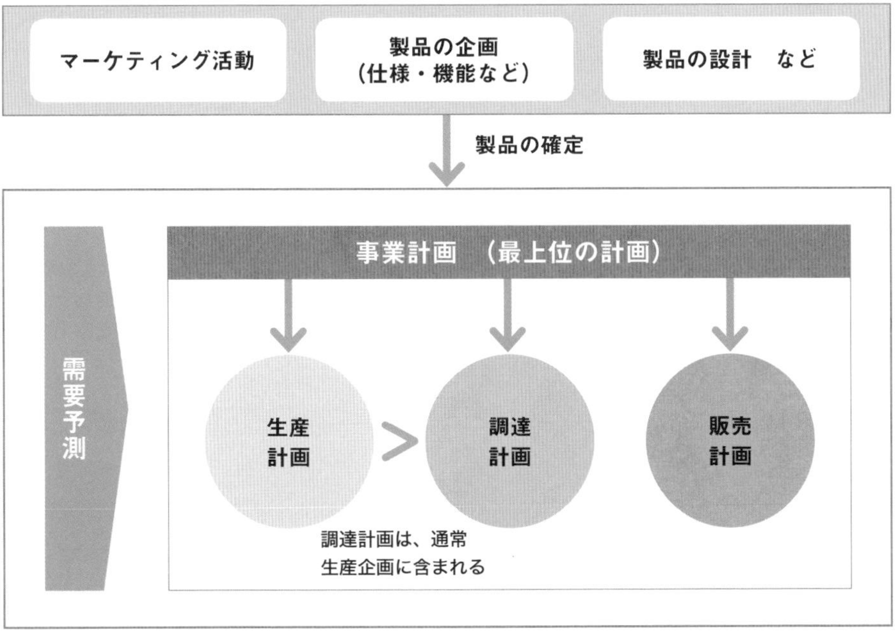

Chapter2
06

資材や部品の調達

調達部門には、サプライヤーを含めての社会的貢献と公正な取引が求められています。また、市場の変化や供給リスクに対応するため、情報収集・分析からサプライヤーの管理まで、多くの管理業務に取り組んでいます。

調達に求められるCSRのリスク低減と公正な取引

現在の企業経営には**CSR**が厳しく問われています。この社会的責任を果たしていくには、家電メーカーだけの活動ではなく、サプライチェーン全体で取り組むことが求められています。特に家電メーカーは、グローバルな事業展開をしている企業が多く、国際的なCSRに関する社会的要請に応えるため、すべてのサプライヤーにもCSR活動への協力を要請し、取引を行っています。

また、調達には「サプライヤーに対し、大量の発注を行う」という重要な業務が課されているため、より公正な取引が求められています。メーカーは、CSRのリスク低減と公正な取引を実現させるため、「CSR調達ガイドライン」に加え「**グリーン調達**ガイドライン」を策定し、健全な取引と持続可能な社会を支えるサプライチェーンの構築に取り組んでいます。

CSR
企業の果たすべき社会的責任のこと(Corporate Social Responsibility)。

グリーン調達
企業が事業や業務を行う際に、環境に優しい原材料や部品、製品を優先的に選び購入することで、持続可能な消費と生産を促進する取り組みのこと。

調達に求められる市場の変化とリスクへの対応

調達業務は表面上、サプライヤーの選定から、見積りの依頼・比較検討・発注、入荷・検収というシンプルな流れに見えます。しかし、実際には現場の実態把握や標準化を行い、管理業務の精度を向上させ、適切な時期に必要な資材や部品を入手することが求められています。家電製品は部品数の多い製品もあり、サプライヤーも世界各地に散らばっているうえ、近年では需要が大きく変動する要因も多く、長期的な予測は非常に難しくなっています。

そのため、「情報収集・分析」による市場の変化や供給のリスクへの対応、サプライヤーのパフォーマンスを最大限に引き出す「サプライヤー管理」などをはじめ、重要な多くの管理業務に取り組んでいます。

調達部門に求められる社会的責任

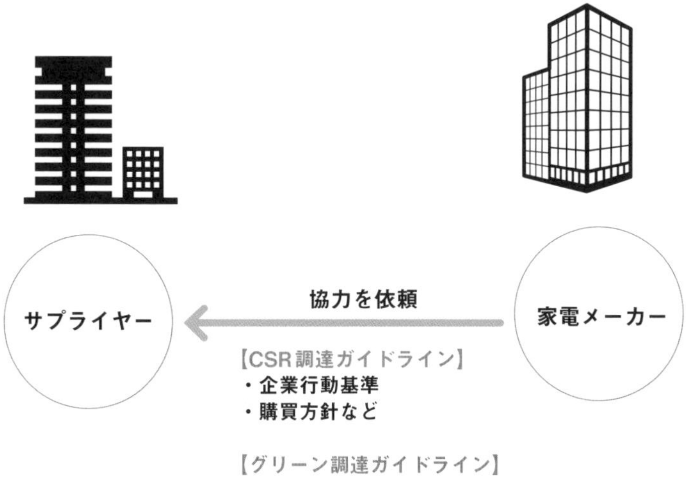

調達業務の流れと管理業務

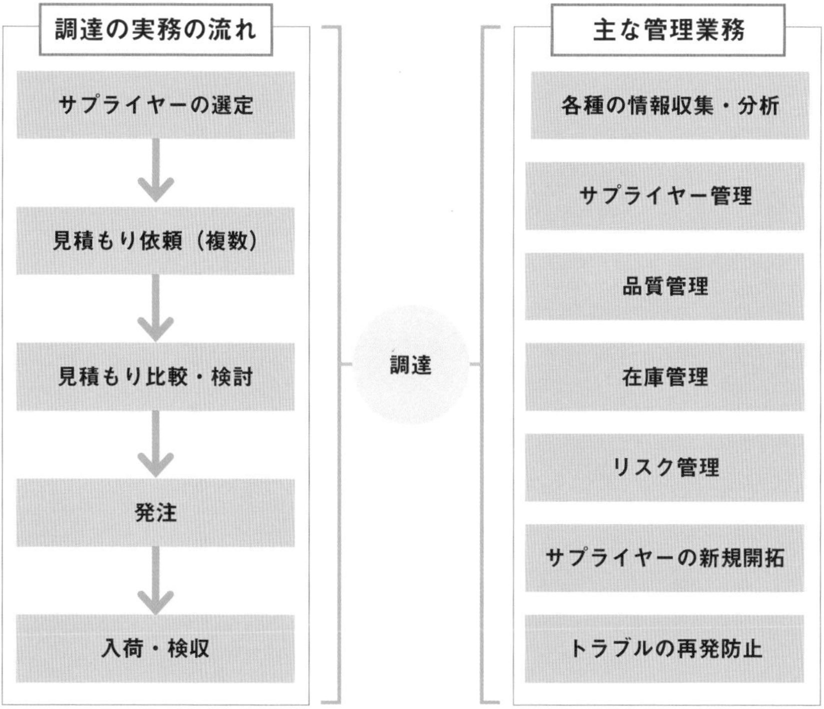

製造分野の概要③

Chapter2
07

安定的な製造

製造ラインを組む場合、適正な目標設定が必要になります。日単位の1ラインごとの製造目標に対し、「決められた時間内で達成する」ことが重要で、ラインを止める不安定要素の削減に取り組むことが大切です。

製造目標の設定と不安定要素の削減

製造ラインの構築には、適切な目標設定が重要です。需要予測に基づく事業計画をもとに作成された計画から、製造目標やスケジュールに月単位、日単位まで落とし込みます。作業員の身近な目標は「日単位の製造目標」を時間内で達成することです。そのために、ラインの最適なレイアウトの選択や作業手順の標準化、設備や機械の定期的な点検やメンテナンス、品質管理と品質向上、作業員のスキルや知識の向上などに取り組んでいます。

また、作業効率を向上させるために、作業環境の改善も重要です。工具の配置や照明環境の調整など、作業がしやすい環境を整えることで、作業効率の低下を防いでいます。

製造ライン
同じ部品、製品をつくるときの一連の工程のこと。

進む製造ラインの自動化と稼働率

家電メーカーでは、製造ラインの自動化が進んでいます。例えば、テレビの場合、基盤の製造や部品の装着は自動で行われ、作業員は部品の補充と検査に従事するケースもあります。製造された基盤は、筐体《きょうたい》やバックライトなど他の部品と共に製造ラインに集められ、製造が始められます。

稼働率とは、ラインが連続的に稼働している割合を示す指標です。この変動が大きいと、製造計画の進め方や調整が困難になり、納期遅れや過剰在庫の発生につながります。また、人員配置やスケジュール管理も困難になり、無駄な人件費の発生にもつながります。製造ラインには、組立工程から包装工程まで複数の工程がありますが、稼働率の変動が大きかったり、高低のどちらかに偏っている場合は、現場の実態を把握し、作業員の教育や機器の改善、人員配置の見直しなど、改善策に取り組むことが重要です。

自動化
メーカーのなかには、製造ラインを完全自動化し、作業員の技術差による影響などを排除し、稼働率の安定性を確保しているところもある。

筐体
製品を収めるための箱や製品の保護などのために使われる製品本体のフレームを指す。製品の外側を形成する物理的な構造を指す用語。本文の場合は製品本体のフレームなどを指す。

製造ライン構築のポイント（例）

生産効率	作業環境
①最適なレイアウト選択 ②作業手順の最適化（移動時間・距離など）・標準化 ③仕掛品の確認 ④作業待ち時間の削減 ⑤機械の稼働率 ⑥生産ライン上での品質管理 →製造プロセスでのエラー・不良品の発見 ⑦作業員のトレーニング（スキル・知識の向上） 製造プロセスでのエラー・不良品の発見	①工具類の定物定位置 ②作業の安全性の確保 ③作業のしやすさ →音響環境、照明環境、身体的負担の軽減など ④製造ライン上の各工程の連携・フォロー

部品・資材	設備・機械
①製造ラインへのスムースな供給 ②在庫スペースの適正化 →必要な部品や資材の適切配置と管理 ③破損部品の回収と速やかな補給	①型番変更時のライン変更への柔軟性・適応性 ②機械故障時の対応スペースの確保 ③機械の保守管理（メンテナンス計画）

家電メーカーにおける製造ラインの流れ（テレビの例）

① 基盤製造ライン

基盤製造（部品補充は人） → 検査（専用検査機械 ＋ 人の目）

↓ 基盤ができれば、製造ラインに！

② 製造ライン

製造開始 → 組立工程 → エージング工程（慣らし運転） → 完成工程（品質検査） → 包装工程 → 出荷

製造ラインの自動化が急速に進展しているなか、現在は「人間の専門知識とスキル」も活用し、多くの企業が人間と機械の協働における最良の手法を模索しています。

流通分野の概要①

Chapter2
08

在庫管理・倉庫管理

在庫管理には、データ管理と物理的な管理の2つがあります。受注数を含めた各種データ管理はサプライチェーンに欠かせず、物理的な管理はピーク時のスムーズな対応、ピッキングなどの効率化に貢献します。

調達・製造と連携した在庫管理

在庫の最適化は、「在庫が多い」という絶対比較ではなく、需要に基づいた販売予測や販売実績などの数値による相対比較によってもたらされます。予測通り進捗しているかを確認し、差異があれば原因を明らかにして、今後の推移を新たに予測します。

また、適正在庫は物流部門、調達・製造・販売の各部門との情報共有によって、サプライチェーン全体での最適化が重要です。家電メーカーによっては、**部門としての最適化**を図りながら、発注量や製造数など、各部門のデータを収集しています。これらのデータを統括システムに集中、分析することで、適正な発注量や製造数、在庫数などを算出しています。これを各部門にフィードバックすることで、**リードタイム**や在庫の削減、長期の生産計画を目指しています。

部門としての最適化
サプライチェーンの各部門で「作業の見える化」・「標準化」を繰り返し、最適化を図る。標準化とは、工程におけるやり方、ルールなどを統一すること。

リードタイム
ある工程を開始してから終了するまでの期間のこと。

倉庫における物理的な在庫管理

物理的な製品の管理を行うのが倉庫の役割です。工場から製品が届けられると「入荷登録→家電量販店などからの**発注**→ピッキング→製品の出荷と出荷登録」という流れになります。この入荷・出荷登録により、在庫数がデータ管理されるため、実在庫と過不足なく一致させることが重要になります。

発注
メーカーによっては、在庫数をもとに「家電量販店の各店舗からオンラインで納品日を確認できる」ようにしている。

また、家電製品は、「夏場のエアコンのように急に販売台数が伸びる製品」や、「販売が土日に集中するため月曜日の受注が激増する」といった特性を持っています。そのため、在庫の調整と在庫スペースの確保をタイムリーに行うことが求められており、需要の高い製品をアクセスしやすい場所に配置したり、作業員の動線を考慮したレイアウトを設計することも重要になっています。

サプライチェーン全体での在庫管理のイメージ

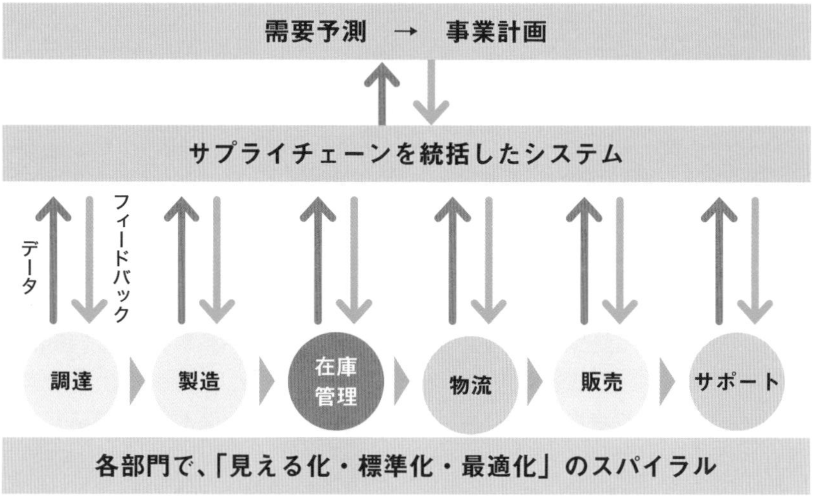

家電メーカーの倉庫の物理的な役割

物流子会社や他社物流会社の専門知識を活用していても、ときには実在庫数が理論在庫と一致しないことがあります。これは入力ミス、物理的損失、盗難や不正行為といった多様な要因によるものです。この問題を解決するためには、在庫監査を定期的に実施し、在庫管理システムの精度を高めることが重要です。

Chapter2
09

物流のシステム化と範囲

家電メーカーの現実的な物流は、家電量販店の物流センターまでになっていますが、サプライチェーンの工程としての物流は、家電量販店における展示や消費者への配送までを考え、最適化を図る必要があります。

大きく変わった物流システム

1990年代中頃まで、各メーカーは家電量販店各店舗からの発注を直接受け、それぞれの店舗に納品していました。そのため、月曜日には「土日販売分の商品発注」のFAXや電話が集中し、一日中、その対応に追われました。また、これらの手間だけでなく、トラックの手配など多額の経費負担もかかっていました。

現在、全店舗の発注・納品は、家電量販店の物流センターを介して行われ、配送回数・配送地の削減につながっています。これは家電量販店にもメリットがありました。メーカーごとの各店納品は、物流センターからの1日1回の納品に改善され、**自動発注システム**により、発注の手間が大幅に削減されています。このことは、サプライチェーンの「販売」以降の取り組みでも、家電量販店の利益を示せれば協力が得られることを示唆しています。

自動発注システム
在庫管理と発注プロセスを自動化するシステム。例えば、「在庫定数を設定し、販売により在庫が定数を下回ると自動的に発注がかかる」といったシステムのこと。

サプライチェーンとしての「物流」の範囲と役割

家電メーカーから出荷された製品を家電量販店の物流センターに届けるとき、「時間指定の厳守」と「包装材の破損」に注意が必要です。包装材が破損していると受け入れを拒否されるため、「至急品」や「特注品」の場合、早急に再配達が必要になります。

また、「物流」の範囲は、「家電量販店での展示」と「消費者への配送」です。例えば、新製品なら「発売日に展示すること」をゴールに、メーカー倉庫から家電量販店の物流センターを経て、全店舗に一括配荷されるまでスケジューリングされています。しかし、入荷していても**展示**できていない店舗もあります。「展示応援の有無と展示条件」をセットで商談するなど、サプライチェーン構成の一要素として、企業として取り組むことが不可欠です。

展示
新製品の場合、メーカー営業担当者やラウンダーが新製品の展示に回る。ラウンダーとは営業担当者の代わりに店舗を回って、商品の説明や陳列の提案をする人のこと。

1990年代中頃までの家電製品の物流

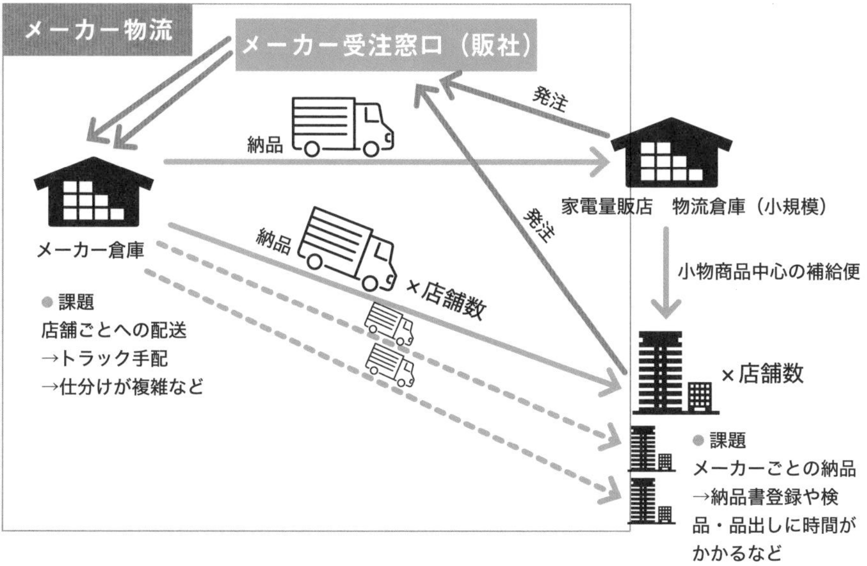

家電メーカーと家電量販店の現在の物流

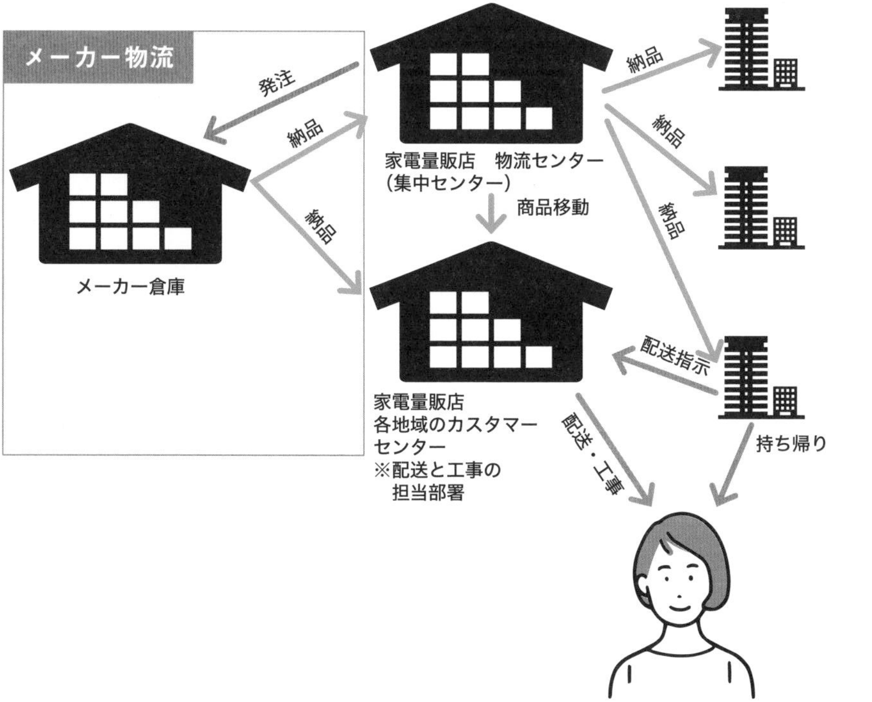

流通分野の概要③

Chapter2

10

小売店やネットでの販売

家電メーカーのサプライチェーンでは、高いシェアを持つ家電量販チャネルの各企業の協力が不可欠です。取引先として、利益相反する面もあるため、商慣習の見直しや家電量販店のメリットを打ち出すことが求められます。

「販売」工程に影響力を持つ家電量販店

「販売」工程では家電量販店の協力が欠かせませんが、家電メーカーと家電量販店の間には**利益相反**もあります。家電量販店のビジネスモデルは「大量仕入れ・大量販売・低価格」であり、競合との価格競争や販売状況に応じて、値下げを繰り返します。これに対する補填やリベートにより、利益を削がれてしまうのです。

利益相反
家電量販店とメーカーは、売上台数の増加という共通の目的を持ちながらも、量販店の仕入れコスト引き下げなどがメーカーの利益を圧迫する状況を指す。

また、メーカーは調査会社や家電量販店から販売データの一部を購入していますが、サプライチェーンの精度向上には十分なものではありません。こういった利益低下や販売データの課題を解消すべく、これまでの商慣習の改革を始めたメーカーもあります。家電量販店からはPOSデータなどを、メーカーからは生産情報を提供するなど、情報の共有を目指しています。これが上手くいけば、生産量の精度向上により、在庫削減や店舗での欠品防止などに役立つため、サプライチェーンが機能しやすくなります。

ネット販売における各社の立ち位置

家電製品のネット販売は、主に「**ネット専業企業**」・「家電量販店」・「家電メーカー」が行っており、家電メーカーは特に家電量販店を意識しています。これは、家電量販店の通販サイトも伸びており、リアルとネットのトータルとして高いシェアを占めているからです。自社サイトは利益を確保しやすいですが、家電メーカーは小物製品やアウトレットなどを多くし、ネット販売には本格参入する機会をうかがっているのが現状です。なぜなら、ネット専業や自社サイトでプロパーを低価格訴求すれば、家電量販店から対策費（補填）を要求されるからです。自社サイトを重視するのは、家電量販店のシェアが低下したときだといえます。

ネット専業企業
アマゾン・ジャパンの2022年度売上高（全品種）は3兆2,051億円で規模は大きいが、手数料負担や値崩れの危険性もある。

サプライチェーンに必要な流通のデータ

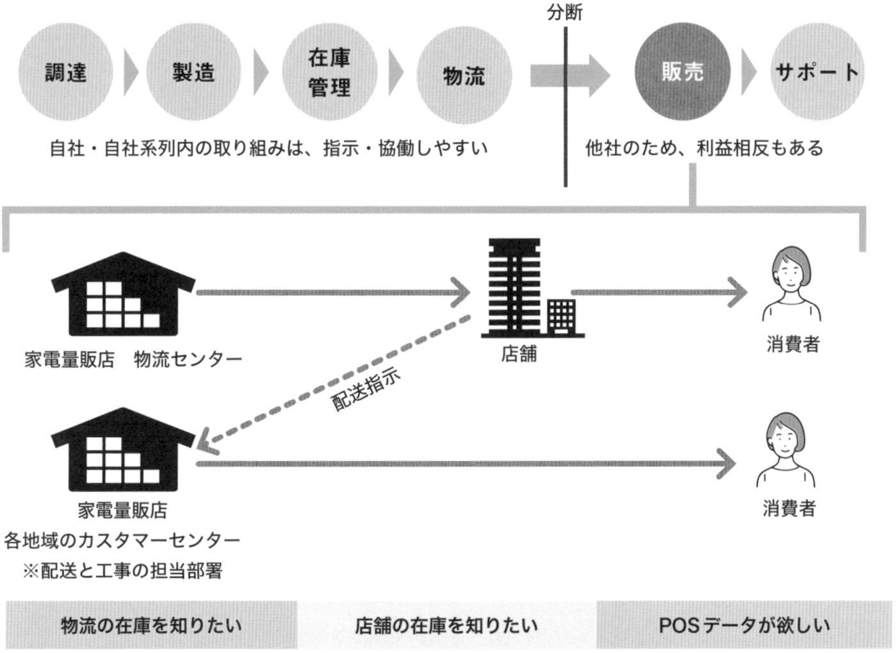

※メーカーがリアルタイムで知りたい情報

家電製品のネット販売の主なプレーヤー

ネット専業企業	家電量販店	家電メーカー
	 （家電量販店Web通販サイト）	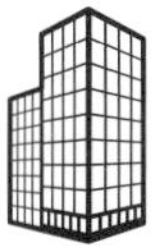 （自社Web通販サイト）
●アマゾン・ジャパン →2022年度売上高（全品種）3兆2,051億円 →メーカー取引口座あり ●中小ネット通販 →正規取引のない企業が多い →特に値崩れの原因 →大手ネット通販に出品のケースもあり	●リアル・ネット価格の整合性と値引きの基準（多い対応内容） →自社ネット価格までの値引きはOK →他社ネット価格までは対抗可 ●ネット専業企業との価格対抗は実施しない ●家電製品以外のネット販売が増加	●家電量販店との折り合い →商談を重視 ●系列店との整合性を考慮 ●掲載製品の選択 →家電量販店の主力製品とのバッティングを回避 →アウトレット製品の取り扱い →小物製品の掲載

Chapter2
11

流通分野の概要④

信用と顧客満足の向上につながる製品サポート

製品のサポートには「補修用性能部品の適正在庫」と「カスタマーサポート」が挙げられます。部品の適正な保有は企業の信用を高め、カスタマーサポートは顧客ニーズの把握と顧客満足の向上につながる重要な取り組みです。

部品の適正在庫による効率化と信用の醸成

製品が故障や破損した場合、消費者は部品を取り寄せたり、修理に出したりします。このときの交換部品を補修用性能部品（以下：部品）といい、生産完了後も**一定期間の保有**が義務付けられています。そのため、家電メーカーは過去の修理データなどから需要予測を行い、部品の在庫数を確保しています。

一定期間の保有
➡1-03参照。「製造業表示規約」により定められている。

この需要予測は、調達・製造のときとは違った意味でシビアです。それは、対象が「すでに購入されたお客様」であり、保有期間内の**部品切れ**は、企業の信用を著しく傷つけるからです。部品の在庫切れは消費者に多大な迷惑をかけ、多ければ資金が回収できずに利益を蝕みます。

部品切れ
実際、テレビの部品を保有期間内に切らし、迅速に対応するため、現行モデルのテレビと交換したという例もある。

顧客満足度を高めるカスタマーサポート

家電製品は多機能化が進み、購入前の確認や購入後の「ちょっとした疑問」に対する対応が欠かせません。そのため、各メーカーではカスタマーサポートを充実させ、修理サポートや使い方ガイドなど、多くのサービスを提供しています。これらのサービスは、消費者に安心感を与え、企業に対する信用を育むため、次の購入機会でも自社を選んでもらえる足がかりとなります。メーカーからすれば、消費者の価値観や製品の使い方でわかりにくい点、修理になりやすい箇所など、「消費者の生の声」を収集できるため、今後のモノづくりに生かすこともできます。

また、コミュニケーションチャネルも電話以外にメールやチャットなどがあり、便利さは増しています。今後も、電話の待ち時間短縮、自動音声の番号選択のシンプルさなど、消費者がコンタクトしやすくするため、絶えず改善を行うことが大切です。

補修用性能部品の在庫の適正化

部品の需要予測	過去の修理データや市場の需要予測をもとに、どの部品がよく故障するかや需要が見込まれるかを予測
▼	
部品・資材の調達	需要予測に基づいて、補修用の性能部品や資材を調達
▼	
部品の製造	資材を使用して必要部品をつくる場合、調達資材を品質管理基準に従って製造し、検査を行う
▼	
部品の品質管理	製造した部品は厳格な品質管理基準に基づいて検査 →部品の品質確保、不良品の排除
▼	
部品の在庫管理	在庫レベルは需要予測や修理の需要に応じて適切に調整

家電メーカーのカスタマーサポート

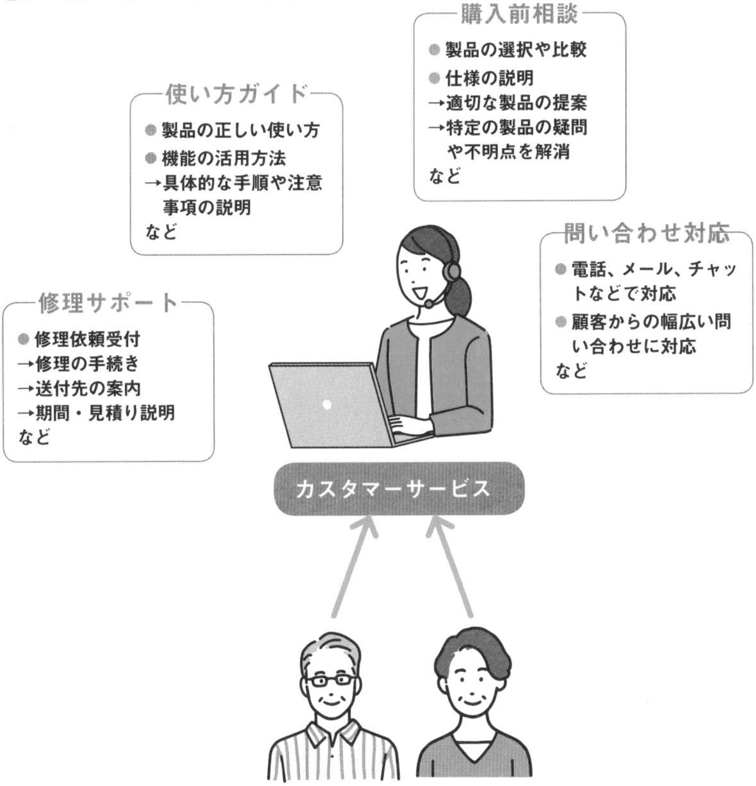

COLUMN 2

サプライチェーンのリスク管理

高度化・グローバル化して外部環境リスクが生じた

家電メーカーは、高度に統合されたグローバルなサプライチェーンを運営しており、さまざまな外部環境によるリスクにさらされています。ここでは、主な工程におけるリスクとその対応について見ていくことにします。

調達リスクに関しては、先物取引や長期契約を利用して価格を固定したり、複数のサプライヤーとの関係を築いたりすることが重要です。これにより、市場の不安定性やサプライヤーに問題発生時の影響を最小限に抑えることができます。

生産リスクでは、設備の故障や生産遅延、品質管理の問題が挙げられます。これらに対処するには、定期的な設備メンテナンス、バックアップシステムの準備、徹底した品質のチェック体制が必要です。特に品質管理では、不良品発生時の迅速かつ効果的な対応がブランドイメージの保護につながります。

配送リスクについては、物流の遅延や国際物流の問題が主な課題です。これらへの対応は、複数の物流ルートの確保や在庫管理の最適化、柔軟な輸送計画の策定、特に国際物流においては、法令や輸出入規制の変更に迅速に対応することが重要です。

販売リスクでは、市場の競争や販売チャネルの問題による価格下落などが挙げられます。これに対応するためには、販売促進活動の強化や価格戦略の見直し、多様な販売チャネルの確保が必要です。

技術的リスクに関しては、新技術の出現による製品の陳腐化や市場の変化が主な課題です。研究開発への投資と市場動向に注目し、常に最新の情報を捉え、製品開発に反映させることで、競争力を維持することができます。

家電メーカーは、これらのリスク管理策を適切に実施し、サプライチェーンのさまざまな問題に効果的に対応することで、企業の持続可能な成長を支えています。また、柔軟かつ迅速な対応を心がけることが、これらのリスクに対して、最も効果的な手段となります。

第3章

主要カテゴリーの動向

家電市場を正しく理解するには、全体的な規模の把握だけでなく、カテゴリー別に把握することが重要です。各カテゴリーの動向には、固有の市場特性、消費者のニーズ、技術的進歩などが反映されています。ここでは、家電市場の形成に影響力を持つ主要カテゴリーについて見ていきましょう。

Chapter3
01

AV家電①

環境変化の影響を受けやすいテレビ市場

薄型テレビには、有機ELテレビと液晶テレビがあります。各メーカーはプロセッサーやパネルなどの技術を進化させており、テレビ放送に加え、動画・ゲームなど、生活に合わせたテレビを選択することが可能になっています。

有機ELテレビと液晶テレビのメリット・デメリット

薄型テレビには、有機ELテレビと液晶テレビがあります。有機ELには**バックライト**がないため、深みのある黒色が再現でき、薄型・軽量で壁掛けに適しています。また、自家発光方式のためすばやい動きに追随でき、スポーツ観戦や映画鑑賞などに最適です。高画質・高視野角で、どの角度からでも見やすく、多人数の家族にもおすすめです。一方、価格が高いのに加え、明るい部屋では見にくく、画面の焼き付きなどの問題もあります。

バックライト
液晶ディスプレイの背面に取り付けられている照明のこと。

液晶は、大・中画面が中心の有機ELに比べ、小さい画面でも生産しやすく、鮮明な映像を映し出します。また、明るい部屋でも見やすく、同じ画面を表示していても焼き付きが起こりにくいため、昼間にテレビをよく見る高齢者やゲームをよくする人に向いています。有機ELに比べて低価格ですが、バックライトを使っているため厚みと重量があり、視野角も狭くなります。

薄型テレビの国内出荷と最新動向

テレビ市場は環境変化の影響を受けやすい市場です。コロナ禍による巣ごもり需要や特別定額給付金の支給により、2020年・2021年は500万台を突破しましたが、コロナ禍の影響が薄れてきた2022年は以前と同程度の470万台弱となっています。

現在の傾向としては、4K対応が2019年度からテレビ全体の半分以上を占め、2020年度から有機ELと50型以上の大型が大幅に台数を伸ばしています。**技術の進化**により、テレビ放送だけでなく、動画やゲームなど、自分の生活に合ったテレビを選ぶことが可能になっています。

技術の進化
有機ELでは消費電力はそのままに、輝度とコントラストを大幅に高めるLGが開発した「マイクロレンズアレイ」搭載モデルが、パナソニックからも発売（2023.07）された。一方、液晶では、ミニLED技術を搭載したモデルが各社から発売されるようになった。

薄型テレビの国内出荷台数

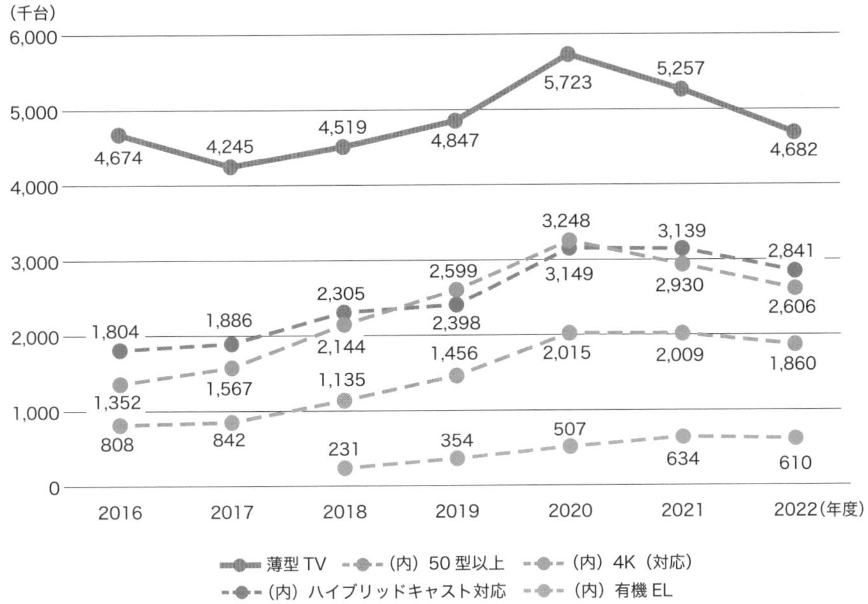

出典：一般社団法人電子情報技術産業協会「民生用電子機器国内出荷統計」

有機ELテレビと液晶テレビのメリット、デメリット

比較項目	有機ELテレビ	液晶テレビ
方式	自発光方式	バックライト方式
価格	△（液晶に比べて高い）	◎（有機ELに比べて安い）
コントラスト比	◎コントラストに優れ、黒の再現性も高い	○バックライトの精密さによる
視野角	◎ほぼ180度	○IPS方式・・・VAより広い △VA方式・・・IPSより狭い
昼間の使用（明るい部屋）	△	○
厚み（薄さ）・重量	◎	△
電力消費量	△（多い）	◎（少ない）
メリット	動きに強く、スポーツ観戦や洋画などを見るのに最適	ゲームなど、同じ画面を長時間表示する場合に向いている
デメリット	画面の焼き付きの問題	バックライトが必要

Chapter3 02

AV家電②

趣味の活動に焦点を当てる BDレコーダー／プレーヤー市場

動画配信サービスなどの充実により、番組のコンテンツに重きを置いた視聴の意欲は低下しています。しかし、録画には「趣味」という動機もあり、各メーカーは消費者の生活に焦点を当てた機能を開発しています。

BDレコーダー／プレーヤー市場と需要の変化

BDレコーダー／プレーヤーの市場規模は縮小傾向にあります。インターネットがなかった時代にはテレビは大きな娯楽であり、数少ない情報源でした。また、放送される時間帯に見られるとは限らないため、「消費者は録画に強い必要性を感じ、ビデオデッキを購入した」のです。現在、テレビ番組の一部も「見逃し配信」が行われるようになっています。ネットでの動画配信サービスなども充実してきており、テレビ番組のコンテンツに重きを置いた視聴の意欲は低下しています。

しかし、録画にはコンテンツ以外に、「趣味」という動機があります。例えば、推し活では録画やネットで公開されていないディスクの鑑賞が行われ、底堅い需要となって市場を支えています。

BD
ブルーレイディスク。大容量の記録媒体。

推し活
好きなタレントやキャラクターを応援する活動のこと。昔であれば「好きな歌手・俳優が出演している番組は内容に関わらず、録画する」といった行動をとった。

消費者の生活に基盤を置いた技術開発

現在BDレコーダー／プレーヤー市場では、「4K対応」「全録」「大容量」「複数番組同時録画」「タイムパフォーマンス」などがトレンドとなっています。ただ単に番組を録画するというだけではなく、消費者の生活を根底に置き、工夫を凝らした機能を開発しています。

例えば、業界に先駆け全録モデルを開発したレグザは、突然のお誘いや残業で番組の途中に帰宅しても、ボタン1つでオープニングから見られる「始めにジャンプ」機能を搭載。また、パナソニックは、回を重ねるごとに人気が出てきたドラマの第1話から最終話まで自動録画する「ドラマ・アニメ1クール自動録画」を搭載しています。こういった機能を「どう提案して、生活の変化をイメージしていただくか」がBDレコーダー／プレーヤー市場活性化の鍵となっています。

生活の変化
BDレコーダーの機能によるライフスタイルの変化を指す。例えば、全録なら手間なく、自分の時間に合わせた視聴が可能で、家事・子育て・宿題などを優先できる。

BDレコーダー／プレーヤーの国内出荷台数

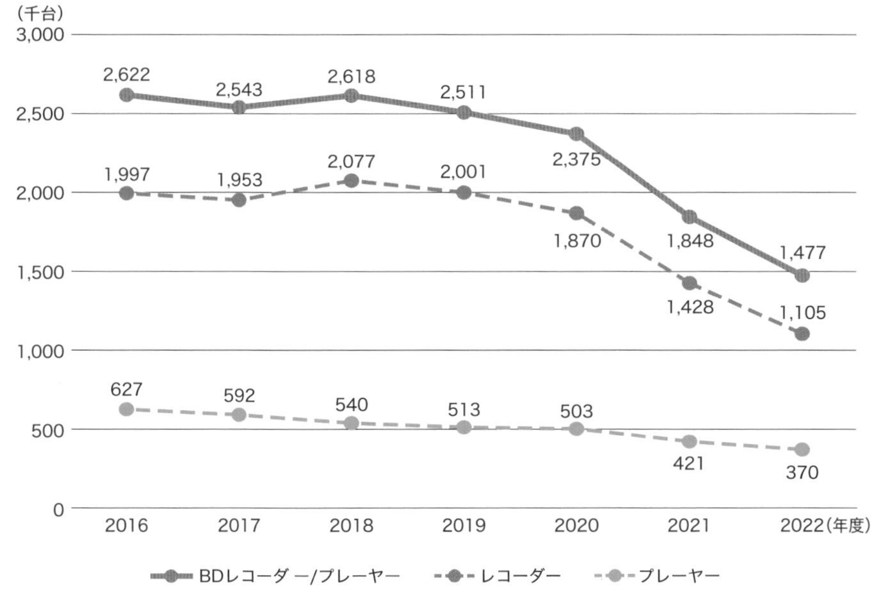

出典：一般社団法人電子情報技術産業協会「民生用電子機器国内出荷統計」

BDレコーダーでの各メーカーの技術

TVS REGZA (REGZA)	●「タイムシフトマシン」・・・最大6チャンネルまるごと録画が可能 ●「らく見」・「らく早見」・「飛ばし見」・・・選べる3タイプの時短再生を搭載 ●「スマホdeレグザ」・・・録画番組をスマホに切り替えて視聴できる ●「3番組同時録画」・・・放送時間帯が同じ番組を3番組同時で録画できる
SONY (BRAVIA)	●「先録」・・・約1カ月前から先行予約可能、特番ドラマ対応 ●「おまかせ・まる録」・・・好きなタレントやジャンルの番組を自動録画 ●「番組名予約」・・・番組名で予約すれば、放送日時が変わっても自動対応 ●スマホで録る・見る・・・放送中や録画した番組をいつでもどこでも視聴可
SHARP (AQUOS)	●「HEVC 2K/ 4K」・・・地デジや4K放送を高画質で長時間録画 ●「5UPコンバーターPRO搭載」・・・地デジを4K放送級の美しさで見られる ●「おまかせ録画」・・・好きなタレントやジャンルの番組を自動録画 ●「番組名繰り返し予約」・・・不定期放送のシリーズ番組も録り逃さない
Panasonic (DIGA)	●「全自動録画」・・・最大10ch・28日間　自動録画（6TBの場合） ●「どこでも録画視聴・リアルタイム視聴」・・・録画した番組も放送中の番組も、好きなときに好きな場所で楽しめる ●「新4K衛星放送の2番組同時録画」・・・4K放送の2番組同時録画も可能

※上記は機能の一例です。また、各メーカー共にモデルによって搭載の有無は異なります。

買い替え需要が多いパソコン市場

パソコンは他の家電製品と異なり、本体だけでは意味をなさない製品です。「何をやってみたいのか」という消費者の目的により、必要部品・性能・ソフトが決まり、価格との兼ね合いで購入が決定されます。

パソコンの市場動向と買い替え理由

近年のパソコン市場は700万台前後で推移しています（JEITA自主統計参加会社8社）が、2019〜2020年度は大きく出荷台数を伸ばしています。これは「Windows 7のサポート終了」と「コロナ禍によるテレワーク」の需要が発生したためです。また市場全体では、全国の小中学生に1人1台のパソコンを配備する「GIGAスクール構想」による需要も2020年に起こっています。

パソコンの買い替えは、他の家電製品のように「故障」という理由は少なく、まだ機械的に正常であったとしても、OSのサポート終了や**機能の陳腐化**により発生するケースが多くなっています。そのため、補修用性能部品の保有も「製品の製造終了後から5年」などというように、家電製品よりも短くなっています。

機能の陳腐化
購入時には一般的なスペックでも、使用している間にソフトおよびネットの技術が進化するため、レスポンスが遅くなるなど、日常の使用に支障をきたすこと。

多様化する消費者ニーズへの対応

パソコンは他の家電製品と違い、消費者によって使用目的が違います。このことは、よく「パソコン本体は本棚、ソフトは本」と例えられます。読みたい本は人によって違い、また文庫中心なら本棚も文庫用が最適です。これと同じでパソコンは「何をしたいか」で構成部品が変わってきます。例えば、学生やビジネスパーソンなら「軽量で持ち運びしやすいOffice搭載PC」、ゲームや動画編集が多い人なら「**GPU**搭載PC」がおすすめとなります。

GPU
GPUとは、Graphics Processing Unitの略。画像処理装置のこと。

パソコンはCPUやメモリ、ストレージなど多くの異なる部品から構成されています。また、その1つひとつの部品も、性能別に多くの種類があります。この必要部品とその性能の組み合わせにより、ターゲットのニーズに応えることができるため、各メーカーは消費者の日常生活を深く考えたモノづくりを行っています。

パソコンの国内出荷台数

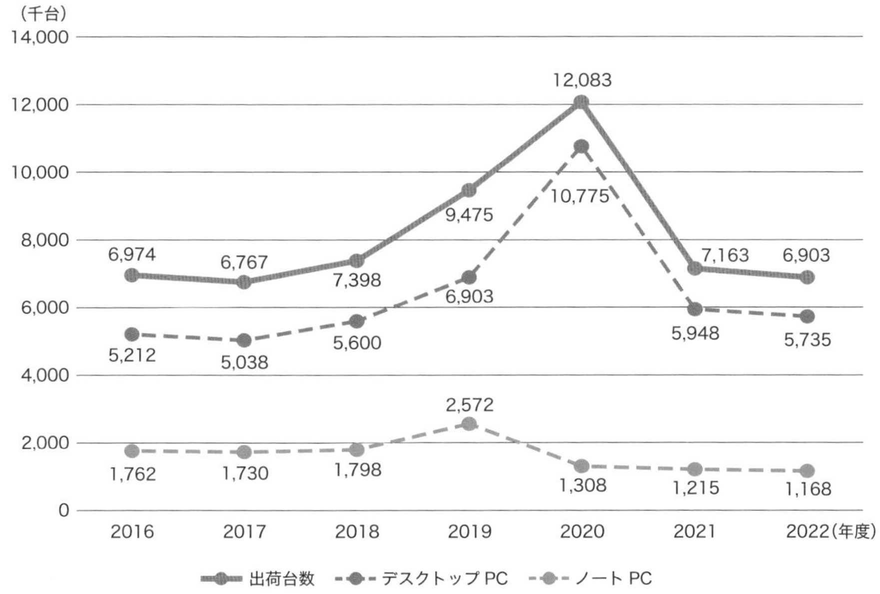

出典：一般社団法人電子情報技術産業協会「民生用電子機器国内出荷統計」

パソコン選びのポイント

消費者ニーズへの対応は、構成部品の組み合わせによって行われている！

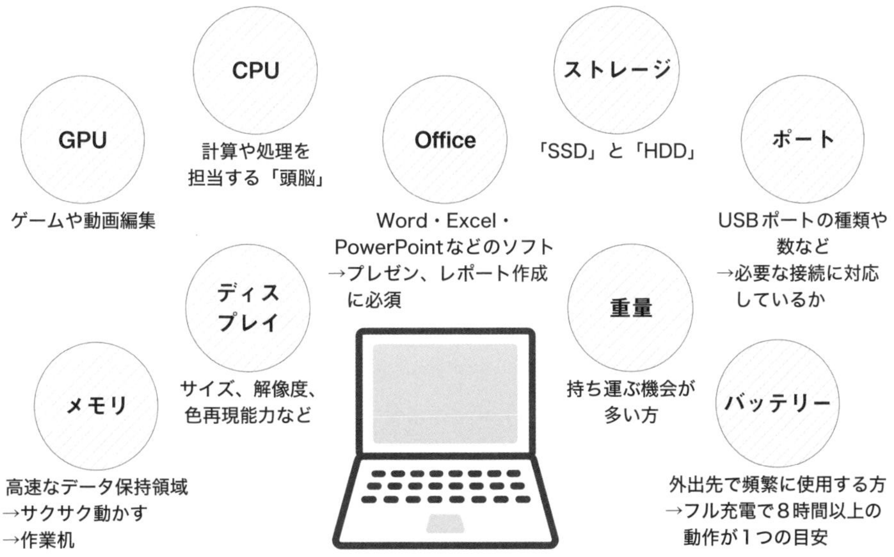

Chapter3
04

生活家電①

社会的観点からの買い替えを訴求する冷蔵庫市場

国内の冷蔵庫市場は現在、年間380〜390万台という出荷台数で安定しています。これには、景気低迷などによる「使用年数の長期化」などが挙げられますが、冷凍・冷蔵技術の進化により、平均単価は順調に伸びています。

冷蔵庫の市場動向と今後の環境

冷蔵庫の出荷台数は、2014年に消費税率が8%に引き上げられるまで年間430万台程度でしたが、その後は380〜390万台程度になっています。その理由の1つとして、景気低迷などによる「使用年数の長期化」が挙げられます。こうしたなか、401L以上の冷蔵庫の構成比は、2020年に実施された特別定額給付金の恩恵も受け、46%程度に微増しています。また、このクラスは冷凍や鮮度保持などの付加機能が搭載されているため、平均単価は年々上昇しており、現在では20万円程度となっています。

しかし、今後は人口減少と世帯数増加による「世帯人数の減少」により、大型冷蔵庫の需要は**減少が予想**されます。そのため、省エネ性能による買い替え促進や食品ロスの削減など、社会的な観点からの技術開発と認知度向上が必要になります。

冷蔵庫に対する消費者ニーズと新技術のアピール

冷蔵庫を購入するときに多いのが、「買い物回数を減らしたい（まとめ買い）」「電気代が安いものがいい（省エネ）」という基本的なニーズです。現在では、断熱材などに工夫を凝らした「大容量・コンパクト設計」が一般的です。また、省エネも**トップランナー制度**により、各メーカーが技術開発に力を入れています。

さらに、近年の傾向として食品の乾燥や酸化を防ぎ、味や触感を保持するなど、鮮度維持を実現する冷凍技術の開発が進んでいます。また、**IoT**技術によりスマホでの庫内確認や停電時の保冷を長続きさせる機能、AI技術により庫内状況を予測するなど、新しい技術が導入されています。こうした技術は、製販一体となったプロモーションで、消費者に認知してもらうことが重要です。

減少が予想
メインの冷蔵庫は基本的に「世帯に1台」であり、世帯人数が減少すれば500Lを超すような大容量の冷蔵庫は必要なくなるから。

トップランナー制度
省エネ基準を「最も優れているエネルギー消費効率の機器」の性能以上にするという制度。

IoT
IoT（Internet of Things）は、「モノのインターネット」と訳され、「あらゆるモノをインターネットに接続する技術」のこと。

冷蔵庫の国内市場供給可能量の推移

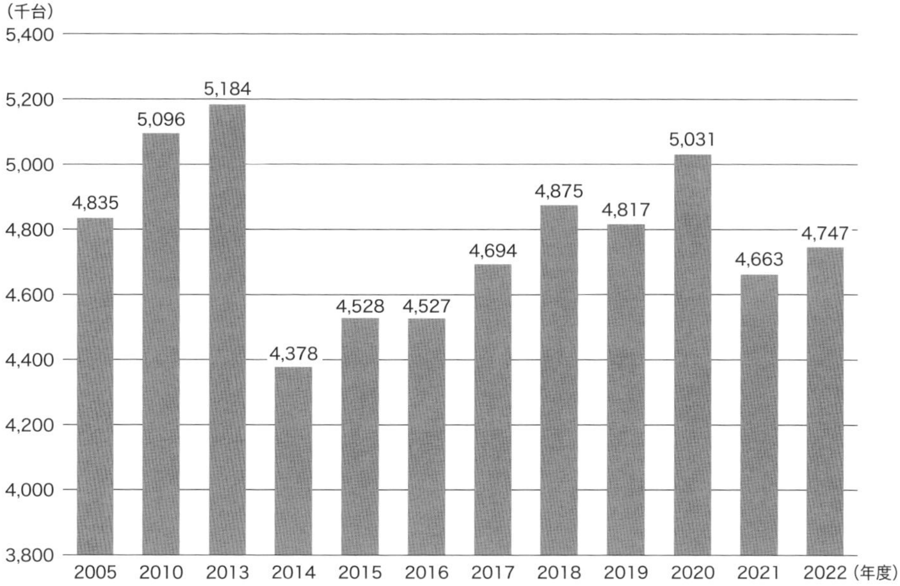

出典：一般財団法人家電製品協会「家電産業ハンドブック2023（抜粋版）」をもとに筆者作成

冷蔵庫の消費者ニーズと対応する技術

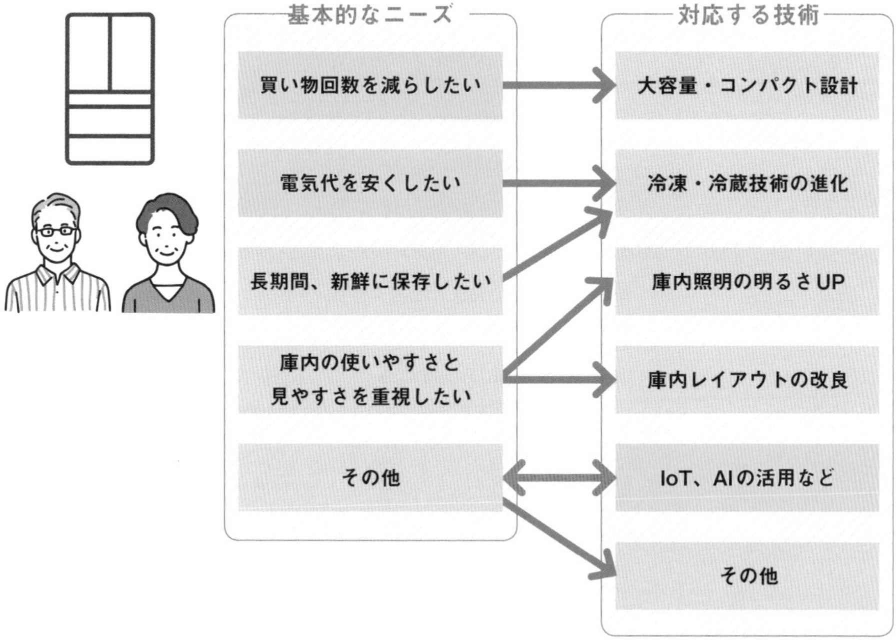

Chapter3
05

生活家電②

価格の高いドラム式洗濯機がけん引する洗濯機市場

洗濯機市場では出荷台数は安定しており、毎年460万台程度です。しかし、出荷金額は2022年度に4,000億円を突破するなど、近年は顕著な伸びを示しています。その要因として、ドラム式洗濯機の技術向上が挙げられます。

洗濯機市場におけるドラム式洗濯機の伸長

近年の洗濯機市場は、年間460万台程度が安定して出荷されています。2020年度はコロナ禍の家計対策による特別定額給付金の支給もあり、490万台弱の出荷を記録しています。しかし、2021年度、2022年度合わせて30万台程度の反動減があり、2020年度の特需分がちょうど、打ち消された状態となっています。

一方、出荷台数に比べ、出荷金額は大きく伸びています。2016年度の出荷金額は約3,300億円でしたが、2022年度では約4,000億円と16年度比120%を超える伸び率を示しています。この要因として、**ドラム式洗濯機**の販売増加が挙げられます。洗濯機は大きく**縦型洗濯機**とドラム式洗濯機に分かれ、平均単価でいえばドラム式は縦型の約2倍となっています。毎年の出荷台数は変わらなくても、ドラム式の構成比は16年度比、台数で5.5%、金額では10%以上の伸びを示しています。

ドラム式洗濯機
洗濯槽の横向きまたは斜め向きで、洗濯物の出し入れがしやすい。衣類の摩擦が少ない、水の消費量が少ないなどの特徴がある。

縦型洗濯機
乾燥ができる「縦形洗濯乾燥機」と「全自動洗濯機」がある。

ドラム式洗濯機の機能

ドラム式洗濯機は「ドラム式洗濯乾燥機」とも呼ばれており、主に乾燥機能を重視する人に人気があります。洗濯機市場の金額ベースをけん引しているのが、ドラム式洗濯機です。

ドラム式洗濯機の付加価値の高い機種は20万円を超えており、さらに高額で豊富な機能を備えている機種もあります。近年、人気の機能は、「洗剤・柔軟剤自動投入機能」で、液体洗剤や柔軟剤を自動投入タンクに入れておけば、洗濯物の量に応じて、自動的に分量を調整して投入してくれます。

また根本的な機能である洗い方は、機能名が**ブランド化**するほど、各社とも力を入れており、差別化が図られています。

ブランド化
日立は「ビッグドラム」、東芝は「ウルトラファインバブル洗浄」、パナソニックは「スゴ落ち泡洗浄」、シャープは「穴なしサイクロン洗浄」。

洗濯機の国内市場供給可能量の推移

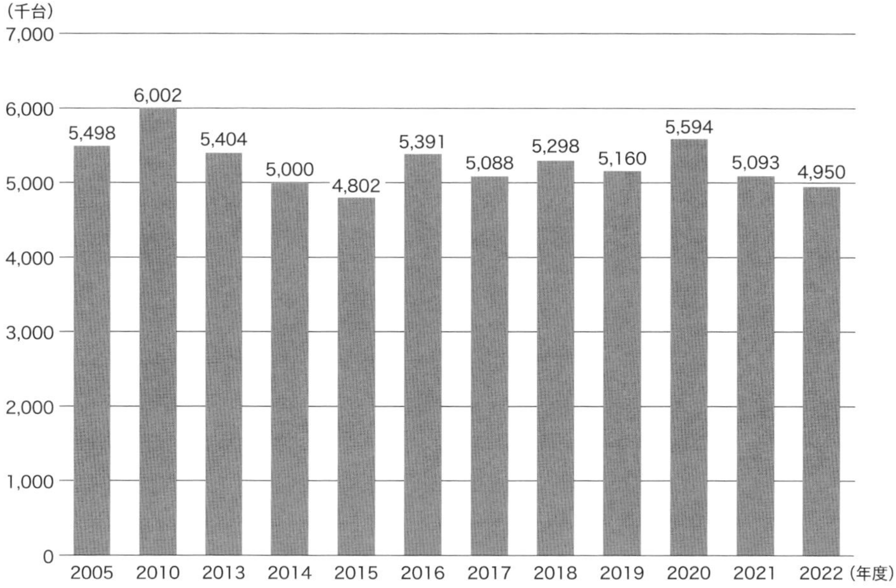

出典：一般財団法人家電製品協会「家電産業ハンドブック2023（抜粋版）」をもとに筆者作成

ドラム式洗濯乾燥機と縦型洗濯乾燥機の違い

ドラム式洗濯乾燥機	項目	縦型洗濯乾燥機
もみ洗い・押し洗い・たたき洗い	方式	こすり洗い
皮脂汚れに強い	洗浄力	泥汚れなどに強い
少ない	使用水量	多い（泡立ちがよい）
安い	乾燥コスト	高い
短い	乾燥時間	長い
◎	乾燥の仕上がり	○
大きい	本体サイズ	標準
重たい	重量	標準
洗濯物が傷みにくい	その他	洗濯物が絡みやすい
洗濯物を途中追加できない		洗濯物の出し入れがしにくい
高い	価格	標準

（シャープES-X11B_SL）

（シャープES-PW11H-T）

※写真はイメージです。上記内容は一般的なものであり、個別機種について記載したものではありません。

Chapter3
06

生活家電③

成長するエアコン市場

エアコン市場は国内家電市場で数少ない成長市場です。近年では半導体の調達不足などの影響もあり、「地産地消」への取り組みによって、リスク分散や市場に応じたきめ細かいニーズへ対応する動きが高まってきています。

成長市場として期待が寄せられるエアコン市場

近年のエアコン国内出荷台数は900〜950万台程度となっており、2020年には1,000万台を突破しています。2022年はコロナ禍による生産停止や半導体不足により生産が間に合わず、夏の最盛期に売り逃しが出て、出荷台数は915万台に留まりました。

また最近は、子ども部屋への追加設置・**寒冷地仕様**の需要に加え、ペットのためにエアコンをつけたまま外出するなど使用頻度も上がっているため、買い替えまでの使用年数が大幅に短縮されるという見方も出ています。

寒冷地仕様
寒冷地で使用することを考えた製品で、エアコンの場合、室外機に凍結防止のヒーターなどを取り付けていることが多い。

こうしたことから、一部モデルの生産を国内に戻したり、国内外複数の拠点で生産を行う「市場最寄化戦略」を推進するメーカーもあり、ニーズへのきめ細かい対応やリスク分散に備える動きが出ています。

購買決定の決め手になる各メーカーの独自技術

エアコンは各メーカーが独自の技術を駆使し、差別化を図っているカテゴリーです。エアコンといえば、まず「省エネ」が頭に浮かびますが、同じ能力の現行機種同士の比較では、購買の決め手になるような大きな差は出しにくくなっています。

そのため、消費者の生活を意識した技術を進化させてきました。「イオン発生機能」は高齢者や子どものいる家庭やペットのいる家庭、「除湿・加湿機能」は若い女性や赤ちゃんがいる家庭というように、各メーカーは消費者のターゲット像をイメージしやすい機能を開発しています。これに加え、最近ではスマートフォン連携機能やAI機能など、外出先からでも操作ができたり、**センサー情報**を処理して効率を高める機能などが登場しています。

センサー情報
人感センサー（赤外線センサー）により、人の体温を検知する。部屋に人がいないときの省エネモードへの自動切り換えなどが該当する。

エアコンの国内市場供給可能量の推移

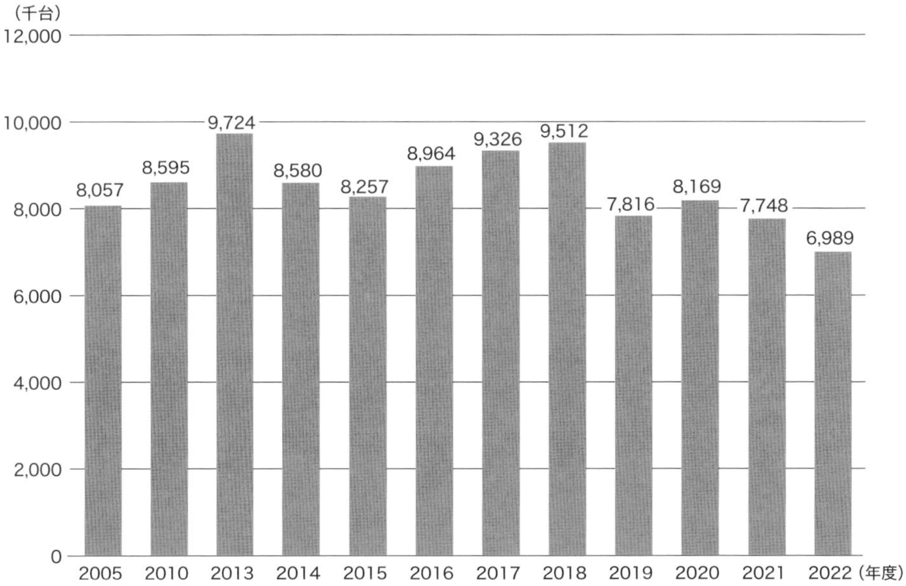

出典：一般財団法人家電製品協会「家電産業ハンドブック2023（抜粋版）」をもとに筆者作成

エアコンに搭載されている人気の機能

スマートフォン連携機能	●スマートフォンのアプリでWi-Fi対応のエアコンを遠隔操作。本体に無線LAN接続すれば、外出先からも利用可能で、帰宅前に快適な温度に調整できる
AI機能	●センサー搭載のエアコンは床や壁の温度や人の存在を感知し、自動運転可能。AIにより、センサー情報を処理して効率的な運転を実現する
空気清浄機能	●空気清浄機能は取り込んだ空気から微細なほこりや花粉、カビや雑菌をキャッチし、部屋を清潔に保つ機能
除湿・加湿機能	●除湿によって肌寒い場合、自動運転を細かく調整する機能。加湿機能は冬場の乾燥時に、室内に潤いを与えて肌や喉のダメージを軽減
自動フィルター掃除機能	●エアフィルターを自動で掃除することで、エアコンの性能を落とさない機能。使用しているだけで、部屋の空気をクリーンに保つ
イオン発生機能	●イオン発生機能は花粉やウイルスの抑制に加え、たばこ臭やペット臭も軽減する。エアコン内部にもイオンを発生させて清潔に保つ機種もある

※上記は機能の一例です。また、各メーカー共にモデルによって搭載の有無は異なります。

Chapter3
07

生活家電④

競争が激しい炊飯器市場

炊飯器の加熱方式はIH式が主流です。各メーカーは炊きムラを抑えるだけでなく、「おいしさ」や「食感」を意識した製品開発を行っており、真空機能やスチーム機能など、高付加価値の機能も搭載しています。

「爆買い」から現在までの炊飯器市場の動向

炊飯器市場は、2015年度には578万7千台の出荷がありました。これは「中国人の**爆買い**」という言葉が話題となったインバウンド需要によるものです。しかし爆買いは減速、2020年からはコロナ禍によりインバウンド需要が消滅し、2022年度まで3年連続で出荷台数は484万5千台まで減少しています。

爆買い
炊飯器、温水便座などを中心に、家電製品もよく売れた。2016年、中国政府は中国人観光客が国外で買った物品を本国に持ち帰る際にかかる「行郵税」を大幅に改正したため、減速していった。

高級機では各メーカーが「かまど炊き」の味を再現すべく、製品開発に力を入れています。最近では10万円前後の価格となっているものが多く、スマートフォン連携機能が搭載された機種も登場してきました。炊飯器は総合家電メーカーだけでなく、調理家電専業メーカーも製造しており、競争の厳しい市場です。

現在の炊飯器のトレンドと搭載機能

炊飯器には、マイコン式・IH式・圧力IH式の3つの加熱方式があります。マイコン式は底面のヒーターから加熱するため、火力も弱く、下部と上部で炊きムラが生じます。これに対し、IH式は電気抵抗によって内釜そのものを加熱しているため、発熱効率がよく、火力が強いため、炊きムラを抑えることができます。このIH式加熱で、炊飯中の釜に圧力を加えるのが圧力IH式です。気圧を高めることで100℃を超え、早くふっくらと炊き上がります。現在の炊飯器は、これらのIH式が全体の70％以上を占めており、炊飯器の主流となっています。

この加熱方式に加え、内釜の性能によって**熱伝導率**と蓄熱性が変わるため、各メーカーは素材にこだわった製品開発を行っています。このほか、お米のなかまで水を浸透させる真空機能など、付加価値の高い技術が高級機には搭載されています。

熱伝導率
ある物質がどれだけ効率的に熱を伝えることができるかを表す数値。熱伝導率の高いものは，熱がつたわりやすい。

炊飯器の国内市場供給可能量の推移

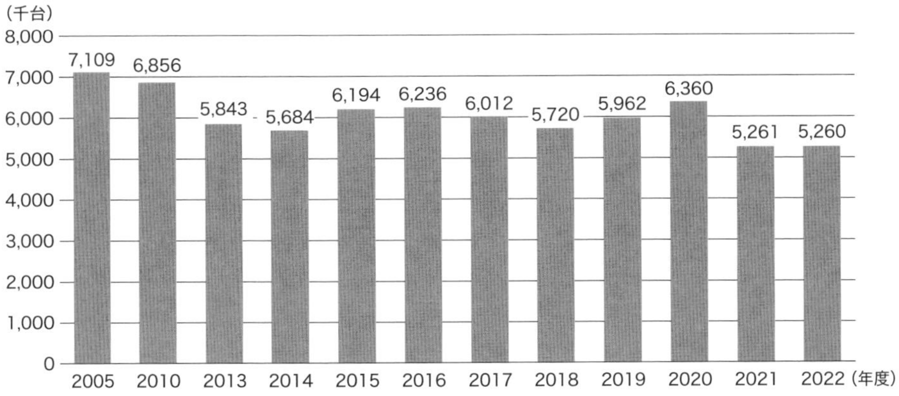

出所：出典：出典：財務省「貿易統計」をもとに筆者作成

炊飯器の加熱方式の種類

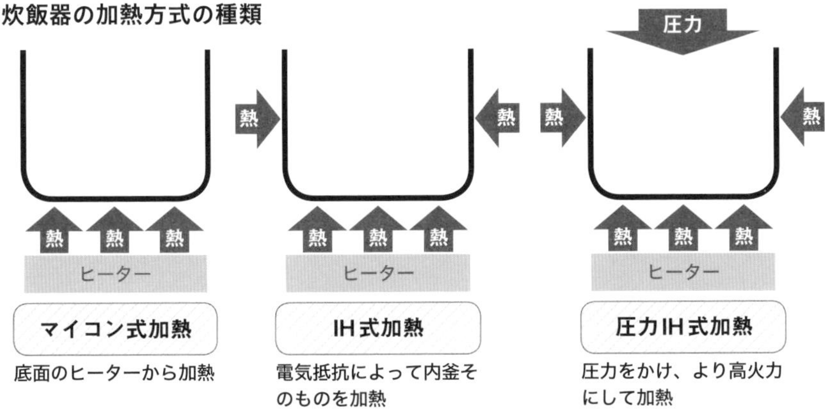

高級炊飯器に搭載されている人気の機能

加熱方式	● 高級炊飯器はIH式加熱がベースになっており、これに圧力をかける可変圧機能をはじめ、スチーム機能、真空機能、超音波機能などが開発されている
内釜	● 内釜の性能により、熱伝導率と蓄熱性が異なり、炊き上がりに大きく影響するため、各メーカーが素材にこだわった内釜を開発
スマートフォン連携機能	● スマホから、炊飯の設定や予約時間の変更などが可能、お米の残量通知を発信する機種もある
保温機能	● 保温してもおいしさを損なわないよう、スチームで乾燥を防いだり、真空にして酸化を防ぐ機能など
コースメニュー	● お米の種類や銘柄に合わせたコース、やわらかめ・かためなどの食感のコース、その他、お弁当用のコースなどのコースメニュー

※上記は機能の一例です。また、各メーカー共にモデルによって搭載の有無は異なります。

Chapter3
08

生活家電⑤

海外メーカーも加わり競争が激化するクリーナー市場

クリーナー市場は例年500万台程度の需要があり安定していますが、海外メーカーの参入も多く、競争が激しくなっています。そのため、メーカー各社は工夫を凝らしており、吸引力だけでなく使いやすさも進化しています。

クリーナーの市場動向と海外メーカーの台頭

クリーナーの国内市場は安定しており、出荷台数は500万台前後、出荷金額1,000億円、平均単価2万円程度で推移しています。キャニスター型からスティック型へ徐々に移行しており、スティック型が出荷台数の半数以上を占めていると見られています。

また、クリーナー市場は海外メーカーの進出が目立ちます。ダイソン（英国）は、強い吸引力やクリーナーヘッドなどの機能性、高いデザイン性が消費者から評価されています。また、**ロボット掃除機**ではアイロボット（米国）のルンバがトップシェアを誇っています。ハードだけでなくソフトの開発にも力を入れており、既存ユーザーも新OSにアップデートできるようになっています。その他、シャークニンジャ（米国）も参入しており、市場競争が激化しています。

ロボット掃除機
自走して掃除するクリーナー。国内世帯普及率は約10%。

クリーナーの豊富な種類と多彩な機能

現在のクリーナーには数多くの種類があり、自分の生活にあった製品を選べます。形状ではキャニスター型、スティック型、ハンディ型、ロボット掃除機に分類されます。また、キャニスター型とスティック型には、集塵方式が異なるサイクロン式と紙パック式があり、使用に応じた製品を選べるようになっています。

イメージしやすい機能としては**吸引力**があります。吸引力に加え、ブラシの種類によって集塵性能は大きく変わり、使用する床の材質も考慮して製品を選ぶことが大切です。クリーナー本来の機能に加え、重量、排気性能、低騒音化などの人体にやさしい機能やエコモードといった省エネ機能などが装備されている機種もあるため、総合的に製品を選ぶことが大切です。

吸引力
「吸込仕事率（W）」で表され、数値が大きいほど吸引力が強いことを表す。

電気掃除機の国内市場供給可能量の推移

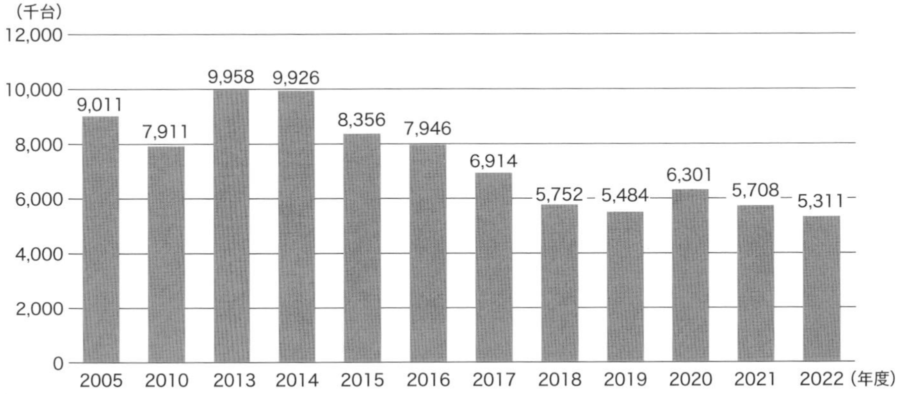

出典：一般財団法人家電製品協会「家電産業ハンドブック2023（抜粋版）」をもとに筆者作成

クリーナーの種類

キャニスター型

横型で本体にホースを取り付ける昔ながらの掃除機で、電源コードによりコンセントから給電するタイプがほとんどである。吸引力と持続性に優れており、最近では軽量化も進んでいる

スティック型

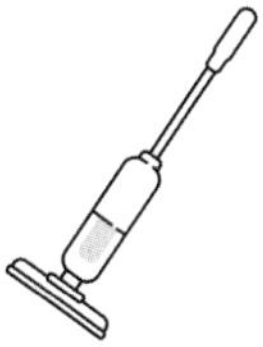

スティック型はホースがなく、スリム・軽量で操作性に優れている。ほとんどがコードレスとなっているため、階段や廊下の掃除にも適しており、気になったとき、すぐに使える手軽さがある

● サイクロン式
サイクロン式は吸い込んだ空気を渦状に回転させて遠心力でゴミを分離し、ダストカップに溜める方式。紙パック不要で吸引力が持続しやすく、清掃可能なモデルも多い

● 紙パック式
紙パック式は、使い捨てパックにゴミを集めて、そのまま捨てるお手軽な方式。 消耗品なので交換が必要だが、フィルターの代わりにもなり、わざわざ手入れする必要がない

ハンディ型

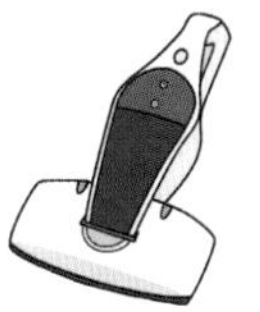

ハンディ型は、小型でバッテリーを内蔵しているものが多く、車やクローゼットなど狭い場所や机やタンスの上など高い場所も手軽に掃除できる。サブの掃除機として使うことが多いが、アタッチメントを付けることで、スティック型として使用できるタイプもある

ロボット掃除機

ロボット掃除機はスイッチ１つで自動的に室内を巡回し、掃除が終わると充電台に戻ってくる。そのため、かかる手間はゴミ捨てなど最低限のものとなっている。フローリングの「水拭きモデル」や吸引・水拭きの両方ができるモデルも開発されている

※上記は機能の一例です。また、各メーカー共にモデルによって搭載の有無は異なります。

生活家電⑥

高機能商品が伸び、単価が上がる電子レンジ市場

電子レンジ市場は、高機能なレンジの購入につながるケースも増えており、平均単価が上昇傾向にあります。温め・解凍のシンプルなものから、蒸し調理や低温調理など、本格調理ができるものまで豊富な種類があります。

電子レンジの市場動向と消費者ニーズに応える機能

電子レンジの国内市場は、例年の出荷台数が350万台程度、出荷金額が950億円程度、平均単価は2万7,000円程度となっています。2020～2021年はコロナ禍によって内食傾向が強まり、台数は伸びましたが、平均単価は下落していました。現在、台数は落ち着きを見せていますが、金額ベースと平均単価（約28,000円）は伸びています。これは、**内食**化の浸透で手軽においしい料理をつくりたい、健康に配慮したいという消費者も増え、高機能な電子レンジの購入につながるケースが発生しているからです。

各メーカーはこうした消費者ニーズに応えるため、**独自の技術**を生かし、便利さを提供しています。高機能オーブンレンジを中心に、堅調な需要が今後も続くと見込まれています。

内食
家で素材を調理したものを食べること。

独自の技術
食材をひっくり返さず両面焼きができる、油を使わず過熱水蒸気で加熱調理できる、独自の深皿で火加減の調整が不要になるなど。

電子レンジの種類と内容

電子レンジは、「単機能」「オーブン」「スチームオーブン」の3つに大別されます。単機能レンジは、温めと解凍のシンプルな機能を備え、仕事で忙しい単身者などによく購入されています。

オーブンレンジは、単機能レンジにオーブン、グリルといった「焼く」機能を付け加えたものです。トーストやお菓子に向いた機種など調理メニューが豊富なため、自分に合った機種を選ぶことが大切です。スチームオーブンレンジは、オーブンレンジに100℃以上の高温水蒸気を付け加えたレンジで、食材を焼いたり蒸したりできます。食材から塩分や油を落としながら調理できるため、健康志向の人に人気が高いレンジです。

電子レンジの付加価値を支えているのはセンサーで、主に4種類あります。センサー使用の有無や使用センサーの種類と複数センサーの使用などで、電子レンジの性能が決まります。

電子レンジの国内市場供給可能量の推移

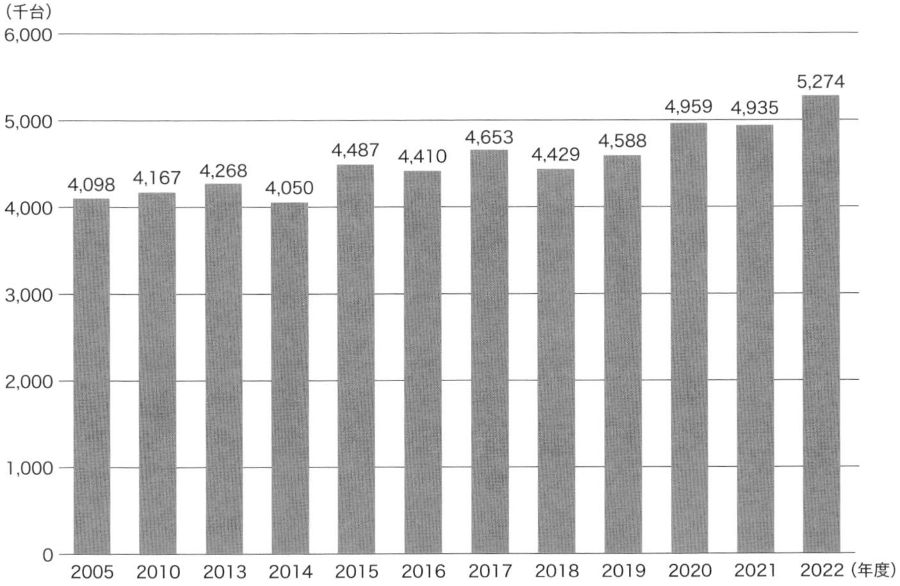

出典：一般財団法人家電製品協会「家電産業ハンドブック2023（抜粋版）」をもとに筆者作成

電子レンジとセンサーの種類

単機能レンジ

温めと解凍の機能のみのシンプルな機能

オーブンレンジ

単機能レンジにオーブングリルといった「焼く」機能を付け加えたレンジ
→調理メニューに種類があるため、自分の生活に応じた製品を選ぶことが必要

スチームオーブンレンジ

オーブンレンジに100℃以上の高温水蒸気を付け加えたレンジ
→余分な油や塩分などをカットしたヘルシーな調理が可能
→蒸し調理や低温調理が可能な製品もある

赤外線センサー

赤外線の検知

食品の加熱時の赤外線を検知し、表面温度を判断して加熱具合を自動調節

重量センサー

重量の検知

食品と容器の重さから自動で加熱時間を決定し、手動設定の手間を軽減

温度センサー

温度の検知

食材ではなく、庫内温度を測って加熱温度を決定する、グリルやオーブン時に重要なセンサー

湿度センサー

蒸気の検知

食材加熱時に発せられる蒸気の水分量で焼き具合を判断するセンサー（ラップ、フタは使用不可）

Chapter3

10

生活家電⑦

IHクッキングヒーター

IHクッキングヒーターは、2011年の東日本大震災以降、市場が縮小しましたが、2016年以降は回復傾向にあります。現在では、グリル機能や清掃性も進化し、10〜15年前に購入した製品の買い替え需要が見込まれています。

IHクッキングヒーターの市場動向と進化した機能性

IHクッキングヒーターは2011年の東日本大震災以降、原発事故などによるイメージダウンにより市場が大きく縮小し、出荷台数は72万台程度になっていました。2016年度からは75〜78万台と回復してきましたが、半導体不足などもあり、現在では73万台程度となっています。出荷台数は回復途上にありますが、調理機能は大きく進化してきており、平均単価は顕著に上がっています。機能面では、買い替え時期に入っている10〜15年前に購入された機種と比べ、グリルの調理機能や清掃性などは格段に進化しており、買い替え需要にも期待が寄せられています。

IH
IH (Induction Heating) の略で、電磁誘導加熱のこと。

機能面
「魚や鶏肉などを冷凍のままグリル皿に並べて一気に焼き上げるグリル」や「お手入れが簡単でキッチンとの調和を考えたデザインのフラットトッププレート」、「自動でかき混ぜ、おいしさがしみわたる加熱方式」など。

IHクッキングヒーターの種類とメリット

IHクッキングヒーターには、3種類のタイプがあります。卓上型はコンパクトで移動可能なため、電源さえあればダイニングテーブルなどにおいて手軽に使用することができます。据置型は、設置やガス管の工事が不要です。専用電源がなければ電源の工事のみで使用することができます。ビルトイン型はシステムキッチンの場合に使用される機種です。設置などの工事が必要ですが、3口タイプが主流で複数調理に向いており、グリルなど付加価値の高い機能性に優れた機種が多いのが特徴です。

また、IHクッキングヒーターは火を使わないため、衣類着火や立ち消えが起こらず、安全性に優れています。お手入れに関しても、油煙が飛び散りにくく、トッププレートがフラットなため、手間がかかりません。グリルレシピも増えており、若年者から高齢者まで幅広いニーズに応えています。

クッキングヒーターの生産台数の推移

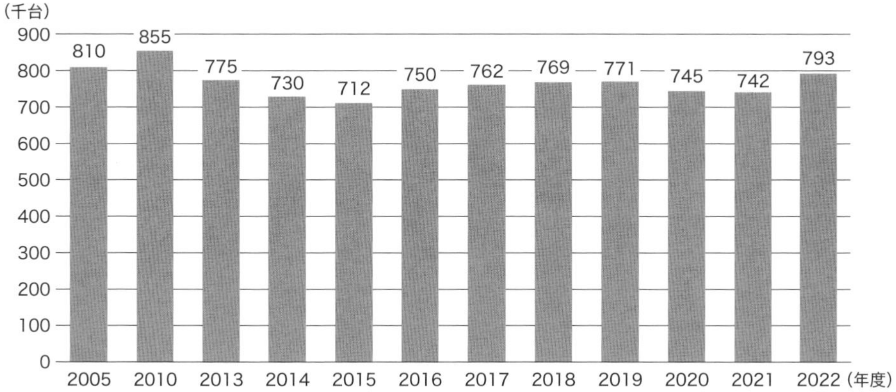

出典：一般財団法人家電製品協会「家電産業ハンドブック2023（抜粋版）」をもとに筆者作成

IHクッキングヒーターの種類とメリット、デメリット

卓上型

- ダイニングテーブルなどの上に置いて使用するコンパクトタイプ
- 1口タイプ

据置型

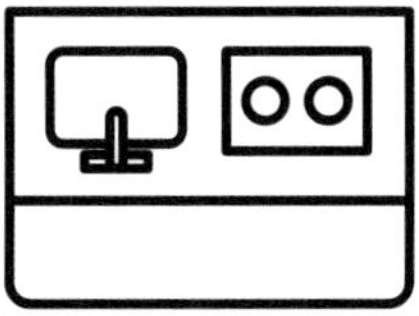

- キッチンのコンロ台に据え置くタイプ
- 工事は不要
- 2口タイプが主流

ビルトイン型

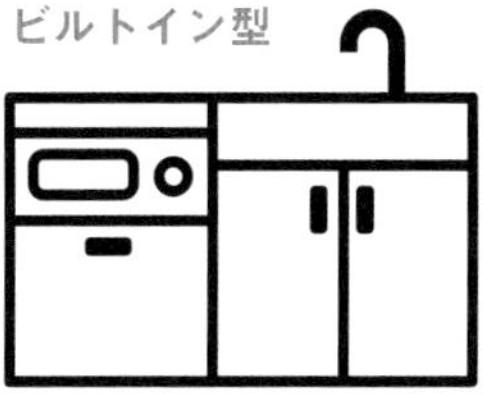

- システムキッチンに埋め込むタイプ
- 工事が必要
- 3口タイプが主流

主なメリット	主なデメリット
①安全性 火を使わないため、衣類着火や立ち消えが起こらない	①使用調理器具に制限 鍋・フライパンなどの底に凹凸があるものやアルミ、銅など材質によって使用できないものがある
②清潔性 ガスと異なり水蒸気や二酸化炭素が発生しないため、結露が抑制され、空気が汚れにくい	②停電時に使用不可 停電時や電力供給の問題がある場合に調理ができない
③快適性 鍋自体が発熱するため、上昇気流が起きにくく、室温上昇を抑え、油煙も飛び散りにくい	③突沸現象 油分の多い液体などを加熱したとき、沸点を超えても沸騰せず、この状態の液体に振動などが加わると突然沸騰し、飛び散る場合がある
④清掃性 フラットなガラストップを採用しているため、吹きこぼれても清掃しやすい	④「焼き色」・「炙り」不可 表面だけを焼いて焼き色を付けたり、炙り料理ができない

COLUMN 3

家電メーカーの大きな役割

家電製品には夢があった

1990年代まで、家電製品には「夢」がありました。例えば、コードレス電話が登場するドラマで見ては、「いつかは、こういった生活を……」という憧れを感じさせたものです。

コードレスというだけの電話機が約6万円もした時代。「(ドラマのような生活を) 手に入れたい」という強い思いを持ち、「コツコツと貯めたお金を握りしめて、家電量販店に足を運ぶ」消費者が多くいました。コードレス電話に限らず、確かに「家電製品には夢があった」のです。

現在、家電製品はコモディティ化が進んでいます。IoTなど私たちの生活を一変させるような技術も出てきていますが、まだ実益を実感するところにまでは至っていません。

家電製品は「世帯に1台」というものが多く、世帯数の増加と販売台数の増加は、基本的に正の相関関係があります。しかし、単身世帯が増えれば、単機能製品で事足りるため、単価は下落します。それに加え、世帯人数が減少すれば、付加価値製品が売れにくくなります。世帯数が増え、販売台数が増えたとしても、世帯構成によっては、販売金額が減少するのです。使用年数の伸長や生活様式の変化により、台数増も厳しくなります。

もう一度、夢を提供できるか

こうしたなか、高付加価値の家電製品を拡販していくには、「新しいカテゴリーの創出」や「IoT技術を駆使した家電製品のネットワーク化」が必要になってきます。それも、消費者の意表を突くような便利さ・快適さを提供できる機能やネットワーク化が必要です。

本章では、主要カテゴリーの動向をカテゴリーごとに説明していますが、インターネットを利用し、これらをネットワーク化することで、「感動を与えられる便益を消費者に示すことができるか」がメーカーには求められています。

かつての家電製品の「夢」のように、今後はネットワーク化で、消費者に「夢」を与えられるかが鍵となっています。

第4章

主要な家電メーカーと市場

家電メーカーには、企業ごとに素晴らしい歴史があります。そのほとんどが個人創業や小規模な企業から始まり、社会貢献など、明確な目的を持って成長してきました。現在、その目的はパーパス（企業の存在意義）として受け継がれ、企業の確固たる指針として、それぞれの特徴的なモノづくりとして具現化されています。

Chapter4
01

家電業界の概要

家電メーカーの全体像

家電メーカーは「消費者の豊かな生活と環境保全」を実現する使命を担っています。多くのメーカーがグローバル市場で活動しており、海外でもこの役割を果たすため、変わる環境にすばやく適応し、成功を目指しています。

家電メーカーが担う消費者と環境保全への役割

家電メーカーは、私たちの日常生活を豊かにするために欠かせない家電製品を開発・製造する企業です。その役割として「先進的な技術力を活用して開発された機能的・経済的な製品を提供することで、消費者の日常生活を豊かにすること」を担っています。

日本の家電メーカーの多くは、1900年前後から終戦直後までに誕生し、それぞれが意欲的で優秀な創業者のもと、製品開発に取り組んできました（右ページ上図参照）。これらの企業は発展していくなか、それぞれに**方向性**を打ち出していきました。現在では、消費者の日常生活を豊かにすることに加え、エコフレンドリーな技術の導入やリサイクルへの取り組みなど、環境に配慮したモノづくりも家電メーカーの大きな役割となっています。

方向性
例えばテレビ、冷蔵庫、洗濯機、掃除機、エアコンなど「多岐にわたる製品カテゴリーを開発する企業」やオーディオ機器、調理器具など「特定カテゴリーの専門性を追求する企業」。

家電メーカーのグローバル化と競争環境

現在、国内外の主要な家電メーカーは、世界中をターゲット（右ページ下図参照）に広範な活動を行っています。このグローバルな家電市場で日本の家電メーカーは、高い品質、革新的な技術によるブランドの信頼性を武器に厳しい環境のなか、優位性を保ってきました。

しかし、最近では新興国などの海外メーカーの市場参入により、競争が激化しています。特に中国や韓国の家電メーカーは、技術力に加え、低い生産コストと人件費、大量生産による低価格で急速に成長し、多くの市場でシェアを伸ばしています。加えて、近年では、「部品の供給体制の見直し」や「国際的な政治リスク」、「環境問題」など、重要な問題が頻繁に生じています。国内家電メーカーが**グローバル市場**で成功を収めるには、消費者ニーズを把握し、変化する環境に迅速に対応することが求められています。

グローバル市場
全世界の市場。国境を超えて商品・サービスが取引される、世界規模の市場のこと。

主な家電メーカーの創業

企業名	創業年	創業時の社名	創業者名	備考
東芝	1875年	田中製造所	田中久重	1939年に、これらの2つの会社が東京芝浦電気株式会社として合併
	1890年	白熱舎	藤岡市助 三吉正一	
三菱電機	1921年	三菱電機株式会社	初代会長 武田秀雄	三菱造船・電機製作所を母体に、三菱の9番目の直轄会社として誕生
シャープ	1912年 1915年	金属加工業を創業 早川兄弟商会金属文具製作所	早川徳次	穴がいらないベルトのバックル「徳尾錠」を発明し、大量注文が入ったことで独立開業
パナソニックHD	1918年	松下電気器具製作所	松下幸之助	扇風機の碍盤を製造しながら、配線器具の製作に本格的に取り組む
ソニーグループ	1946年	東京通信工業株式会社	井深大 盛田昭夫	資本金19万円従業員数約20名の小さな会社「東京通信工業」としてスタート
日立製作所	1910年	日立製作所	小平浪平	久原鉱業所日立鉱山付属の修理工場として発足
日本電気（NEC）	1899年	日本電気株式会社	岩垂邦彦	外国資本の直接投資が認められた条約改正の発効日に、最初の外資系企業として設立
パイオニア	1938年	福音商会電機製作所	松本望	1937年、創業者、松本望がダイナミックスピーカーA-8の開発に成功
富士通	1935年	富士通信機製造株式会社	初代社長 吉村萬治郎	富士電機製造株式会社（現富士電機株式会社）の電話部所管業務を分離して設立

出典：各社公開資料より筆者作成

グローバル市場の一例（エアコンの世界市場）

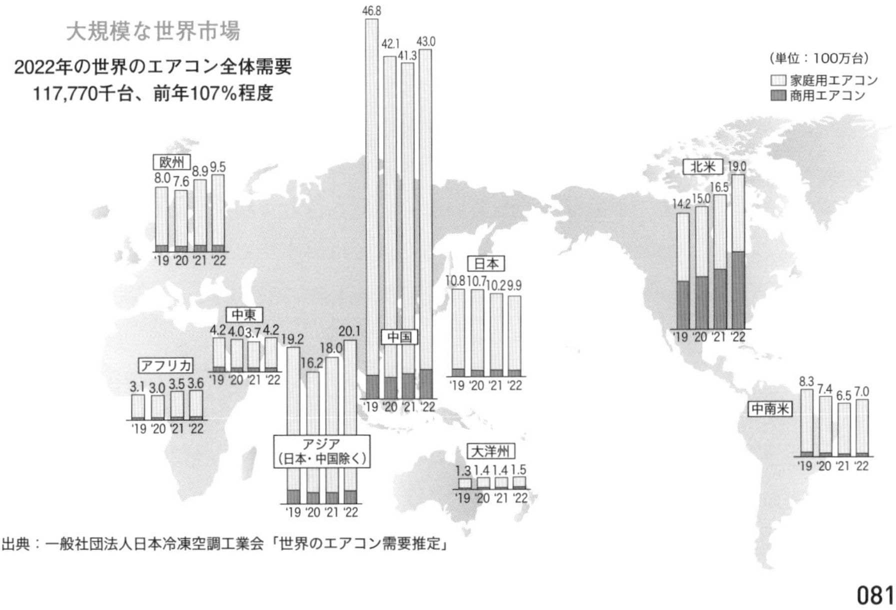

出典：一般社団法人日本冷凍空調工業会「世界のエアコン需要推定」

Chapter4
02

総合家電メーカー①

事業分野が幅広い パナソニックホールディングス

パナソニックホールディングス（HD）は、1918年創業の総合家電メーカーです。イメージの強い家電製品に加え、車載用電池、システム機器なども提供しており、技術革新と社会貢献を重視し、持続的な成長を追求しています。

パナソニックHDの原点と現在の売上高

パナソニックグループは、持株会社であるパナソニックHDと8つの事業会社および国内外の関係会社で構成されています。パナソニックといえば家電のイメージが強いですが、車載用電池やシステム機器など、幅広い事業展開を行っています。家電製品に係わっている主な事業会社がパナソニックとパナソニックエンターテインメント＆コミュニケーションとなっています。

パナソニックグループ
1918年3月7日、松下幸之助氏が22歳の妻・むめの氏、15歳の義弟・井植歳男氏（三洋電機の創業者）と「松下電気器具製作所」を創設した。この製作所が、現在、23万人を超える従業員が勤務し、グローバル市場で事業を展開しているパナソニックホールディングスの前身。

パナソニックHDの2022年度売上高（海外含む）は8兆3,789億円。主に家電製品で構成される「くらし事業」は3兆4,833億円で、パナソニックHDの44％の売上高構成比を占めています。

家電業界全体が注目する「指定価格制度」

家電製品の国内市場では家電量販店が大きな影響力を持っています。その家電量販店のビジネスモデルを変えるかもしれない取り組みを事業会社のパナソニックが始めており、業界の注目を集めています。それが「指定価格制度」です。

指定価格制度
メーカーが指定した価格で販売する制度。店舗による値下げや値引き販売はできないが、売れ残った商品は返品でき、メーカーが在庫リスクを負う。

家電量販店はメーカーから家電製品を買い取っているため、在庫の負担がかかっています。売れ行きが悪かったり、競合企業が低価格訴求をすれば価格対抗を行いますが、メーカーからすれば「自社で価格を管理できない」ため、利益の低下を防ぐことが難しくなります。

NET入れ
通常、補填は販売台数を対象とするのに対し、NET入れは在庫すべてに波及する。

この不都合を解消するため、量販店に販売価格を指定する代わりに返品に応じるようにしました。この制度により、商品の寿命が延び、利益も確保できます。量販店からすれば、「価格での差別化ができない」というデメリットがありますが、パナソニックは24年度には、エアコンを除く白物家電の5割に適用する計画です。

パナソニックHDの事業会社と事業内容

パナソニック HDの事業会社

- **パナソニック**
  白物家電の製造・販売など
- **パナソニック オートモーティブシステムズ**
  車載システムの製造、車室空間ソリューションの提供など
- **パナソニック ハウジングソリューションズ**
  住宅設備、建材製品の製造・販売など
- **パナソニック エンターテインメント&コミュニケーション**
  映像・音響・通信機器の製造・販売など
- **パナソニックエナジー**
  電池、電池を応用した商品の製造・販売など
- **パナソニック インダストリー**
  電子部品、メカトロ・制御デバイスの製造・販売など
- **パナソニック コネクト**
  製造、物流、流通のサプライチェーンの課題解決など
- **パナソニック オペレーショナルエクセレンス**
  経理、人事、知的財産、物流、情報システムサービスの提供など

パナソニックの指定価格制度

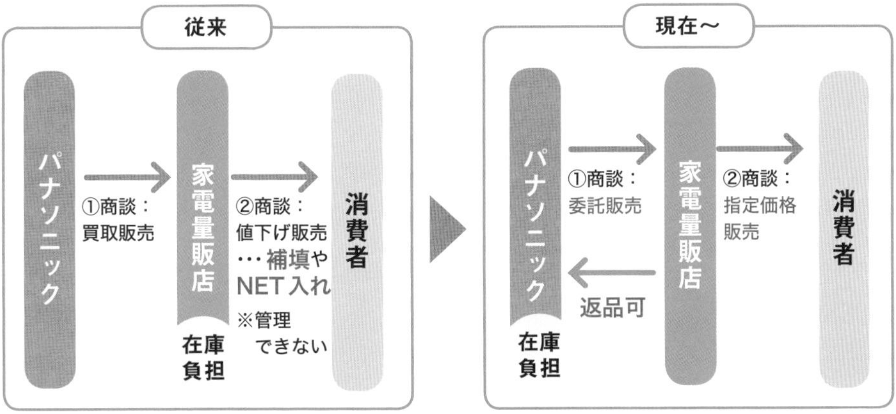

ONE POINT

ホールディングス制とは何か

事業を直接手がけない「持株会社」のシステムを「ホールディングス制」といいます。この持株会社自体は直接の事業を行わず、その子会社が実際の事業活動を行う体制です。例えば、パナソニックホールディングスの場合、事業会社のパナソニックなどが家電製品などの事業を行っています。ただし、家電製品以外の事業も行っているため、「パナソニックの売上高＝家電製品の売上高」とはなりません。

総合家電メーカー②

Chapter4 03

プラズマクラスター技術で名高いシャープ

シャープは、日本の家電製造の先駆けとして、数々の業界初の製品を世に送り出してきました。特にプラズマクラスター技術は、全世界でその効果が評価されており、シャープの技術力の象徴の1つとなっています。

シャープのあゆみと現在の動向

シャープは、1925年には「国産第1号鉱石ラジオ受信機」、1953年には「国産初のテレビ」をいずれも量産して販売を開始しています。テレビが液晶に変わると、2004年に亀山工場を稼働させ、AQUOS（アクオス）ブランドを築き上げました。また、2016年には鴻海精密工業股份有限公司（フォックスコン）との戦略的提携を発表。**新経営体制**が発足しました。

シャープの2022年度の売上高は2兆5,481億円で、ディスプレイデバイスを除く4**セグメント**が伸長し、前年を上回っています。家電製品は1つのセグメントに集約されているのではなく、各セグメントに分散しており、「スマートライフ」では調理家電や洗濯機など、「8Kエコシステム」ではテレビなど、「ICT」ではスマートフォンなどが主な家電製品として挙げられます。

シャープ
1912年、創業者の早川徳次氏が「徳尾錠」を考案し、金属加工業を創業したのがシャープの始まり。

新経営体制
鴻海科技集團の戴正呉副総裁が社長に就任。

セグメント
ここに登場する「スマートライフ」「8Kエコシステム」「ICT」はセグメント名。カテゴリーの中分類のようなもの。シャープでは、「スマートライフ」という分類のなかに調理家電や洗濯機などの小分類（本書でいうカテゴリー）が入っている。

技術の先端に立つシャープのプラズマクラスター

シャープは多くの分野で高い技術力を保有していますが、代表的なものとして、「プラズマクラスター技術」が挙げられます。**プラズマクラスター技術**とは、自然界にあるのと同じ＋（プラス）と－（マイナス）のイオンをプラズマ放電によりつくり出し放出することにより、浮遊ウイルスや浮遊カビ菌の作用を抑制するシャープ独自の技術です。また、消臭や除電、フェイスケアなどにも効果があります（右ページ下図参照）。こういった効果の多様性から、プラズマクラスター技術は、エアコンや空気清浄機をはじめ、冷蔵庫など、多くの家電製品に搭載されています。プラズマクラスター搭載商品は、現在、日本を含む109の国と地域に展開し、2021年10月には世界累計出荷台数1億台を達成しています。

プラズマクラスター技術
「浮遊する新型コロナウイルス（オミクロンBA.1株）の減少効果」や「自動車運転中のストレス抑制と集中維持」などが実証されている。

シャープの売上高の推移とセグメント別売上高

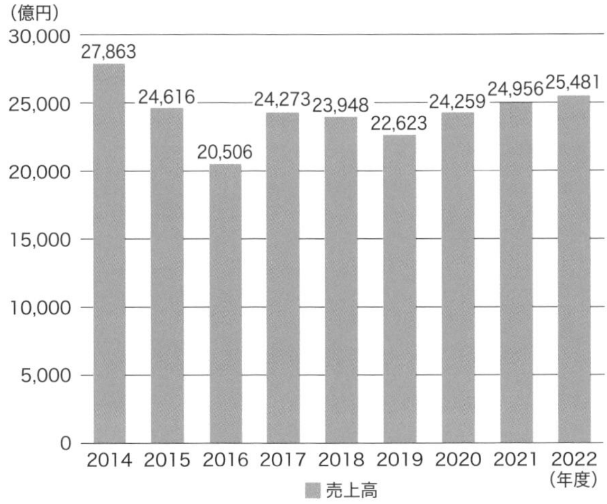

出典：シャープ公開資料より筆者作成

シャープのプラズマクラスター技術

プラズマクラスターの効果

項目	内容
空気浄化(浮遊)	浮遊カビ菌を除菌 浮遊ウイルスの作用を抑える 浮遊菌の作用を抑える ダニのふん・死がいの作用を抑える アレル物質(花粉)の作用を抑える
空気浄化(付着)	付着カビ菌の増殖を抑える 付着ウイルスの作用を抑える ニオイの元となるニオイ原因菌を除菌 付着花粉アレル物質の作用を抑える 付着したペットの皮膚特有の菌の作用を抑える
消臭	タバコの付着臭を分解・除去 衣類に付着した汗臭をスポット消臭 部屋干し衣類の生乾き臭をスポット消臭 付着した排せつ物臭を消臭
除電	静電気を抑える
フェイスケア	お肌にツヤを与える
環境	ストレスがたまりにくい環境をつくる 集中を維持しやすい環境をつくる

プラズマクラスターの種類によって未対応の項目があります。また、使用場所の状況や実用空間での実証実験でないなどのさまざまな条件・注意事項があります。

プラズマクラスター搭載商品

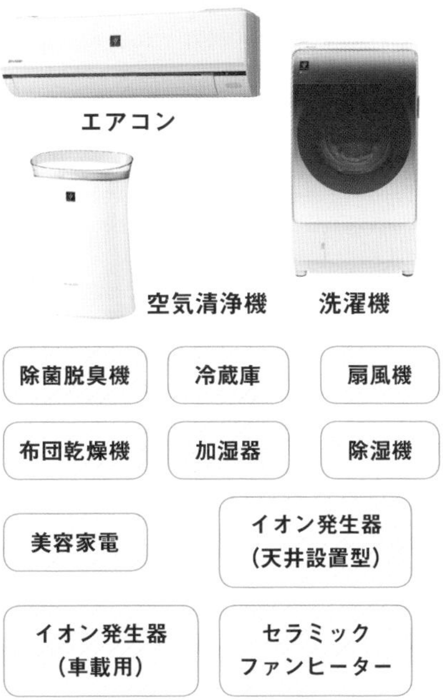

出典：シャープ公開資料より筆者作成

Chapter4
04

総合電機メーカー①

利便性を重視した開発力の三菱電機

三菱電機は、軽電から重電までを手がける総合電機メーカーです。なかでも家電製品は売上高の中核を担っている重要なカテゴリーであり、「消費者が実際に使用するときの便利さ」を考えた製品開発を行っています。

三菱電機のあゆみと中核を担う家電製品

三菱電機は、三菱造船電機製作所を母体として、1921年に設立された企業です。軽電から重電までを手がける総合電機メーカーであり、2021年2月1日には創立100周年を迎えています。

三菱電機の2022年度の売上高は、5兆36億円、前年比11.8％増となっています。三菱電機には「その他部門」を含め、5つの部門がありますが、家電製品は「ライフ部門」に属しています。ライフ部門には「ビルシステム」と「空調・家電」があり、空調・家電は1兆3,611億円と全体の27.2％を占める三菱電機を代表するカテゴリーです。「たゆまぬ技術革新と限りない創造力により、活力とゆとりある社会の実現に貢献する」という企業理念のもと、IoTなどの新技術にも積極的に取り組んでいます。

軽電と重電
発電機、変圧器など大型の電気機械を重電機器、一般家庭や事務所用品となっている小さい電気機器を軽電機器と呼ぶ。

三菱造船電機製作所
大正10～12年には、約1万台の扇風機を生産したのをはじめ、1927年には小田原急行鉄道向け新宿・小田原間に、国産第1号の電鉄変電プラントを完成させている。

IoT
➡3-04参照。

消費者の「使ってみたい」を実現する技術力

三菱電機の家電製品は、実際の使用時の利便性を重視した開発力が備わっています。例えば冷蔵庫のように、「省スペースなのに大容量」や「解凍なしで調理できる冷凍」などが挙げられます。この考え方・技術はIoTにも生かされており、「家電統合アプリ、MyMU（マイエムユー）」を開発し、自社製のエアコンやキッチン家電、住宅設備といった製品をスマートフォンとネットワークでつなぐことで、使う人々の生活をより快適にしています。

最近では、IoT機能を搭載したIHクッキングヒーターを発売しました。これは、料理中の「手が離せない」「操作が複雑」という困り事を解消するために開発された機能であり、消費者の「使ってみたい」を技術力で実現しています。

IoT機能を搭載したIHクッキングヒーター
スマートスピーカーを使った音声操作で、MyMUで検索した料理のレシピにある設定を送信し、手軽に調理することができる。

三菱電機の2022年度部門売上とライフ部門の主要な事業内容

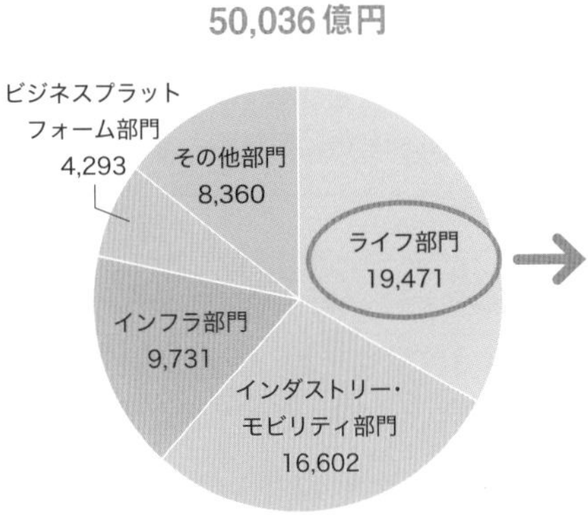

ライフ部門：1兆9,471億円

ビルシステム：5,860億円

空調・家電：1兆3,611億円

主要な事業内容（2023年3月31日現在）

ルームエアコン	ジャー炊飯器
給湯暖房システム	電子レンジ
換気扇	エレベーター
電気温水器	エスカレーター
IHクッキングヒーター	ビルセキュリティーシステム
LED電球	ビル管理システム
照明器具	パッケージエアコン
液晶テレビ	チラー
冷蔵庫	ショーケース
扇風機	圧縮機
除湿機	冷凍機
空気清浄機	その他
掃除機	

（注）各部門の売上高は、部門間の内部売上高（振替高）を含めて表示（消去または全社　△8,422億円）

出典：三菱電機公開資料より筆者作成

MyMUアプリでできることの一例

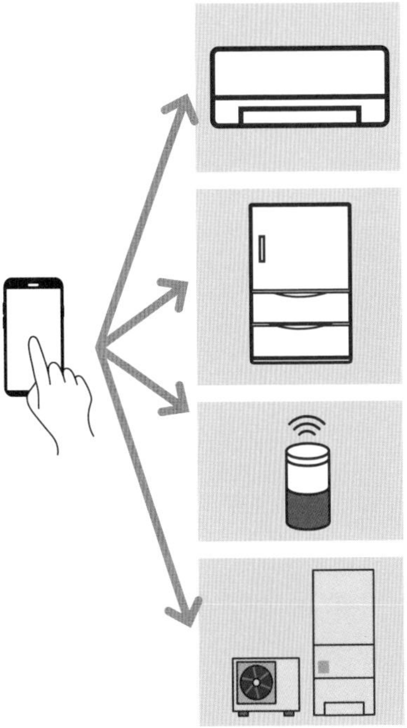

「emoco（エモコ）」アプリ ※エモコアイ搭載モデルのみ
- ココロの状態をスマートフォンで見ることができる
- エモコアイで推定した心の状態をマップに表示することができる
- 快適な睡眠とお目覚めをサポート

- スマートフォンで、冷蔵庫全室の設定状態の確認や温度の設定変更ができる
- 冷蔵庫の使いこなしワザのアドバイスや給水タンクの水切れなどのお知らせがスマートフォンに届く
- 食材に適した保存場所や鮮度のよいおいしい食材選びのコツなどの情報を得ることができる

- スマートスピーカー（Amazon Alexa搭載スピーカー）に対応
- レシピ検索から調理設定までスマホアプリで簡単操作
- 「いつもの加熱」登録機能で調理設定をアシスト

- 外出先からも、お湯はりの温度や使えるお湯の量を確認
- 天気予報をもとに太陽光発電システムとエコキュートを連携させて、夜間電力での沸き上げ量を減少できる
- エコキュートのお湯はり開始に連動して脱衣室・浴室の暖房を開始できる

出典：三菱電機公開資料より筆者作成

Chapter4
05

総合電機メーカー②

環境問題にも積極的に取り組む日立製作所

日立製作所は、インフラなども含む総合電機メーカーであり、家電製品の製造にも長い歴史があります。1932年に電気冷蔵庫の第1号を完成させて以来、高い技術力を生かして環境問題などにも積極的に取り組んでいます。

日立製作所と家電部門のあゆみ

日立製作所は、売上高10兆円を超える総合電機メーカーで、通信機器や鉄道車両なども製造しています。家電製品では1932年に電気冷蔵庫の第1号を完成するなど、優れた技術力を保有しています。日立製作所の家電製品は、報告セグメントのコネクティブインダストリーズの「日立グローバルライフソリューションズ（GLS）」が担っています。日立GLSは、家電製品の販売や保守、修理を行っていた日立コンシューマ・マーケティングと家電製品の商品企画や設計・製造、空調の商品企画、販売、保守、修理を行っていた日立アプライアンスが、2019年4月に合併して発足した企業です。消費者向けの家電製品以外に法人向けの製品も扱っており、2023年3月期の売上高は3,923億円となっています。

日立製作所
1910年、久原鉱業所日立鉱山付属の修理工場として発足した。

日立GLSの技術力とパーパス起点の経営

現在、日立GLSの製品カテゴリーは、生活家電や空調家電・季節家電などの白物家電となっています。冷蔵庫は高い冷凍技術に加え、冷蔵庫カメラでの庫内確認など、最新の技術が用いられています。また、洗濯機では、洗剤を少ない水で溶かした高濃度洗剤液を衣類の奥まですばやく浸透させ、大流量で洗い流す「ナイアガラ洗浄」があります。こうした技術力に加え、環境問題などへの取り組みにも積極的に取り組んでいます。例えば、クリーナーでは「再生プラスチックを40%以上使用」した機種を発売したり、ガラスドア冷蔵庫から分離したガラス板を水平リサイクルする研磨システムを開発しています。こうした製品開発の原動力の1つが2021年4月に従業員が主体となって策定したパーパスです。これにより、企業や組織、個人の行動指針が明確になり、従業員1人ひとりが主体的に行動できるようになっています。

水平リサイクル
使用済みの材料と同じ品質の新しい材料に再加工するリサイクル方法のこと。

パーパス
パーパス（purpose）とは、「企業の存在意義」のことであり、企業の「社会的存在価値」や「社会的意義」を意味する。企業の確固たる指針であり、事業の根拠・原点となる。

日立製作所・日立GLSの売上高の推移

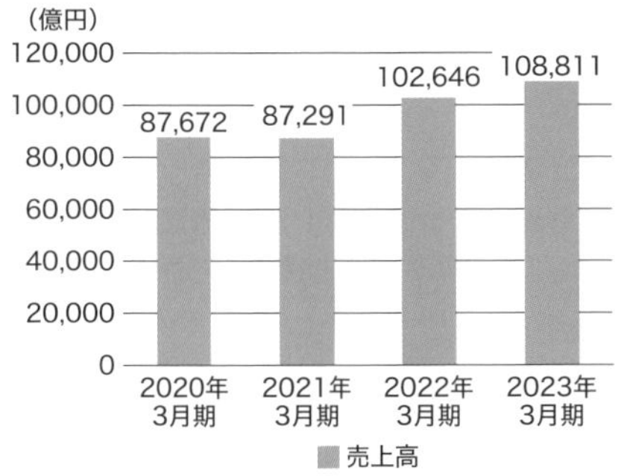

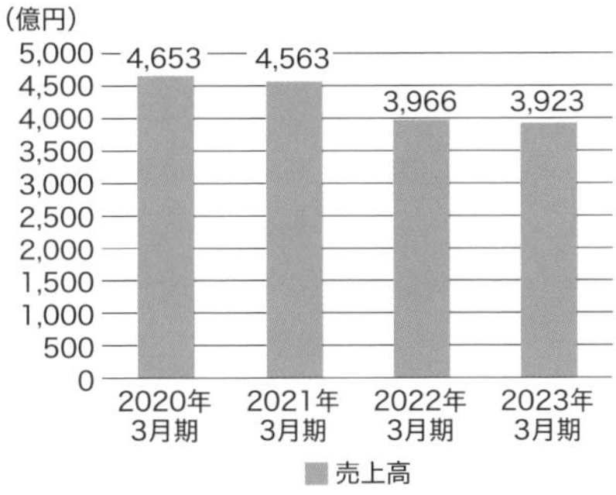

新報告セグメント構成(2022年度)

セグメント
デジタルシステム&サービス
グリーンエナジー&モビリティ
コネクティブインダストリーズ
日立Astemo
日立建機
日立金属

→

セグメント	BU*・子会社
コネクティブインダストリーズ	ビルシステムBU
	日立グローバルライフソリューションズ
	日立ハイテク
	インダストリアルデジタルBU
	水・環境BU
	インダストリアルプロダクツ事業

●主な事業内容
家電品、空調機器、設備機器などの販売およびエンジニアリング・保守サービスの提供、デジタル技術を活用したプロダクト・ソリューションの提供

*BUはBusiness Unitの略で、事業単位と直訳される。家電メーカーでは事業部を表すことが多い。

出典:日立製作所・日立GLS公開資料より筆者作成

日立の家電製品の主なカテゴリーと取り組み

日立の家電製品のカテゴリー	
生活家電	洗濯機・衣類乾燥機、クリーナー、布団乾燥機、衣類スチーマー、アイロン
キッチン家電・調理家電	冷蔵庫、電子レンジ、炊飯器、IHクッキングヒーター、オーブントースター、卓上IH調理器、パーソナルブレンダー
ビューティー・ヘルスケア	フェイスケア・ヘアケア、シェーバー・バリカン
空調家電・季節家電	エアコン*、加湿器、除湿機、扇風機・スリムファン
住宅設備	エコキュート、浴室関連商品、温水洗浄便座、住宅用火災警報器

*ルームエアコンは、日立アプライアンス(現 日立GLS)の空調事業とジョンソンコントロールズが2015年10月1日に設立した合弁会社である「ジョンソンコントロールズ日立空調」が製造。ジョンソンコントロールズが60%、日立GLSが40%の株式を保有しており、日本での販売は日立GLSが行っている。

出典:日立GLS公開資料より筆者作成

日立の技術と取り組み

- 2021年3月、「パーパス」を策定
→パーパスを起点とした経営の強化
- 2022年11月、バーチャル空間で商品研修会を実施
→今後、量販店・地域店・法人などの全ルートでの開催を予定
- 2023年6月、ガラスドア冷蔵庫から分離したガラス板を水平リサイクルする研磨システムの開発
- 2023年7月、過熱水蒸気を使って加熱するオーブンレンジ「ヘルシーシェフ」の3機種を新発売
- 2023年7月、専用アプリで好みの炊き上がりを実現する炊飯器を新発売
→京都の米老舗、八代目儀兵衛監修
- 新物流システムを検証し、2024年問題も視野に入れ、実販に基づいた製品供給を目指す
- 2023年8月、日立史上、最軽量の1kg未満のスティック型掃除機を新発売
- 2023年8月、再生プラスチックを40%以上使用した「パワーブーストサイクロン」の新機種を発売

生活家電メーカー

歴史ある専門知識と高い技術力 東芝ライフスタイル

東芝ライフスタイルは、家事の負担を軽減するために、国産第一号機の生活家電を多く開発してきました。現在も最新の技術をはじめ、消費者の目線に合わせたモノづくりによって、「タイセツをカタチにした家電」を届けています。

東芝ライフスタイルのあゆみとモノづくり

2016年、生活家電の開発・製造・販売を行う東芝ライフスタイルは美的集団（Mideaグループ）に参画することとなり、東芝として150年近くにわたって培ってきた専門知識や高い技術力などとの相乗効果が発揮されています。

美的集団
1968年に創業した、中国の大手電機メーカーグループ。200カ国以上で生活家電事業を展開する。

また同社は、女性が大半の時間を家事に使っていた時代、家事の負担を軽減するために国産第一号機の生活家電を多く開発してきました。この技術力やアイディアは、現在も発展しながら継承され、「5つの強み」となっています。「お客さまを中心」とした消費者目線でのモノづくりなどの強みを「現在の製品」として目にすることができます。

消費者目線に立った最新機能の開発と従来機能の継承

同社は「消費者目線で開発した従来からの機能」も大切にしています。例えば、洗濯機には新機能である「UV除菌機能」をはじめ、洗浄方式などのメイン機能があります。しかし、それ以前に騒音を抑える技術は数十年前から進化しながら継承されており、消費者のみならず、多くの量販店販売員からも「静音の東芝」という評価を得ています。

UV除菌機能
UVとは、Ultra Violetの略で紫外線のこと。紫外線を利用してウイルスの抑制や除菌を行う機能。

また、冷蔵庫では、野菜室が真ん中にある「まんなか野菜室」があります。これは、一度他社がすべて撤退したときも継続してきた機能です。現在では、再参入したメーカーもあり、同社の消費者目線が間違っていなかったことを証明しています。最新機能に加え、従来からの機能も「消費者のためになる機能は、進化させながら継続する」という姿勢に「タイセツを、カタチに。」という同社の想いが詰まっています。

東芝ライフスタイル「5つの強み」と沿革

出典：東芝ライフスタイル公開資料より筆者作成

年	沿革
1930	国産第一号の洗濯機「ソーラーA型」を発売 国産第一号の家庭用電気冷蔵庫を発売
1931	国産第一号のアップライト型真空掃除機を発売
1955	国産第一号の自動式電気釜を発売
1955	国産第一号の業務用電子レンジを発売
1961	世界初のセパレート形エアコンを発売
2003	株式会社東芝から家電事業を分社 東芝コンシューママーケティング株式会社、東芝家電製造株式会社 設立
2006	東芝コンシューマエレクトロニクス・ホールディングス株式会社、東芝ホームアプライアンス株式会社 設立
2014	東芝ライフスタイル株式会社 設立
2016	Mideaグループへ参画

東芝ライフスタイルの商品一覧とモノづくりの一例

東芝ライフスタイルの商品一覧

生活家電
- 洗濯機
- 洗濯乾燥機
- 衣類乾燥機
- 掃除機（クリーナー）
- アイロン
- 衣類スチーマー
- 温水洗浄便座
- 電池・充電器
- 電池関連商品

キッチン家電
- 冷蔵庫
- 電子レンジ
- オーブンレンジ
- ジャー炊飯器
- オーブントースター
- 電気圧力鍋
- IH調理器
- 電気コンロ
- 餅つき機
- 食器乾燥機・食洗機
- コーヒーメーカー

空調機器
- エアコン
- 扇風機
- サーキュレーター
- 加湿器

音響機器
- CDラジカセ
- ラジカセ
- CDラジオ
- CDプレーヤー
- カセットプレーヤー
- ラジオ
- スピーカー
- ワイヤレスイヤホン

モノづくりの一例

TW-127XP3

騒音の原因となるギアやベルトがないS-DDモーター

- **抗菌ウルトラファインバブル洗浄EX**
  →洗浄力
- **Ag^{+}抗菌水**
  →抗菌
- NEW **UV除菌機能**
  →除菌・ウイルス抑制

出典：東芝ライフスタイル公開資料より筆者作成

Chapter4
07

AV機器メーカー

開発力と独自技術に強み TVS REGZA

TVS REGZAは、製品に求められる根本的な機能を高いレベルで進化・充実させています。また、消費者の日常生活での困り事の解決や快適さを提供する機能の開発にも力を入れており、消費者から高い評価を受けています。

TVS REGZAのあゆみと磨き抜かれた開発・技術力

東芝は、2018年に連結子会社である東芝映像ソリューションの株式をハイセンスグループに譲渡し、2021年3月1日より社名を「TVS REGZA」に変更しています。TVS REGZAは1960年に日本初のカラーテレビを開発し、数々の世界初、日本初の製品を開発、製造・販売しており、非常に技術力の高い企業です。

ハイセンスグループ
1969年設立の中国山東省に本社を置く電機メーカー。

日本のテレビ市場の規模では収支が合わない、製造コストの高い金型のような部品でも、ハイセンスグループの金型として使用することができ、大きな強みとなっています。また、テレビやレコーダーなどの消費者向けの製品以外に、法人を対象とした「法人向け映像商品」やレグザのテレビを購入された方の視聴状況のデータを利用した「データ分析サービス」も行っています。

根本機能の充実と消費者視点に立ったモノづくり

レグザには、多くの優れた機能があります。テレビに求められる臨場感・質感などの再現は、数年という長い時間をかけて開発した高画質映像処理エンジン「ZR α」によって実現されています。またレグザは、消費者の「日常での困り事の解決」や「便利さ・快適さ」を提供しています。例えば、タイムシフトマシンは録画予約なしで「見たい番組を見逃さない」視聴スタイルを可能にしています。

こうした消費者の視点に立ったモノづくりが評価され、「『BCNランキング』の2022年家電薄型テレビ全体（液晶テレビ＋有機ELテレビ）のメーカー別販売台数において、１位（市場シェア24.12%）を獲得」したことが同社のサイトに掲載されています。また、レグザ公式YouTubeチャンネルでは、新製品紹介から使い方、最新技術などの情報が発信されています。

BCNランキング
PC・デジタル家電の販売台数や販売金額を製品別に実数で把握できる法人向け有料サービス。

TVS REGZAの映像ソリューションと開発・技術力の一例

TVS REGZAが届けている映像ソリューション

- テレビ
- レコーダー／プレーヤー
- 法人向け映像商品
- 東芝テレビ視聴データ分析サービス

年	TVS REGZAの開発・技術力の一例
1960	日本初のカラーテレビを開発
1971	世界初の大幅IC化カラーテレビを発売
1972	世界初のブラックストライプ方式ブラウン管採用のカラーテレビを発売
1990	世界初のオーバードライブ技術搭載の液晶テレビ
1995	世界初の3原色カラーフィルターを採用したブラウン管「マイクロフィルター管」を開発・商品化
1996	世界初のDVD-ビデオプレーヤー、DVD-ROMドライブを開発・商品化(日本におけるDVDプレーヤー発売)
2001	世界初のHDD＆DVDビデオレコーダーを商品化
2003	地上デジタルハイビジョンテレビを商品化
2006	薄型テレビブランド「レグザ」が誕生 世界初のHD DVDプレーヤー・HD DVD搭載ハード ディスクレコーダーを商品化
2008	世界初の超解像技術採用液晶テレビ「レグザ」ZH7000シリーズ発売
2009	世界初「Cell Broadband Engine™」搭載高画質液晶テレビ「CELLレグザ」を商品化
2010	世界初、専用メガネなしで3D映像を視聴できる液晶テレビ「グラスレス3Dレグザ（REGZA）GL1シリーズ」を商品化
2018	日本初のBS/CS 4Kチューナー内蔵テレビ、4K液晶レグザの発売 BS/CS 4K内蔵タイムシフトマシン有機ELレグザの発売
2023	レグザ史上初となる100V型4K液晶レグザを開発

出典：東芝、TVS REGZA公開資料より筆者作成

レグザの「技術力による特長」の一例

タイムシフトマシン	別売のUSBハードディスクを接続することで地デジ番組を最大6チャンネル約80時間分まるごと録画できる
レグザエンジンZR α	ディープニューラルネットワークを駆使して、高ビットの信号処理と最新の超解像技術を用い、人が見ている世界をより自然な美しさで再現
レグザセンシング（ミリ波レーダー高画質）	「レグザエンジンZR α」により、テレビの近くで見ても、テレビから離れて見ても、自動的に視聴位置に合わせた適切な高画質が楽しめる
レグザセンシング（ミリ波レーダー高音質）	テレビの正面にいても、斜めの位置にいても、自動的に視聴位置に合わせた適切な高音質が楽しめる
新開発 Mini LED液晶パネルモジュール	純度の高い色表現で、鮮やかな映像が楽しめる

タイムシフトマシンから始まる、スマートなテレビライフ

ノーチェックだった番組が会社で話題になっていた…

「過去番組表」が解決！
帰宅後、表示される過去番組表のなかから探して見られる

偶然面白そうな番組を発見。でももう終わっちゃう…

ゴルフやニュースなどジャンルを絞って番組を探したい…

「始めにジャンプ」が解決！
オンエア中でも、その番組をすぐにオープニングから見られる

「ざんまいスマートアクセス」が解決！
レグザがさまざまな切り口でおすすめ番組などをピックアップ

出典：TVS REGZA公開資料より筆者作成

Chapter4
08

パソコンメーカー

設計からサポートまで自社運営 Dynabook

Dynabookは、世界初のノートPCの開発・販売をはじめとし、次々と新しいジャンルを生み出しています。設計からサービスサポートまでを一体自社運営し、トラブルの芽を早期解決する高品質のサポートも提供しています。

Dynabookのあゆみと「世界初」を生む力

東芝は、2018年6月にPC事業を担っていた連結子会社の東芝クライアントソリューション（TCS）の発行済株式の80.1％をシャープに譲渡する契約を締結しました。同年10月に譲渡が完了し、2019年1月にTCSは社名をDynabookに変更しました。2020年8月には東芝が保有するDynabookの発行済株式19.9％をシャープに譲渡し、同社はシャープの100％子会社となりました。

Dynabookは1985年に「世界初のラップトップ」を欧州で発売。1989年には「世界初のノートPC」を発売し、同年、全世界販売累計100万台を達成しています。その後も世界初や世界最軽量など、市場をけん引する製品を数多く世に送り出しています。

シャープに譲渡
競争力と企業価値をさらに高め、パソコン事業の継続的な発展を目指していくための譲渡。

ラップトップ
膝の上に置いて使用できるサイズと形状のパソコンのことで英語圏に多い名称。日本では「ノート」という名称が普及しており、現在はA4サイズのノートPCが主流になっている。

設計からサポートまでを自社運営

同社は「いつまでも安心して」使用できることを最大の使命と位置付けています。Dynabookの設計段階での品質評価から、製造・生産段階における品質管理までの品質管理の高さは、長年のノウハウと自社工場による徹底した管理体制から生まれています。

例えば、「シミュレーション技術」や「HALT（高加速寿命試験装置）」を活用し、数年後の悪影響を確認しています。標準部品であるハードディスクにも独自の技術として工夫を凝らし、加速度センサーや衝撃吸収力の高いクッション材を最適な位置に配置しています。

また、設計からサービスサポートまでの一体自社運営も同社の強みの1つです。トラブル対応だけでなく「購入前の相談」にも対応しており、「コンピューティングとサービスを通じて世界を変える」という同社のビジョンが具現化されています。

Dynabookの開発・技術力

年	dynabookの開発・技術力の一例	モデル名
1985	世界初のラップトップを欧州で発売	T1100
1989	世界初のノートPC	DynaBook J-3100 SS001
1992	世界初のVGAカラーノートPCとして256色表示のTFTカラー液晶を搭載	DynaBook V486-XS
1994	世界初、FDDを内蔵したB5ファイルサイズPC サブノートという新しいジャンルを確立	DynaBook SS433
1996	ZVポート・CardBusをはじめ、7つの世界初テクノロジーを搭載	DynaBook TECRA720
	DynaBookのテクノロジーをベースにミニノートという新ジャンルを確立	Libretto 20
2000	世界初、CD-R/RW to DVD-ROMドライブ一体型マルチドライブ搭載　※2000年9月現在、ノートPCとして	DynaBook DB70P/5MC
2001	Windows 2000搭載として世界最薄19.8mm/約1.34kg	DynaBook SS S1
2007	世界初、高速起動・軽量・省電力の64GBフラッシュメモリドライブなど	dynabook SS RX1
2011	圧倒的な軽さ、薄さ、速さの13.3型ウルトラブック	dynabook R631
2012	世界最軽量の軽さと高性能　※2012年2月現在、光学ドライブ搭載の13.3型ワイド液晶搭載ノートPCとして	dynabook R731
2014	世界初4Kディスプレイ搭載ノートPC	dynabook T954
2015	世界最軽量Windowsタブレット	dynaPad N72
2019	ノートPCの本質を追求した30周年記念モデル	dynabook G

出典：東芝、Dynabook公開資料より筆者作成

Dynabookの品質

Dynabookの考える PC選びの大事なポイント

「トラブルなく長く
使い続けられる」
「故障率が低く壊れにくい」
「万一のトラブルのときでも早く解決できる」

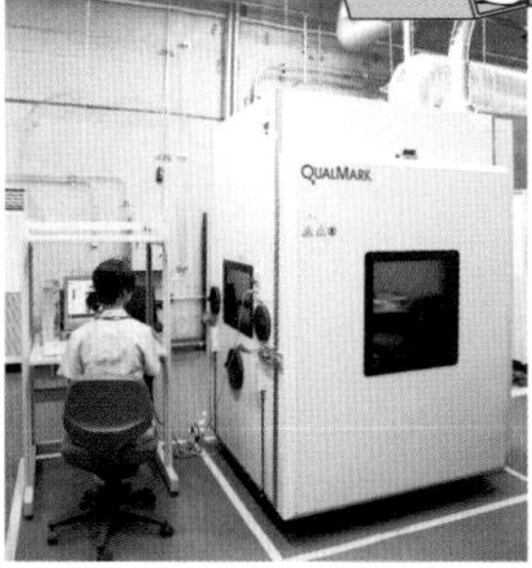

「HALT（高加速寿命試験装置）」の活用

出典：Dynabook公開資料より筆者作成

dynabookの品質

設計段階での品質評価

↓

製造・生産段階における品質管理

品質の高さ
- 長年のノウハウ
- 自社工場による徹底した管理体制

● シミュレーション技術
- ・蓄積した膨大なデータベースと長年のノウハウの活用
- ・電流の流れや力のかかり具合をシミュレーションし、負荷がかかる部分などを事前に予測

● 「HALT（高加速寿命試験装置）」の活用
- ・数週間の短い時間で、数年分のストレスを与えることができる装置を使い、数年後の悪影響までも未然に防止
  ※無破損・無故障を保証するものではない

● 標準部品にまで及ぶ高品質
例：ハードディスクにさえも、独自技術として、2つの工夫
①縦・横・高さの3次元の衝撃に反応する加速度センサー
②衝撃吸収力の高いクッション材を適用（最適配置）

↓

コールセンターや修理センターまでの一体自社運営

設計・製造・生産から、サービスサポートまで一体運営することで、消費者の声や修理箇所等を設計という上流段階まで届け、トラブルの芽を早期に解決する。

AV・情報機器メーカー

映像・音響で世界的企業となったソニーグループ

1946年に設立されたソニーは、先進的な技術により、常に家電市場をけん引する映像・音響メーカーでした。現在は、クリエイティビティを起点とする6つの事業セグメントを持つ、グローバル企業として成長を続けています。

ソニーの歴史とグローバル企業としての発展

ソニーグループ創業者の1人、井深大氏は会社設立の目的を「技術者がその技能を最大限に発揮することのできる"自由闊達にして愉快なる理想工場"を建設し、技術を通じて日本の文化に貢献すること」としています。ソニーといえば、ウォークマンやフラットブラウン管テレビなど先進的な技術により、常に家電市場をけん引する映像・音響メーカーというイメージでした。

現在は、「クリエイティビティとテクノロジーの力で、世界を感動で満たす」ことをパーパスとし、クリエイティビティを起点とする6つの事業セグメントを有する、グローバル企業となっています。

ソニーグループにおける家電製品売上高と範囲

2022年度、ソニーグループは2年連続で過去最高の売上高を更新しています。売上高は11兆5,398億円で初めて10兆円を超し、営業利益は、昨年度に続いて1兆円を超す、1兆2,082億円となっています。ソニーグループにおける家電製品は、6つの事業セグメントの内、エンタテインメント・テクノロジー&サービス（ET&S）事業が該当し、ソニー株式会社が担っています。ET&Sの売上高は2兆4,760億円ですが、これには業務用も含まれています。また、プレイステーションなどのゲーム機は、別の事業セグメントである「ゲーム＆ネットワークサービス（G＆NS）」になります。そのため、「家電量販店で取り扱っている家電製品」と範囲が一致せず、消費者が持つ家電製品の範囲のイメージとは異なっています。ソニーグループにおけるET&Sの売上構成比は約21％と、G＆NSに次ぐ事業セグメントとしてグループを支えています。

ソニー
1946年（昭和21年）5月設立の、資本金19万円従業員数約20名の「東京通信工業」が現在のソニーグループ。現在、事業セグメントの1つで株式を100%保有している金融子会社のソニーフィナンシャルグループをスピンオフ（分離）上場させる方針を明らかにしている。

ウォークマン
ソニーの携帯音楽プレーヤーの名称。1979年、同社が生み出した世界初の「ステレオカセットプレーヤー」が1号機。

パーパス
➡4-05参照。

ソニーグループの経営体制

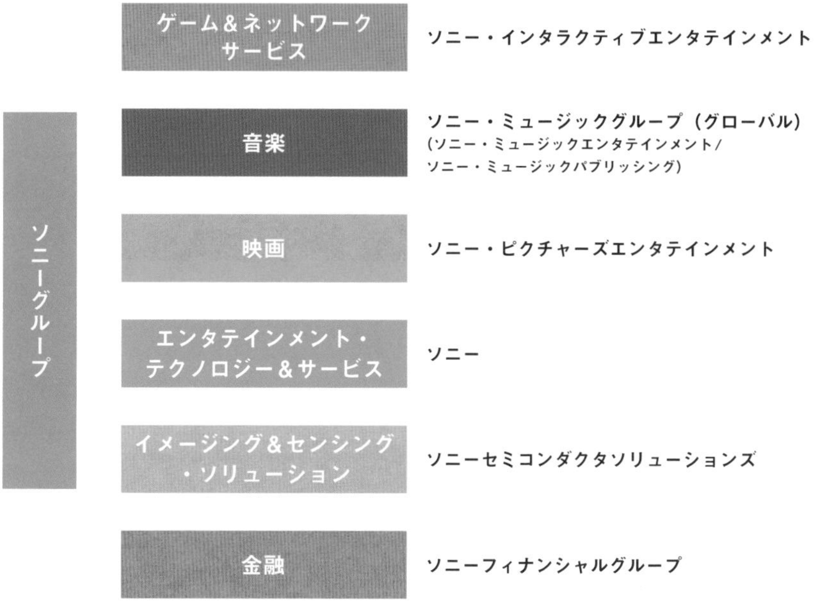

出典：ソニーHP「ソニーグループについて」

ソニーグループの2022年度セグメント別業績

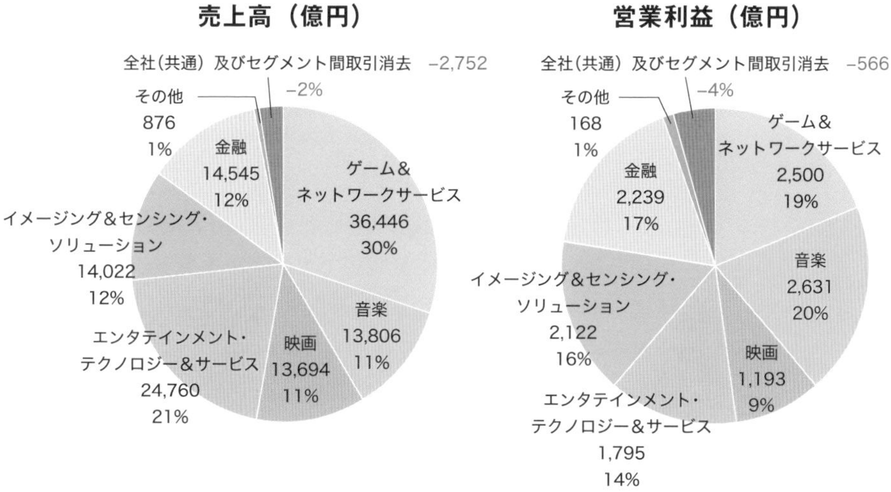

出所：ソニーグループ「2022年度連結業績概要」2023年4月28日より筆者作成

空調機器メーカー①

空調の独自技術が強みのダイキン工業

ダイキンは、空調事業を中心に世界170カ国以上で事業を展開しています。空気をコントロールする独自技術など、高い技術力を持ち、「空気で答えを出す会社」として、これまでになかった空気を世界へ届けています。

ダイキンのあゆみと業績

ダイキン
1924年に山田晁氏によって、大阪市に創立された「合資会社大阪金属工業所」が前身。

グローバルな空調メーカーである**ダイキン**は当初、飛行機用ラジエーターチューブを製造していましたが、高い技術力が評価され、1925年には奉天の兵工廠から30万発の満州向け瞬発信管の注文を受けています。この砲弾の製造により、創立初期から急成長し、技術の基盤を築きました。その後、株式会社に変更し、1935年にはフルオロカーボン（フロン）ガスの生産に成功しています。この技術が、現在のエアコンの製造につながっています。ダイキンはグローバル企業で、売上高（2023年3月期）は3兆9,816億円です。同社のセグメント別売上高では、空調事業の構成比が約91％と大部分を占めており、そのなかで、日本での空調事業の売上高は5,530億円と米州・欧州に続き、3番目に大きな構成比を占めています。

高い技術力により、「空気で答えを出す会社」

ダイキンは、マーケティングにも秀でた企業です。キャラクターの「ぴちょんくん」を掲げた「空気の看板（大阪梅田・新大阪）」による空気情報の伝達や量販店での店頭イベント、消費者調査、流通チャネルの厳しい選択に至るまで、多彩な取り組みを行っています。サイトでは、自社製品の掲載に留まらず、積極的に「空気」など多くの情報を発信し、消費者に快適な生活を送るヒントを提供しています。その空気に対するこだわりと独自技術をはじめとするさまざまな技術がダイキンの製品には詰まっています。例えば、エアコンの「**無給水加湿**」は、空気の4大要素の1つである「湿度」をコントロールする独自技術です。面倒な給水をしなくても加湿できるため、大きな強みとなっています。

無給水加湿
室外機が空気中にある水分子を集め、きれいな水だけを室内に送ることにより、給水なしでも加湿を可能にする世界初の技術。

ダイキン工業の売上高の推移

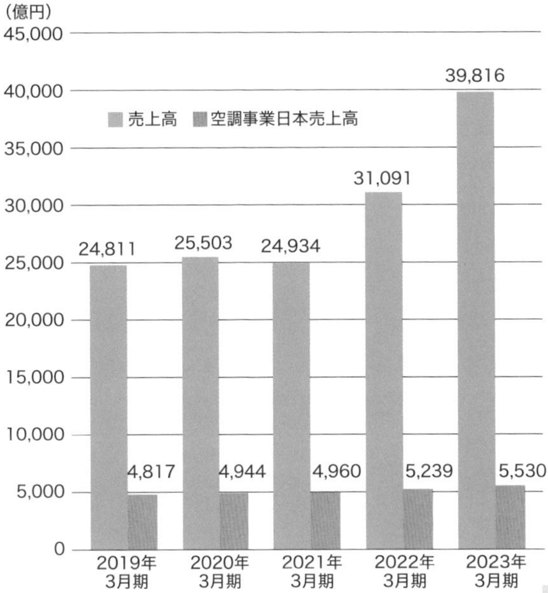

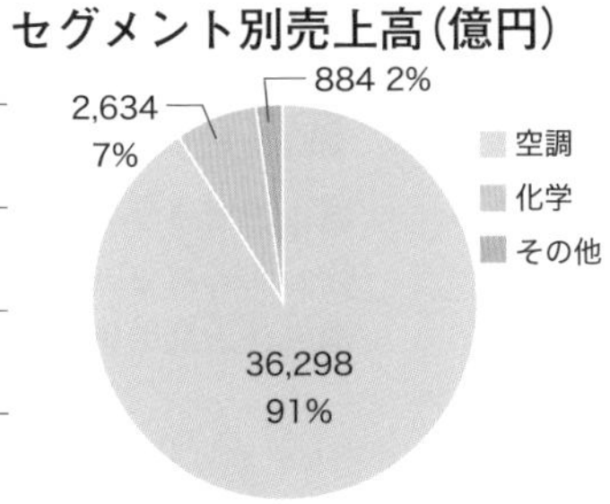

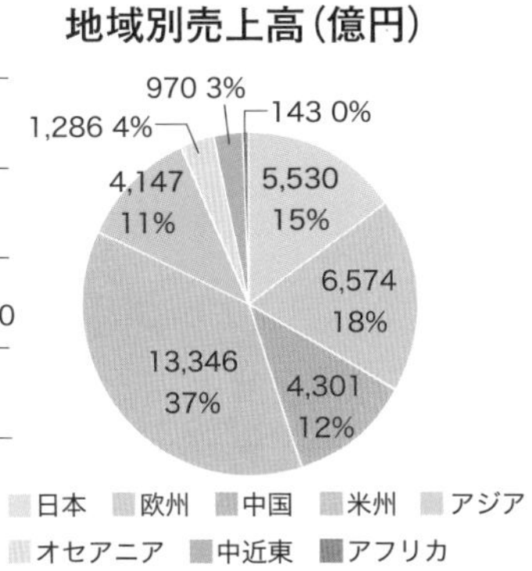

出典：ダイキン公開資料より筆者作成

ダイキン工業の技術力

4大要素	技術	内容
温度	ヒートポンプ	空気の熱を集めて移動させる技術（ポンプを使って水を違う場所へ移し変えることと同じ）
	冷媒制御技術	「熱」を効率的に運ぶために「冷媒」の温度をコントロール、省エネエアコンの決め手となる技術
	圧縮機	圧縮機は「冷媒」の温度をコントロールする、エアコンの心臓
	リラクタンスDCモーター	エアコンの心臓を動かす大パワー高速モーター
	インバータ	エアコンの心臓部である「圧縮機」のモーターを的確にコントロール
湿度	無給水加湿	ダイキンの加湿技術は無給水、空気中の水分子を集めて加湿する
	ヒートポンプデシカント	湿度コントロール機能を向上させ、快適性と省エネ性を進化させた技術
空気清浄	ストリーマ技術	ストリーマ放電により有害物質を酸化分解するダイキン独自の空気清浄化技術
気流	気流制御	風が直接当たる不快感や部屋の温度ムラを解消して快適な風を創り出す技術

出典：ダイキン公開資料より筆者作成

Chapter4
11

空調機器メーカー②

欧州の売上が高い富士通ゼネラル

富士通ゼネラルは、エアコンの「フィルター自動清掃機能を世界で初めて開発」するなど、技術力の高いメーカーです。主力の事業である空調事業は、海外売上高の構成比が高く、欧州を最重点市場と位置付けています。

富士通ゼネラルのあゆみと卓越した技術力

空調大手の富士通ゼネラルグループは、**八《や》欧《おう》商店**を祖とするゼネラルと富士通が1984年に業務・資本提携による増資を行い誕生。1985年に社名を「富士通ゼネラル」に改称しました。

八欧商店
1936年、八尾敬次郎氏が設立した「八欧商店」は創業当時、キングレコード大取次店として、蓄音機、レコードおよび楽器類の仕入・販売を行っていた。

現在、「富士通ゼネラルといえばエアコン」というイメージが消費者に浸透しています。これは「世界初のフィルター自動清掃機能を搭載した新形態エアコン」や「世界初の2種類の気流で今までにない快適さを実現したデュアルブラスター」を開発するなど、高い技術力により形成されたもの。エアコンをはじめとする空調事業に加え、消防・防災システムや民需システムを開発、製造・販売する情報通信システム、IGBTなどのパワーモジュールの開発、製造・販売に注力する電子デバイス事業が主な事業です。

富士通ゼネラルの売上高と主な取り組み

富士通ゼネラルグループの2022年の売上高は3,710億円であり、この91.2%の3,384億円が空調機で占められています。空調機の売上高は、国内が446億円に対し、海外は2,938億円で、空調機全体の86.8%が海外売上高と大きな構成比となっています。

海外ではビル用マルチエアコンのラインアップ拡大に加え、海外企業との提携で自社にない大型空調機を補完するとともに、クラウドを利用した保守・メンテナンスビジネスへの参入などによって、業務用空調機の売上拡大に取り組んでいます。生産拠点もタイ、中国に加え、市場伸長が著しいインドやヒートポンプ暖房の需要が高いフランスなどでの消費地生産も始めています。特にフランスでは、提携先と合わせて30%程度のシェアを持っています。また、2050年度での**カーボンニュートラル**実現を掲げ、環境負荷低減と企業価値向上の両立を目指しています。

カーボンニュートラル
温室効果ガスの排出量と吸収量を等しくし、実質的に排出量をゼロにすること。

富士通ゼネラルの主な事業

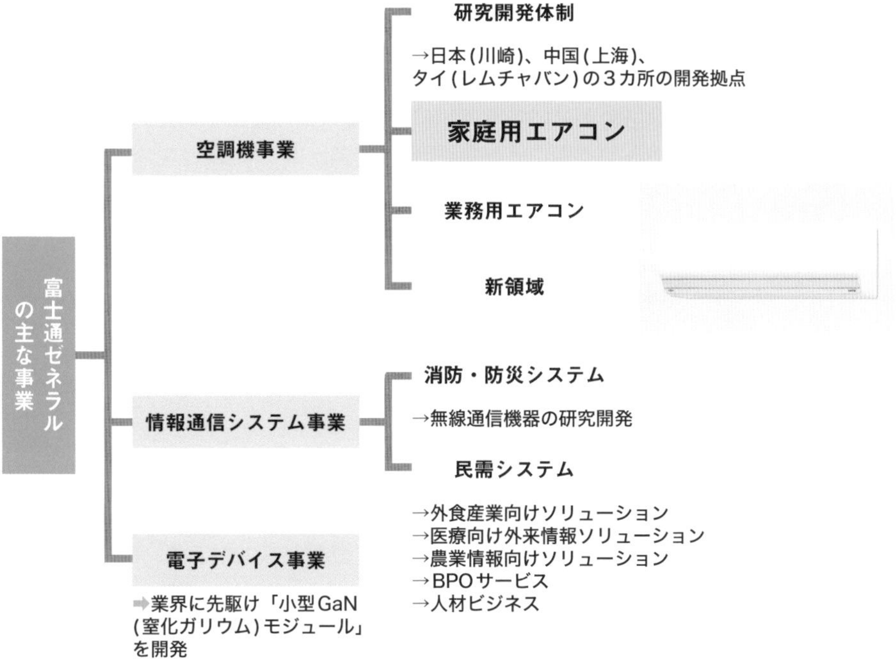

出典：富士通ゼネラル「Corporate Profile 2023」より筆者作成

富士通ゼネラルの売上高の推移

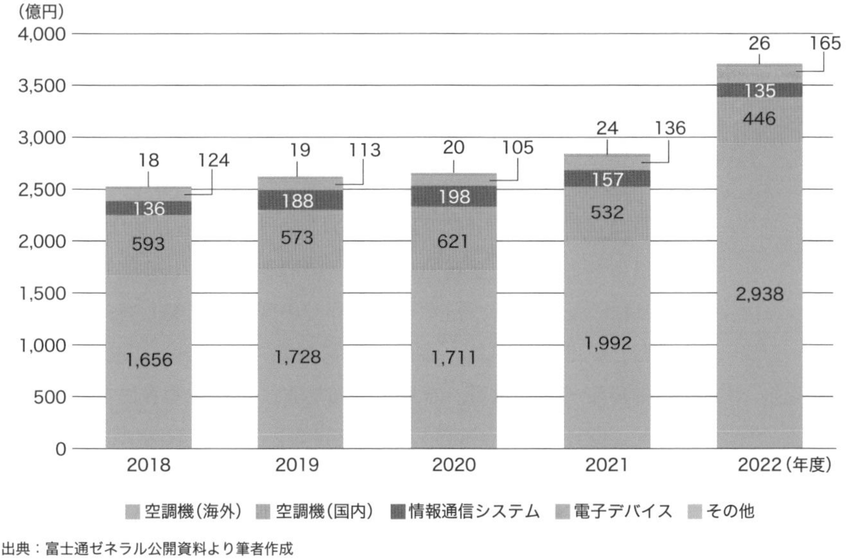

出典：富士通ゼネラル公開資料より筆者作成

Chapter4
12

空調・生活家電メーカー

日本初・業界初の製品を多く開発するコロナ

コロナは暖房事業から空調事業、給湯事業へ進出を果たしてきました。2001年には世界初となる自然冷媒CO_2ヒーポン給湯器「エコキュート」の販売など、高い技術で「新しいライフシーン」の実現を目指しています。

コロナのあゆみと現在の動向

コロナは、1937年に創業者の内田鐵衛《てつえい》氏が創業した「内田製作所」（1950年法人化）が前身となっています。自宅裏に建てた10坪ほどの工場で開始した石油コンロの製造販売でしたが、これが全国に「石油コンロの内田製作所」の名を轟かせました。

その後、コンロからストーブ、ファンヒーター、床暖房へと暖房機器を拡充させた一方、冷房機器としてエアコン市場への進出を果たしました。1992年4月には、内田製作所の商号から、すでに知名度を得ていた商品ブランド名の「コロナ」に変更しています。コロナは「暖房事業」「空調事業」「給湯事業」など多岐にわたる事業領域を展開し、2023年3月期の売上高は853億3,500万円、営業利益は19億100万円となっています。特に**エコキュート**や石油給湯器などの販売が増加し、2002年3月期のエコキュート発売以降、過去最高の369億9,300万円、構成比43％を記録しています。

エコキュート
自然冷媒CO_2ヒートポンプ式給湯器のこと。大気中の熱を吸収してお湯をつくる給湯器である。

お客様中心の経営から生まれる、コロナの高い技術力

コロナの開発・技術力は非常に高いものがあります。1952年に日本初の「加圧式石油コンロ」の開発に成功し発売したのを皮切りに、その後も、日本初・業界初の製品を開発し続けています。また、1984年には、「温水床暖房機能内蔵ストーブ」で「1991エネルギー庁長官賞」を受賞するなど、豊富な受賞歴を誇っています。なかでも2001年に販売を開始し、「平成16年度第7回オゾン層保護地球温暖化防止大賞環境大臣賞」を受賞した「エコキュート」は、世界初の自然冷媒CO_2**ヒーポン**給湯器です。現在、年間70万台を超える国内出荷台数を誇るエコキュート市場は、コロナの販売開始から始まりました。

ヒーポン
ヒートポンプの略で、大気中などの熱を集め、必要な場所に移動させるシステムのこと。

コロナの業績の推移

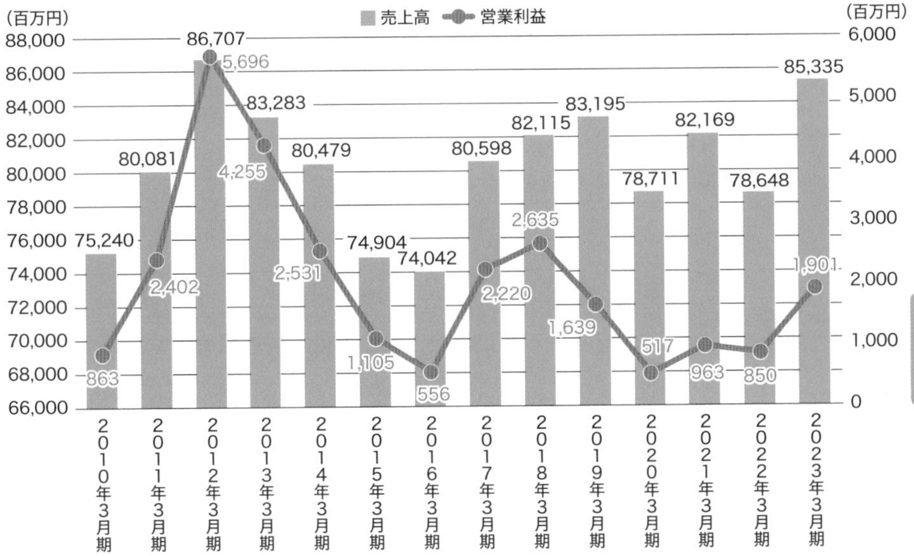

出典：コロナ公開資料より筆者作成

コロナの開発・技術力の一例

年	革新性	製品	受賞歴・その他
1933年		「加圧式液体燃料コンロ」の開発に成功	特許2件、実用新案1件取得
1952年	日本初	加圧式石油コンロ	
1955年	日本初	加圧式石油ストーブ	
1967年	業界初	芯上下放射型カートリッジタンク式：ST型石油ストーブ	
1983年	業界初	廃熱利用温水床暖房：温水床暖房システム「ハイネーツ」	
1984年	業界初	床暖房ストーブ：温水床暖房機能内蔵ストーブ	1991年エネルギー庁長官賞受賞
1986年	業界初	全自動石油風呂釜内蔵給湯器「オートエース」	
1987年	業界初	針状放電（プラズマ）集塵機能付エアコン「エアークリーンエアコン」	1998年発明大賞受賞
1997年	業界初	マイナスイオン発生装置付エアコン「異風人」	
2001年	世界初	自然冷媒CO_2ヒーポン給湯器「エコキュート」	平成16年度第7回オゾン層保護地球温暖化防止大賞環境大臣賞
2012年	業界初	地中熱ヒートポンプエアコン「ジオシスエアコン」	
2014年	業界初	地中熱・空気熱ハイブリッド温水暖房システム「GeoSIS HYBRID」	平成２６年度省エネ大賞「資源エネルギー庁長官賞（ビジネスモデル分野）」

出典：コロナ公開資料より筆者作成

Chapter4
13

調理家電・生活家電メーカー①

暮らしに寄り添う“モノづくり” 象印マホービン

象印マホービンは、祖業のマホービンに加え、調理家電・生活家電などの専門メーカーとして発展しています。高い技術力に加え、消費者目線に立った企画・開発により、使いやすく、人にやさしいモノづくりを実現しています。

象印マホービンのあゆみと現在の動向

象印マホービンは創業当時、高価で一般家庭に普及していなかったマホービンの中瓶の製造を行っていました。その後、1961年に社名を現在の「象印マホービン」に改称しています。1963年に新発売した傾けるだけでお湯を注げる卓上用マホービン「ハイポットZ型」がヒットし、一気に業界のトップに躍進しました。

象印マホービンの2022年11月期の業績は、売上高825億3,400万円、営業利益46億6,400万円となっています。セグメント別では、炊飯ジャーやポット、オーブントースターなどの「調理家電」が71.5%、続いてガラスポット、ステンレスボトルなどの「リビング」が20.7%と、合わせて90%を超える構成比を有しています。

象印マホービン
1918年5月に市川銀三郎氏（兄）と金三郎氏（弟）が大阪市西区に創立した「市川兄弟商会」が前身。

セグメント
➡4-03参照。

消費者目線に立った企画・開発を実現する技術力

象印マホービンは、高い技術力に加え、人へのやさしさ、使い心地といった感性を大切にしています。祖業であるマホービンでは、素材がステンレスに変わっても、オール国産のガラスマホービンづくりも継続しています。象印マホービングループの福町工場は、国内唯一のガラス製中瓶の生産拠点となっています。

炊飯ジャー「炎舞炊き」では、縦横に激しい複雑な対流でかき混ぜおいしさを引き出す、独自技術の「6つの底ヒーター」を開発・装備しています。また、本当のおいしさを知ってもらうため、炊き上がりを実際に食べてもらう「象印食堂」などの飲食事業を手がけています。また、オーブンレンジの開発時は、「本当に使ってもらえる」を合言葉に、徹底した消費者の不満解消をベースに企画・開発を進めました。このように象印の製品には、高い技術力に加え、消費者の目線に立った使いやすさが詰まっています。

象印食堂
象印マホービンが手がける初の飲食店。「おいしいごはんが、ここにある。」をコンセプトに、同社の炊飯ジャーで炊き上げたご飯を使用している。

象印マホービンの業績の推移と製品区分別売上高構成比

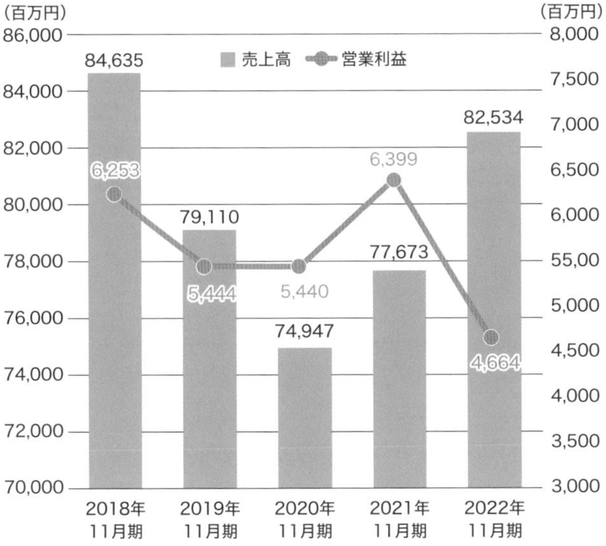

出典：象印マホービン公開資料より筆者作成

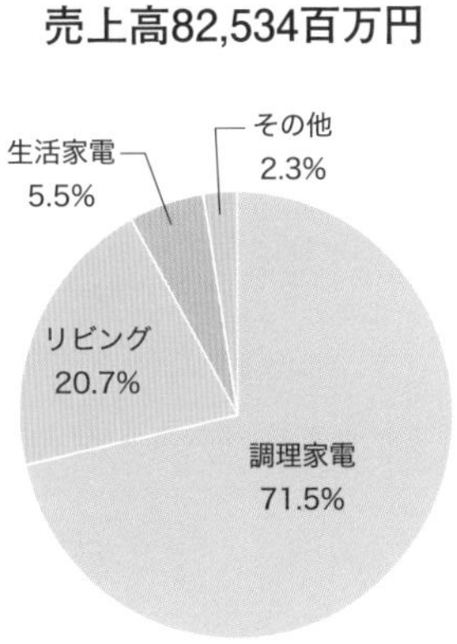

出典：2022年11月期決算補足説明資料

EVERINO開発への道のりと技術力

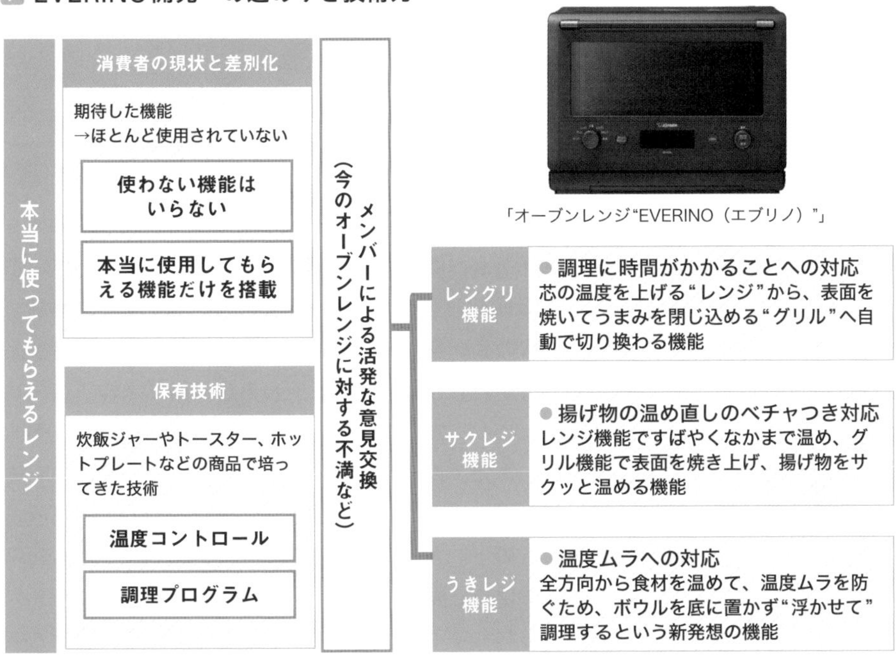

出典：象印マホービン公開資料より筆者作成

Chapter4
14

調理家電・生活家電メーカー②

100年間変わらず技術力が高いタイガー魔法瓶

タイガー魔法瓶は、創業時からの高い技術力を継承・発展させ、「高次元の熱制御テクノロジー」にさらなる磨きをかけています。また、「循環型モノづくり」の責務を果たすため、環境への配慮などにも力を入れています。

100年の歴史と継承される高い技術力と社会性

タイガー魔法瓶は、1923年2月3日に菊池武範氏が設立した「虎印魔法瓶製造卸菊池製作所」として誕生しました。開業時から独自の「虎印魔法瓶」の開発に注力し、「耐久性5倍力」のアピールと「アフターサービス」により、発売後、半年で京阪神のシェア70%を占めました。**関東大震災**の3年後には、東京でのシェアを85%に伸ばしました。また、同社はモノづくりに加え、環境にも配慮しており、2021年10月より使用済みステンレス製ボトルの回収、再資源化の取り組みを行うなど「循環型モノづくり」に取り組んでいます。同社は2023年に創立100周年を迎えましたが、高い技術力を継承・発展させながら、「**高次元の熱制御テクノロジー**」にさらなる磨きをかけています。

関東大震災
関東大震災のとき、問屋に納められていた100本の虎印が1本も破損しなかったという話が業界中に広まり、拡売につながった。

高次元の熱制御テクノロジー
「真空断熱技術」と「熱コントロール技術」を基軸とした技術。

豊かな発想を形にする確かな技術力

タイガー魔法瓶は、ディズニー100周年でのコラボや各種キャンペーンの実施など、優れた販売促進策を次々と打ち出しています。しかし、それを上回るのがモノづくりであり、同社の製品には付加価値機能の高い製品以外に、ユニークさを感じさせる製品も数多くあります。100周年記念モデルの炊飯器「土鍋ご泡火炊きJRX-T100」では、タイガー史上最高温度の約300℃の圧倒的大火力を実現。また、ユニークな製品の1つである「魔法のかまどごはん」は、電気やガスを使わず新聞紙1部でおいしいご飯が炊けるというもので、キャンプや防災グッズの1つとしても利用できます。さらに100周年記念モデルでは、昭和レトロな懐かしい調理機器を復刻させています。豊かな発想とそれを実現する確かな開発・技術力が同社の強みの1つとなっています。

タイガー魔法瓶ステンレス製ボトルのサーキュラーエコノミーの取り組み

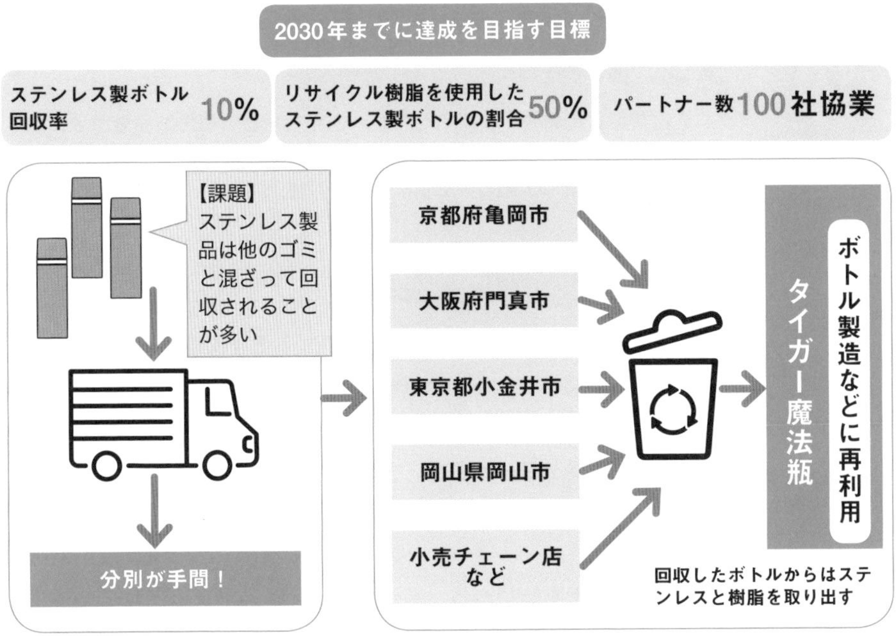

出典：タイガー魔法瓶公開資料より筆者作成

タイガー魔法瓶の家電製品カテゴリーと話題の製品例

タイガー魔法瓶の製品カテゴリー

- ジャー炊飯器
- 電気圧力鍋
- ホットプレート・グリルなべ
- オーブントースター
- コーヒーメーカー
- ミキサー・フードプロセッサー
- 食器乾燥機・餅つき機・餅切り・その他
- 電気ケトル
- 電気ポット
- ポット（まほうびん）
- 水筒（ステンレスボトル）
- フードジャー・ランチジャー
- 業務用製品

話題の製品例

【100周年記念モデル】
土鍋ご泡火炊き JRX-T100
約300℃の大火力と土鍋ならではのやさしい泡で、上品な甘みと弾力のあるつややかな粒立ち

WEB限定商品

【100周年記念モデル】
レトロ柄復刻シリーズ
昭和レトロな花柄やストライプ柄が新たなアイテムで特別復刻！

WEB限定商品

【100周年記念モデル】
魔法のかまどごはん
電気やガスを使わなくても、新聞紙でご飯が炊ける

出典：タイガー魔法瓶公開資料より筆者作成

Chapter4
15

健康・医療機器メーカー①

“健康をつくるサービス”へ事業拡大 タニタ

タニタは卓越した開発・技術力を有し、世界初・日本初の製品を市場に送り出し続けています。さらに、「健康をはかる計測機器」というモノづくりの域を超え、「健康をつくるサービス」へと事業を拡大しています。

タニタのあゆみと卓越した開発・技術力

タニタの商品には、「健康をサポート」「運動をサポート」「暮らしをサポート」などの分野があり、各分野において革新的な商品を生み出しています。

体重は銭湯ではかることが当たり前だった時代に、今後は日本でも家庭で体重をはかることが欠かせないと考え、家庭用の体重計を「ヘルスメーター」と名付け、販売。その後、家庭用の体脂肪計、内臓脂肪レベル・基礎代謝量・筋肉量をはかれる体組成計など、「健康をはかる」商品を開発・販売してきました。2021年にはヘルスメーター国内販売１億台を突破しています。測定したデータを転送し、スマホで管理できるアプリ「ヘルスプラネット」も提供しています。

幸せを感じられる社会をつくるタニタの取り組み

優れた商品を開発・製造しているタニタですが、「健康をはかる計測機器」というモノづくりの域を超え、「健康をつくるサービス」へと事業を拡大しています。これらを通し、「幸せを感じられる社会」を目指すため、「Healthy Habits（健康習慣）」の継続を提案し、サポートすることをミッションとしています。

ダイエットや食育など、家族の健康づくりに役立つレシピ本「体脂肪計タニタの社員食堂」の出版や「タニタ食堂」「タニタカフェ」などの飲食事業もその１つです。

ほかに、体組成計で測定した体組成データから、フィットするサイズやシルエットのスーツなどを提案する紳士服のはるやま商事との協業サービス、飲酒運転を防ぐアルコール検知器の「アルブロ」、無拘束で睡眠の状態をはかることができる睡眠計「スリープスキャン」など、広い領域で事業を展開しています。

タニタ
1923年に、谷田賀《か》良《ろ》倶《く》商店が創業。その後、1944年には谷田五《い》八《わ》士《じ》氏を代表取締役社長として、タニタの前身となる谷田無線電機製作所が設立された。

ヘルスメーター
タニタでは家庭用体重計を「ヘルスメーター」の名称で1959年に発売。その後、ヘルスメーターは体脂肪計、体組成計へと進化を遂げた。現在では床下点検口と体組成計が一体化した商品、電池交換が不要な充電式の商品など、手軽に体組織をはかる工夫もある。

タニタ食堂
健康総合企業タニタグループの「食」の事業を担うタニタ食堂が運営する食堂。健康でおいしい日替わりの食事を提供。

タニタの商品と世界初・日本初の卓越した開発・技術力

年	発売した商品
1978年	日本初、デジタルヘルスメーター
1987年	世界初、ポケッタブルスケール
1989年	家庭用日本初、100g表示デジタルヘルスメーター
1992年	世界初、体内脂肪計
1994年	世界初、家庭用脂肪計付ヘルスメーター
1996年	世界初、業務用精密計量器
2001年	世界初、内臓脂肪チェック付 脂肪計
2002年	世界初、女性ダイエットモード体脂肪計
	世界初、母子健康管理計
2008年	世界最薄体組成計(薄さ15mm)
2008年	日本初・透明電極体組成計
2010年	世界初、SDメモリーカード搭載 体組成計
2011年	世界初、腹部脂肪計
2012年	家庭用では業界唯一・全身を5分割して筋肉量・脂肪率を計測・表示する体組成計
2014年	家庭用では日本初、直射日光下の屋外でも計測可能な携帯型黒球式熱中症指数計
2015年	世界初、筋肉の質を評価する新指標「筋質点数」を導入したデュアルタイプ体組成計
2016年	家庭用では世界初、部位ごとの「筋質」を評価するデュアルタイプ体組成計
2018年	日本初、履物を脱がずにはかれる両手間計測体組成計
2019年	日本初、ブルートゥース通信に対応した小型の黒球式熱中症指数計

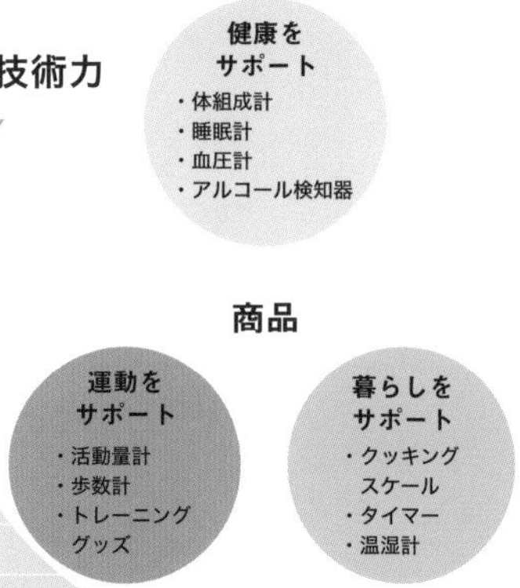

出典：タニタ公開資料より筆者作成

筋肉の「量」だけでなく「質（状態)」をはかる「筋質点数」という提案

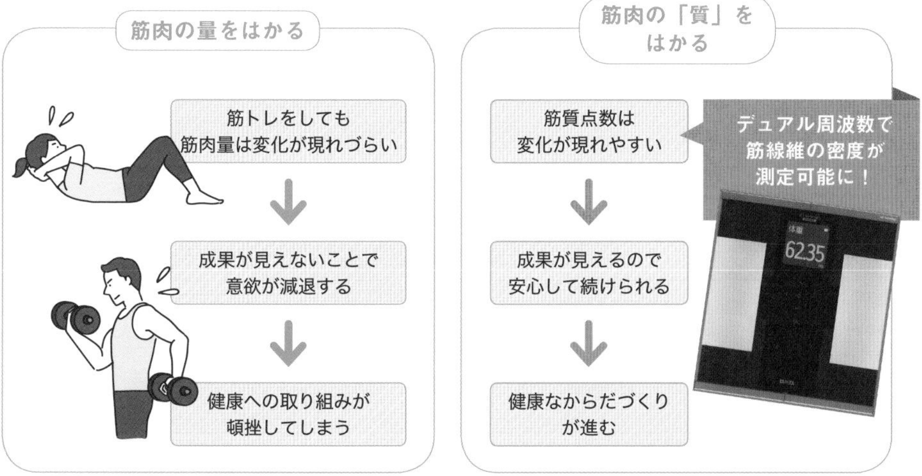

Chapter4
16

健康・医療機器メーカー②

家庭用医療機器を広めたオムロンヘルスケア

オムロンヘルスケアは健康医療機器のグローバル企業として、130以上の国と地域で製品やサービスを展開しています。最新のAI解析技術も組み入れ、医師の治療をサポートしていく「治療支援」にも取り組んでいます。

オムロンヘルスケアのあゆみとグローバル展開

2003年に、**オムロン**が健康医療機器やサービス事業などのヘルスケア部門を分社し、誕生したのがオムロンヘルスケアです。それから20年経った現在、オムロンヘルスケアのグローバルな企業活動は世界に根付いています。その拠点は国内のみならず、アメリカ（北米・中米・南米）、ヨーロッパ、アジア・パシフィックにも展開しています。世界中に60万軒以上の販売網を持ち、130以上の国と地域で製品やサービスを提供しています。

2022年度のオムロンヘルスケアの売上高は1,421億円で、20年間で約3倍に伸び、海外構成比は約80％です。家庭向けの製品だけでなく、医療機関向けの医療機器も製造しています。

オムロン
1933年、オムロンの前身である「立石電機製作所」が創業。現在は、独自の「センシング＆コントロール+Think」技術を中核としたオートメーションのリーディングカンパニーとして、制御機器、ヘルスケア、社会システム、電子部品など多岐にわたる事業を展開している。

AIで未来を切り拓くオムロンヘルスケア

オムロンは血圧計や体重体組成計、体温計をはじめ、多くのカテゴリーを製造しています。その技術力は高く、技術を通して1人ひとりに最適な健康づくりを提案し、新しい予防医療を創造しています。例えば、ウェアラブル血圧計「HeartGuide」は、腕時計サイズで医療機器の精度を実現しています。腕時計サイズにすることで、いつでもどこでも気になるときに血圧を測定できます。

また、2021年6月には、京都大学と高血圧治療の未来を見据えた共同研究「**健康医療AI講座**」を立ち上げています。この講座では、オムロンの強みである日中および夜間の血圧変動、心電データなどの生体センシング技術と京都大学の強みであるAI解析技術を融合させ、脳・心血管疾患の発症を予測し、重症化予防を実現していきます。先進的な技術に加え、マーケティングも優れており、販売店などの現場の状況把握にも力を入れています。

健康医療AI講座
京都大学と連携することで、オムロンヘルスケアだけではなし得なかった、事業ビジョンであるゼロイベント（血圧測定の頻度を高めて、危険な血圧変動を捉え、疾病リスクを予測し、発症を防ぐこと）への革新的なアプローチができると期待されている。

オムロンヘルスケアの業績の推移と国内・海外の売上比

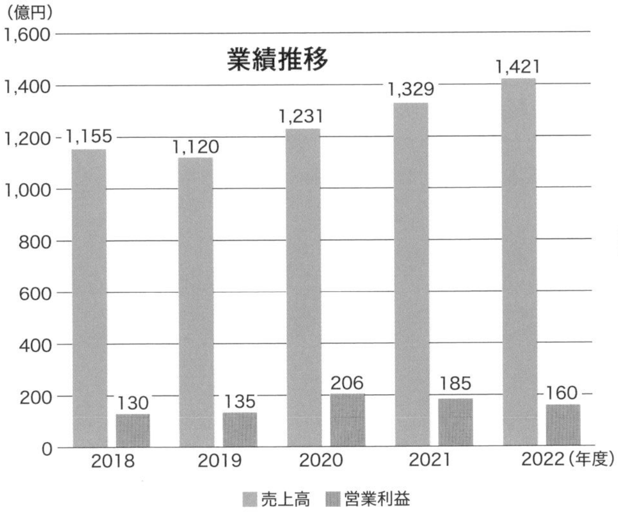

出典：オムロンヘルスケア公開資料より筆者作成

オムロンヘルスケアの製品カテゴリーと新たな技術への挑戦

製品カテゴリー

血圧計	体温計	低周波治療器
体重体組成計 体重計	電動歯ブラシ	ネブライザ
パルスオキシメータ	活動量計歩数計	その他の商品

法人・事業者向け商品

オムロンの新たな技術への挑戦（例）

HeartGuideの技術的課題

目指したのは、常時装着して、いつでもどこでも医療精度が確保された血圧をはかることができる腕時計サイズの血圧計。その実現には、狭いカフ幅でも均一に動脈を圧迫することが不可欠

HeartGuide®

無謀ともいえる挑戦

①目指したカフ幅は25mm。現行の手首式血圧計の半分以下を目指すという、無謀ともいえる挑戦

②新技術と発想の転換で、革新的なカフ構造を開発

③腕時計サイズを実現するためには、本体サイズを1/3にまで小型化が必要。そこで、使用する部品（圧力センサー、ポンプ、弁など）の小型化にチャレンジ

出典：オムロンヘルスケア公開資料より筆者作成

Chapter4
17

美容機器メーカー

歴史ある美容機器メーカー ヤーマン

ヤーマンは1978年の創業以来、精密電子機器メーカーから美容機器のリーダーへと成長してきました。独自の技術力と想像力で市場に新しい製品を展開する一方、迅速な意志決定で新製品の発売ペースも加速させています。

ヤーマンの成長の歴史と売上の動向

ヤーマンは、1978年に精密電子機器メーカーとして設立されました。1979年には、ニードル脱毛を日本に紹介するとともに、高周波脱毛器を開発しました。さらに、1980年代には業務用レーザー脱毛器の開発や美容器を展開しました。ヤーマンの強みは高い技術力とスピードに加え、この世にないものを“発明”する発想力にあり、独自のポジションを築いています。

ヤーマンの2023年4月期の売上高は429億9,000万円で、前連結会計年度比5.0％増となっています。これは、ヘアケア・シェーバーといった新カテゴリーの創出への取り組みや海外部門が中国において大きく売上を伸ばしたこと、国内各販路が堅調に推移したことによります。海外チャネルの売上高は全体の42％を占めており、また、通販、店販、直販の各チャネルの均衡がリスクの分散やブランドのイメージ維持などに効果を発揮しています。

ニードル脱毛
毛穴に針を刺し、電流を流して毛根を破壊することで「永久脱毛」を目指す技術。

高周波脱毛器
ムダ毛をつまみ、100V周波を流して毛根を破壊することで「永久脱毛」を目指す技術。

技術力で織り成す独自の製品戦略

ヤーマンは、独自の研究開発と高い技術力で、「世の中にまだない」ものへの挑戦を行い、それを製品化しています。また、迅速な意志決定により、新製品の発売ペースも高まっています。

主な取り扱いカテゴリーは、「フェイスケア」「光美容器」「ヘアケア」「ボディケア」「コスメティクス」「シェーバー」であり、いずれも特徴的な製品です。例えば、シェーバーを使う多くの人が抱える「ひげ剃り負け」という悩みに、「温剃り」という革新的な機能を提案しています。これは、従来の回転シェーバーが肌への圧力を分散させるのに対し、「肌を温めて弾力値を上げ、シェーバーとの密着度を上げる」もので、まさに発想を転換させた製品です。

ヤーマンの業績の推移とチャネル別売上

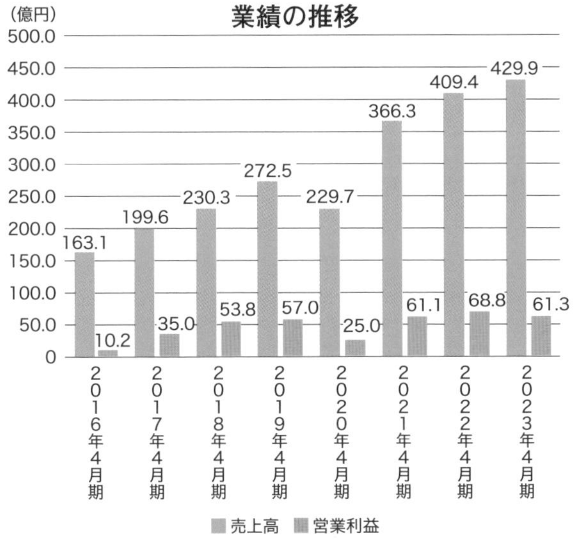

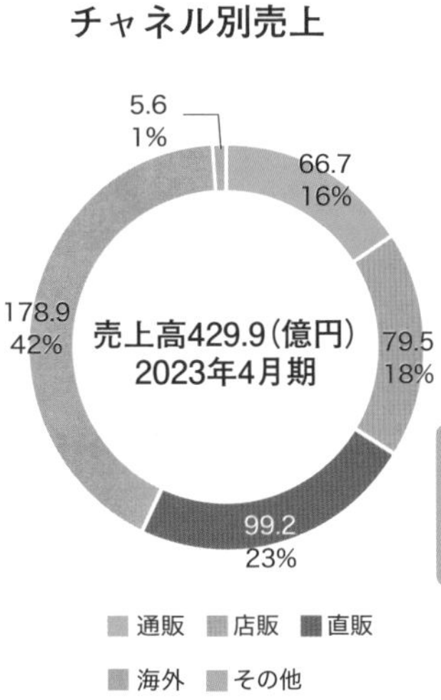

出典：ヤーマン公開資料より筆者作成

ヤーマンの圧倒的な革新性と先進の開発力

独自技術が生かされた製品例

Photo PLUS Shiny NEO (フォトプラス シャイニー ネオ)		RF美顔器 ● 11の肌悩みに対応し、毎日使えるマルチ美顔器 ● クレンジングや浸透ケア、引き締めケア、表情筋ケアも可能
BLUE GREEN SHOT (ブルーグリーンショット)		光美顔器 ● 毎日使える「デイリーモード」と週1回の「スペシャルモード」の2種類の緑色LEDの出力を自動で切り替え、肌表面のくすみをセンシング
HOT SHAVE (ホットシェイブ)	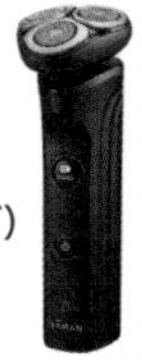	温剃りシェーバー ● 剃る前に肌を温めることで、シェーバーと肌との密着度を高め、優しく深剃りができる

新カテゴリーの創出

2023年中期経営計画（2023年5月～2028年4月）による新カテゴリーの創出

美容医療

- 美容皮膚科などの医療機関内で使用する「医療機器」
- 医療機関専売の家庭用美容機器や化粧品の販売も視野に入れる

口腔洗浄器を皮切りに、オーラルケアのカテゴリーに進出

オーラルケア

- 国内では歯科医院ルートを開拓し、製品ラインナップを強化
- 国内での販売実績をもとに、グローバル展開を目指す

出典：ヤーマン公開資料より筆者作成

Chapter4
18

PC周辺機器・家電メーカー

提案営業にも強みがある エレコム

エレコムは、ネットワーク機器などの大手コンピューター周辺機器メーカーで、2023年には家電メーカーのテスコム電機がグループの一員となっています。突出した提案力を持つ量販営業は、他社にない強みの1つです。

成長し続けるエレコムグループのあゆみ

エレコムは、家電量販店を販路とするOA家具メーカーとして、1986年5月に設立。当初は、パソコンデスクを販売していましたが、1990年にはフロッピーディスクドライブの発売を開始し、ハードウェアにも参入しています。現在は、製品単体だけではなく、クラウドサービスなどのさまざまなサービス領域に加え、医療、環境、教育など専門的な領域のソリューションも提供しています。

国内主要都市に支店や営業所などを配置し、アジアを中心にアメリカにも関連会社を置き、エレコムグループとしてグローバルな企業活動を行っています。エレコムの2023年3月期の業績は売上高1037億2,700万円、営業利益113億500万円で、グループ会社には、DXアンテナなどがあり、2023年には、家電メーカーのテスコム電機もグループの一員となっています。

顧客のニーズに対応する量販営業の強み

エレコムはファブレスメーカーで、提携工場やベンダーは、品質・コスト・供給体制を総合的に勘案して選定しています。ルートでは、「家電量販ルート」と「通販・新規ルート」のBtoC市場の構成比が67.8%となっています。この家電量販店などの量販営業にも強みがあります。通常、家電量販店への営業は「自社製品の露出度UPと拡販依頼」です。エレコムは、自社製品の機能・スペック以外に、「環境」「業界動向」「担当量販店の特性」などを把握し「どうすれば売れる売り場になるか」という提案を行います。提案を受けた店舗には「自店の売上全体のことを考えてくれている」という気持ちが生じ、信頼が生まれます。こういった顧客のニーズに対応する機動力も強みの1つです。

DXアンテナ
1953年創業の放送受信関連機器専門メーカー。現在は、情報伝送システム企業として、さらなる事業領域の拡大を目指している。

テスコム電機
1965年に創業し、美容器具をはじめ、調理器具、健康器具の開発、製造、販売を行う家電メーカー。

ファブレスメーカー
生産工場を自社で持たず、製品企画、設計、販売を行うメーカーのこと。

ベンダー
ここでは部品を製造し、供給する企業のこと。

BtoC
B to Cは、Business to Consumerの略称で、企業が直接、一般消費者に製品やサービスを販売するビジネスモデルのこと。

エレコムの業績の推移

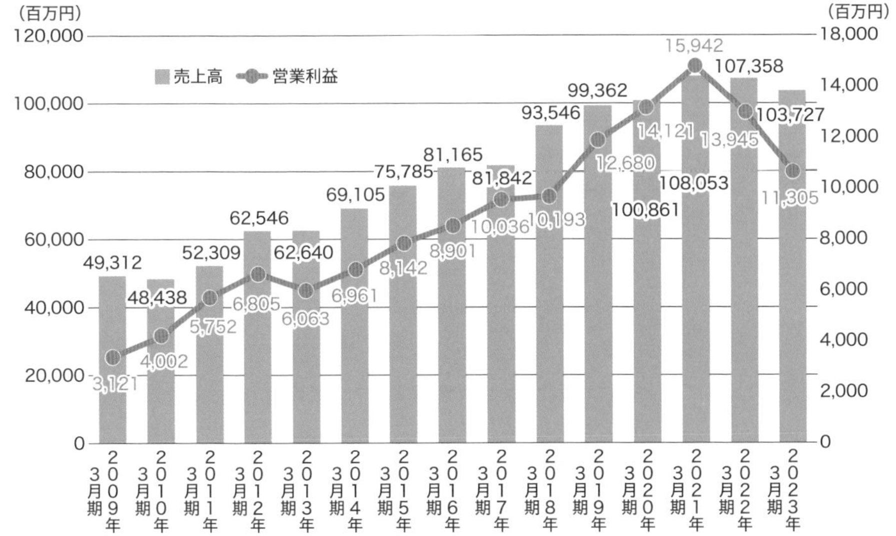

出典：エレコム公開資料より筆者作成

エレコムのグループ会社とビジネスモデル

グループ会社	概要
Logitec	安心して長期的に使用できる産業用・業務用の優れたカスタムPCを提供
Hagiwara Solutions	産業機器向けフラッシュストレージ製品でシステムの長期安定稼働をサポート
DXアンテナ	60年以上にわたり培ってきた高度な伝送技術で次世代伝送システムを構築
Force Media	独自に品質評価、ソリューションの構築を行い、高品質のサービス、サポート体制をお届け
groxi	ネットワークの課題に対し、最善の解決策を考え、コミュニケーションに必要なITインフラを支え、守り、安心を提供
TESCOM	美容室業界トップシェアを誇り、ともに「キレイをつくる」新しい家電の価値を創造しお届け

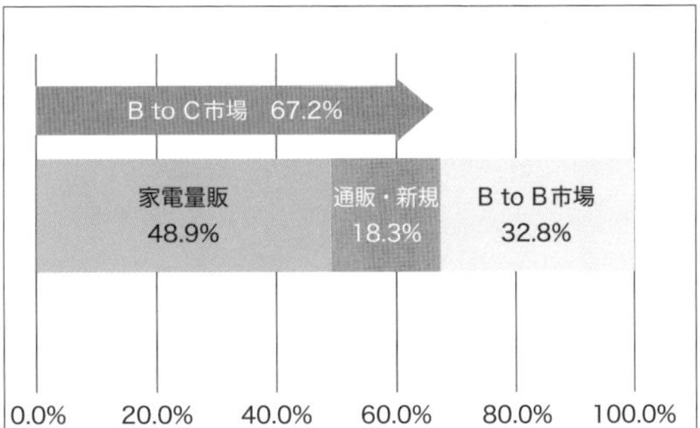

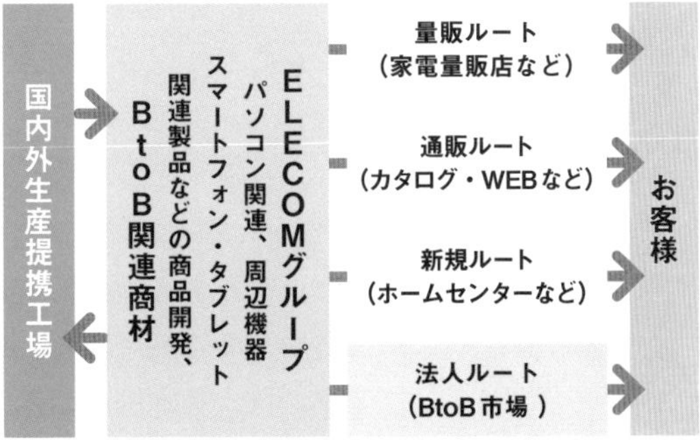

出典：エレコム公開資料より筆者作成

Chapter4
19

カー用品・AV機器メーカー

日本ビクターとケンウッドから誕生 JVCケンウッド

JVCケンウッドは、日本ビクターとケンウッドの経営統合によって生まれました。消費者に長く親しまれている「JVC」「KENWOOD」「Victor」のマルチブランド戦略を推進し、モノづくりを通じて進化を続けています。

JVCケンウッドの誕生と3つの事業分野

2007年7月、**日本ビクター**とケンウッドが資本業務提携契約を締結しました。2008年10月には株式移転により共同持株会社「JVC・ケンウッド・ホールディングス株式会社」を設立し、2011年8月に社名を「株式会社JVCケンウッド」に変更しました。

JVCケンウッドの2023年3月期の業績は、売上高3,369億1,000万円（前年比119.43%）、営業利益216億3,400万円（238.94%）となっています。事業分野で59%の構成比（2023年3月期）を占めているのが、カーナビゲーション、ドライブレコーダーなどの「モビリティ&テレマティクスサービス分野」。続いて、無線システム事業、業務用システム事業を展開する「セーフティ&セキュリティ分野」が22%、ホームエンタテインメントやリモートなどの「エンタテインメントソリューションズ分野」が17%となっています。

日本ビクター
1927年に設立された、映像機器・音響機器・記録メディアなどを研究・開発・製造・販売してきたメーカー。

ものづくりを通じて進化し続ける3つのブランド

JVCケンウッドは、「**マルチブランド**戦略」を推進していて、3つのブランドを展開しています。いずれも消費者に長く親しまれているもので、AIやIoTという時代の最先端の技術にも柔軟に対応しながら、製品やサービスを提供しています。「JVC」ブランドでは、映像・音響製品からヘルスケアシステムまで、幅広い領域でグローバルに展開しています。また、「KENWOOD」ブランドでは、音と通信の技術を軸とした製品を展開し、ドライブレコーダーや各種車載用製品・サービスを拡大しています。「Victor」ブランドは、日本国内のみで展開しているブランドです。「独創を究める」をブランドコンセプトに、「原音探究」の思想を受け継いだ**頭外定位音場処理技術**などを展開しています。

マルチブランド
企業が複数の異なるブランドを用いて、市場でのシェア獲得や顧客のニーズに対応し、競争力を強化するブランド展開のこと。

頭外定位音場処理技術
ヘッドホンでのリスニングでも、自然な音の広がりと奥行き、音像の定位を再現し、臨場感ある音場をつくる技術のこと。EXOFIELD（エクソフィールド）ともいう。

JVCケンウッドの業績の推移

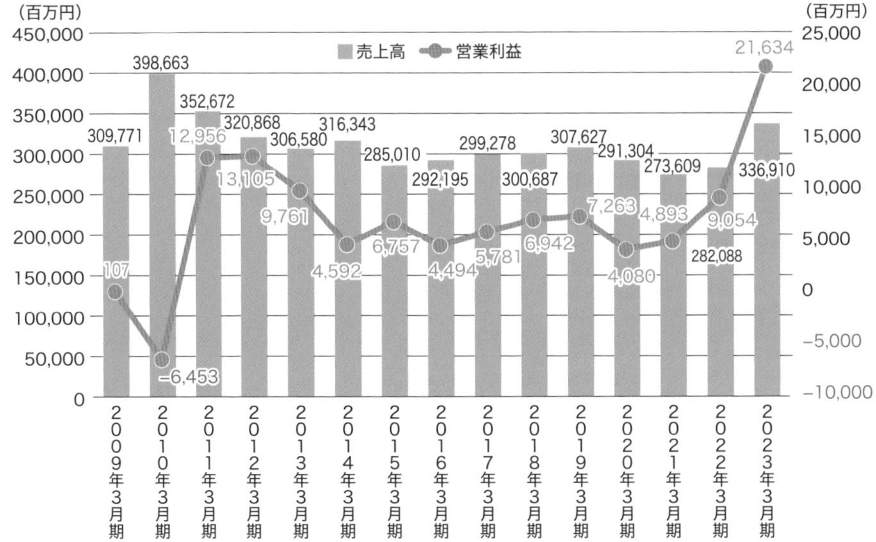

出典：JVCケンウッド公開資料より筆者作成

JVCケンウッド3ブランドのカテゴリー(個人向け)

ブランド	製品
JVC	ドライブレコーダー
	ビデオカメラ
	ヘッドホン・イヤホン
	ポータブル電源
	プロジェクター
	オーディオ
	ワイヤレススピーカー
	アクセサリー
	スポーツコミュニケーションアプリ
Victor	プロジェクター
	オーディオコンポ
	ヘッドホン・イヤホン
	ワイヤレスボイスレシーバー(集音器)
	アクセサリー

ブランド	カテゴリー	製品
KENWOOD	カー用品	カーナビ
		ポータブルナビゲーション
		ドライブレコーダー
		カーオーディオ
		スピーカー
		システムアップ
		アルコール検知・アルコールチェッカー
		カーアクセサリー・オプション
		特定販路向け製品
	オーディオ	Kシリーズ・システムコンポ
		パーソナルオーディオシステム
	ヘッドホン・ヘッドセット	ヘッドホン・イヤホン
		片耳ヘッドセット
	無線通信	アマチュア無線
		無線登録極
		特定小型トランシーバー
	除菌消臭装置	
	ポータブル電源	

出典：JVCケンウッド公開資料より筆者作成

Chapter4
20

AV機器メーカー

事業の多角化を進める船井電機

船井電機は、テレビをはじめとする黒物家電を中心に開発・製造しており、北米など海外進出を積極的に進めてきました。2016年にはヤマダ電機との提携を発表し、翌年からFUNAIブランド製品の独占供給を行っています。

船井電機のあゆみと国内外テレビ市場の環境変化

1959年、船井軽機工業は、トランジスタラジオの生産を開始し、米欧大手メーカー向けのOEMを中心に爆発的に売れました。1961年、このトランジスタラジオ部門が船井電機となりました。黒物家電を中心に開発を行い、現在はテレビやレコーダー、ゲーミング機器などを製造しています。

同社は海外進出を積極的に行い、特に**テレビデオ**は、1990年代後半から2000年代前半にかけて大きく伸長し、北米で60%超のシェアを獲得しています。しかし、中国勢の米国進出で低価格競争が始まり、収益力が低下しました。一方、国内テレビ市場は、2009年に始まった**エコポイント制度**と2011年のアナログ停波でのピークを境に、特需の反動減や消費者の**生活様式の変化**で、国内市場は半減、船井電機にとって厳しい環境変化となっています。

ヤマダ電機との提携と事業の多角化

アナログ停波などのテレビ特需時の買い替え需要の取り込みを狙った船井電機は、テレビの国内回帰を打ち出しました。2016年に**ヤマダ電機**と提携し、独占供給することを決めました。現在、日本初FireTV搭載4Kチューナー内蔵スマートテレビをはじめ、多くの機種が供給されています。2021年には秀和システムホールディングスによるTOBが成立し、東証1部上場を廃止しました。2023年3月31日、船井電機は持株会社体制に移行し、船井電機・ホールディングス傘下の事業会社になっています。船井電機・ホールディングスは、美容・医療やリサイクルなど5つの領域を買収対象として事業の多角化を模索しています。

テレビデオ
ブラウン管テレビにVHSビデオデッキが内蔵された製品。

エコポイント制度
地球温暖化対策、地上デジタル対応テレビの普及などを目的とし、グリーン家電を購入するとポイントがもらえ、さまざまな商品やサービスと交換できる制度。

生活様式の変化
具体的には、スマートフォンの普及とオンデマンド配信への移行などにより、テレビの視聴回数・時間が減少し、テレビ購入の必要性が低下した生活のこと。

ヤマダ電機
➡5-03参照。現ヤマダホールディングス。ヤマダ電機とは、2006年にもテレビ販売で提携したが、供給する機種が少なく、ほどなく提携は解消された。2016年から現在の提携は2度目となっている。

船井電機の売上高の推移

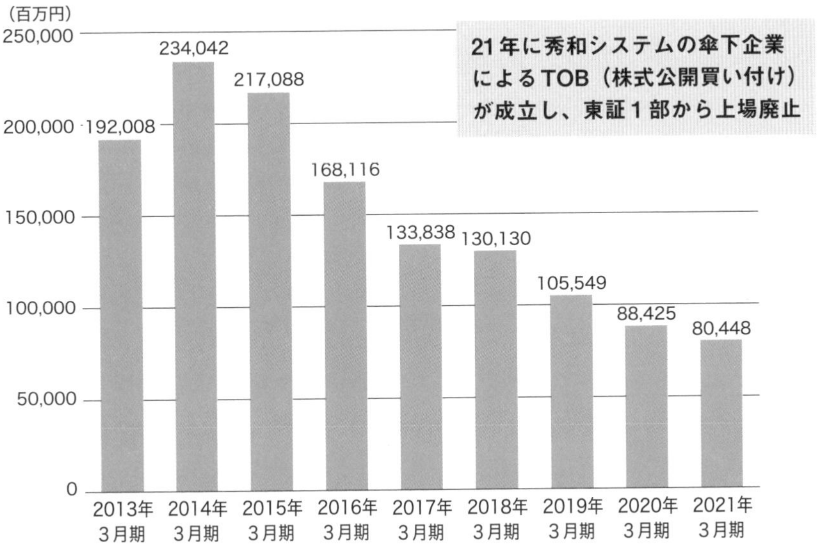

出典：船井電機公開資料より筆者作成

ヤマダ電機との提携と船井電機・ホールディングス

2016年10月27日　ヤマダ電機（現ヤマダHD）との業務提携

→国内のテレビ事業で提携すると正式発表

内容：ＦＵＮＡＩブランド国内向け液晶テレビ、ブルーレイ製品を独占販売

↓

2017年　ヤマダ電機でのFUNAIブランド製品の独占販売開始

2018年　史上初のハードディスク内蔵有機ELテレビをヤマダ電機が独占販売開始

ヤマダ企画商品（例）

日本初FireTV搭載4Kチューナー内蔵スマートテレビ

出典：船井電機公開資料より筆者作成

船井電機・ホールディングス株式会社

- 船井電機株式会社
- 株式会社ミュゼプラチナム

2023年4月11日に全株式を取得して完全子会社化

買収対象の5領域

①家電
②美容・医療
③リサイクル
④オートモーティブ
⑤デバイス

Chapter4
21

家電・生活用品メーカー

業種の枠を超えた業態メーカー アイリスオーヤマ

アイリスオーヤマは「生活と社会の課題」を解決する業態メーカーで、家電製品はその課題解決の一部です。値ごろ価格を重視しながら、自社が保有する高い技術力で、さまざまな業種の製品を市場に送り出しています。

アイリスオーヤマのあゆみとポジショニング

1958年、東大阪市で創業されたプラスチック加工を行う大山ブロー工業所は、1972年に仙台工場（現大河原工場）を主力工場として、東大阪の工場を閉鎖し、仙台市に移転しました。この企業がグループ総売上高7,900億円（2023年1月現在）のアイリスオーヤマの前身です。

同社は2009年にLED照明で家電事業に参入し、2012年には大手家電メーカーを早期退職した優秀な技術者を多く採用しています。製造している家電製品は多岐にわたっていますが、同社を家電メーカーと呼ぶのは正確ではありません。同社は素材やカテゴリーといった業種の枠を超え、「生活者が必要としているものを開発する」という業態に視点を置いたメーカーであり、自らを「業態メーカー」と位置付けているからです。

業態メーカー
素材やカテゴリーにとらわれた「業種」ではなく、生活者が必要とするものを開発する「業態」に視点を置いたメーカー。

LED照明
発光ダイオードを使用した照明。寿命が長く消費電力が少ないのが特徴。

2012年
シャープ、ソニー、パナソニックなど大手家電メーカーが大幅な赤字決算を受けて大規模なリストラを行った。

「業態メーカー」としてのモノづくり

通常、家電メーカーのモノづくりでは、何らかの付加機能を装備することで、高い価格設定を行います。これに対し、アイリスオーヤマのモノづくりは、技術者が他社製品を実際に使い、消費者として感じた不満とそれを解消するアイディアを持ち寄り、議論を進めることから始まります。価格設定も「製造原価＋経費＋利益」という積み上げ方式が一般的ですが、同社は「はじめに値ごろ価格を決める引き算方式」です。値ごろ価格から利益、経費を引いて残った製造原価と自社が保有する技術により、実現可能なら製品化が決まります。最初に「生活と社会の課題」があり、解決すべき製品は家電製品だけではないため、生活全般に及ぶ業態に視点を置いた特徴的なモノづくりを行っています。

アイリスグループの事業領域

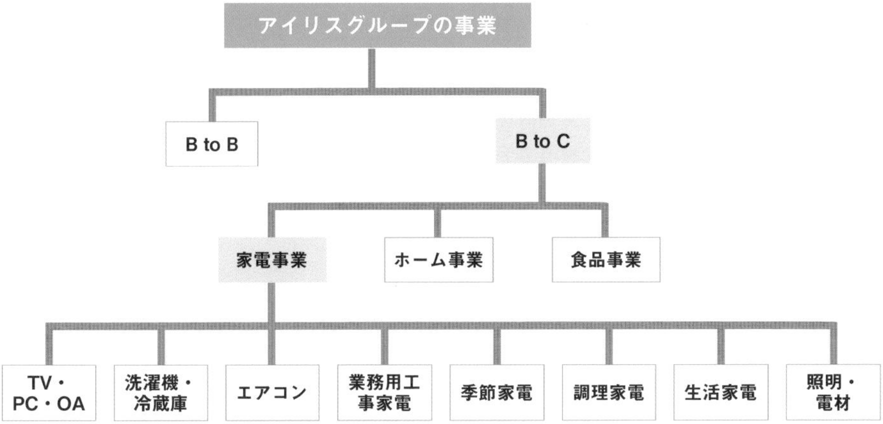

出典：アイリスオーヤマ公開資料より筆者作成

業態メーカー、アイリスオーヤマのモノづくり

出典：アイリスオーヤマ公開資料より筆者作成

ONE POINT

クリーナーにみる アイリスオーヤマのモノづくり

2023年9月に発売されたクリーナー「SUUZE」では、①毛の長いラグでもしっかり掻き出す、②ヘッドやフィルター清掃の手間を減らす、③静電モップに付いたホコリの処理までできるといった、まさに消費者が抱いていた「漠然とした不満」を見事に解決しています。

Chapter4
22

家電も手がける大手専門商社

家電だけではない山善

山善は生産財と消費財で事業展開をしています。家電製品は、消費財の家庭機器事業に含まれるカテゴリーの１つで、ファブレスを生かしたスピーディーな商品開発力と多様な販売チャネルを生かした事業を展開しています。

山善のあゆみと家庭機器事業の位置付け

山善は、創業者の山本猛夫氏が1947年5月に創立した「山善工具製販株式会社」を前身としています。1965年2月にはアメリカに現地法人を設立。これが山善の海外進出の第一号であり、現在の海外展開の礎にもなっています。

現在の山善は専門商社であり、生産現場で使われる工作機械や周辺機器・工具類などの「生産財」と、住宅設備機器・建材や家具・家電などのアメニティと生活用品などの「消費財」の２つの分野の事業を展開しています。

山善の2023年3月期の売上高は5,272億6,300万円です。その内、家電製品が属する家庭機器事業は1,007億1,100万円で、構成比は19.1%と機工事業（国内）に次ぐ大きなものとなっています。また、家庭機器事業の主要取引品目には、インテリア家具や**エクステリア**などがあり、家電製品はその１つです。

消費者目線の商品開発力

山善の家電機器事業の強みとして、家電量販店やホームセンター、ECなど、**多様な販売チャネル**に加え、消費者ニーズに合わせた機敏な商品開発体制や即日出荷が可能な在庫・物流体制などが挙げられます。また、自社ECサイトの「山善ビズコム」が2022年5月に立ち上がっており、事業の１つの柱となっています。

製品面では、扇風機や調理家電など、**PB**に力を入れています。2020年7月に発売した「**減煙焼き肉グリル**」は消費者の内食需要と重なり、ブランドイメージの向上につながりました。また、データの活用により、消費者目線の商品開発を進めるため、2022年4月にマーケティング室が設置されています。

エクステリア
インテリアの対義語としても使われており、これには外壁や庭、門、塀、テラス、庭園などの外観全体を表す言葉として使用される。

多様な販売チャネル
家電量販店をはじめ、ホームセンター、通販、ECなど。

PB
プライベートブランド商品。

減煙焼き肉グリル
プレート上の油の滴下を促す「独自のカット構造のプレート」の開発が行われた。2023年モデルではさらに「プレートサイズの最大化」や「お手入れのしやすさ」が考慮された。

山善の事業部門別売上高と構成比（2023年3月期）

生産財
- 機械事業部（国内） 88,498百万円
- 機械事業部（海外） 62,715百万円
- 機工事業部（国内） 168,338百万円
- 機工事業部（海外） 33,650百万円

消費財
- 住建事業部 68,031百万円
- 家庭機器事業部 100,711百万円

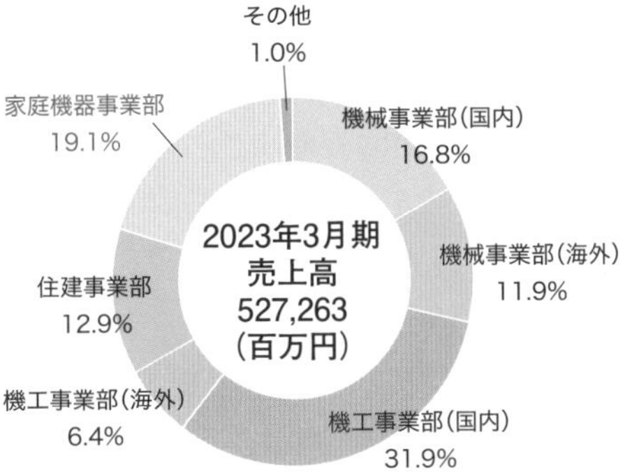

出典：山善公開資料より筆者作成

家庭機器事業の主要取り扱い品目と「高い商品開発力」

家庭機器事業

家庭機器事業の主要取り扱い品目

- 家電
  - 扇風機、暖房機器（こたつ、ホットカーペット、電気暖房など）、調理家電、AV機器、マッサージ機器、生活家電（掃除機、布団乾燥機など）、照明器具など
- インテリア家具
- エクステリア
- ガーデニング・農業
- アウトドア・レジャー
- 健康機器
- 日用品など
- 衛生・ヘルスケア
- 工具
- 車用品など

主要家電製品に見る「高い商品開発力」

「減煙焼き肉グリル–グランデ– YGMD-WX130」

● 主な商品特徴

1．シリーズ史上“最大級”！プレートを従来品の約30%サイズアップ

2．油の滴下を促す独自のカット構造のプレート

3．プレート裏面の油汚れもきれいに落とせる「裏面へのフッ素コート」

出典：山善公開資料より筆者作成

Chapter4
23

メーカー＆ベンダー①

調理家電、健康器具が強い小泉成器

小泉成器は、メーカーとベンダーとしての２つの側面を持っています。「ニッチなニーズに徹底して応える」モノづくりや仕入れには、常に生活者の視点に立ち、暮らしの変化に寄り添ってきた歴史が生かされています。

小泉成器のあゆみとニーズに応える商品群

小泉グループの近代創業は、1871年、六代目小泉新助氏が大阪・船場に出店した「立木屋森之助商店」に始まります。その後、法人化や改称が行われ、1989年の小泉産業の組織改革により、小泉成器が設立されました。

小泉成器
今から約300年余り前の1716年に商祖・小泉太兵衛氏が麻布の行商を始めたときから、「三方よし」の考えのもと、続いてきた。

小泉成器の業種は、「家電製品、家庭用品の企画・製造・卸売り」であり、メーカー＆ベンダーの2つの側面を持っています。売上高（2022年度）は677億円で、商品構成は調理家電・家事用品（191億円）、健康器具（184億円）などをはじめとする小型家電になっています。小泉成器のモノづくりは、「一芸家電」と呼ばれる「ニッチなニーズに徹底して応える」ものとなっており、幅広い商品群を通してより豊かな「ライフスタイル」を提案しています。

小泉成器のモノづくりと強み

小泉成器は、「こんな商品があったら売れるのではないか」というひらめきを掘り下げています。「消費者自身も気付いていない」潜在的なニーズや「あったらいいな」というニッチなニーズを担当者が自分の生活の中から見つけ出しています。シンプルながら生活を便利に変える「機能」の発想力に加え、消費者に納得してもらえる「使い勝手」や機能性にこだわった「デザイン」、適正な「価格」を追求して製品化されています。

この視点は卸としての仕入れや量販店などの有力販売網にも生かされ、消費者のニーズを掘り下げた提案を行っています。また、ニーズに合わせた専門的なルートも開拓しています。常に生活者の視点に立ち、くらしの変化に寄り添うように積み上げてきた「日々の小さな革新」の歴史が同社の強みの源泉となっています。

専門的なルート
例えば「酒燗器」は酒店にも卸して販売を行っている。

小泉成器の売上高の推移と商品別構成

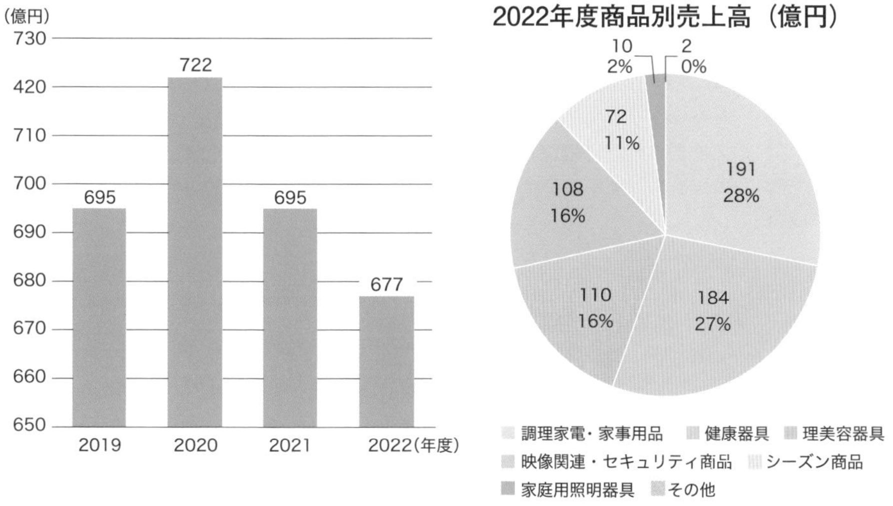

出典：小泉成器公開資料より筆者作成

小泉成器の強み

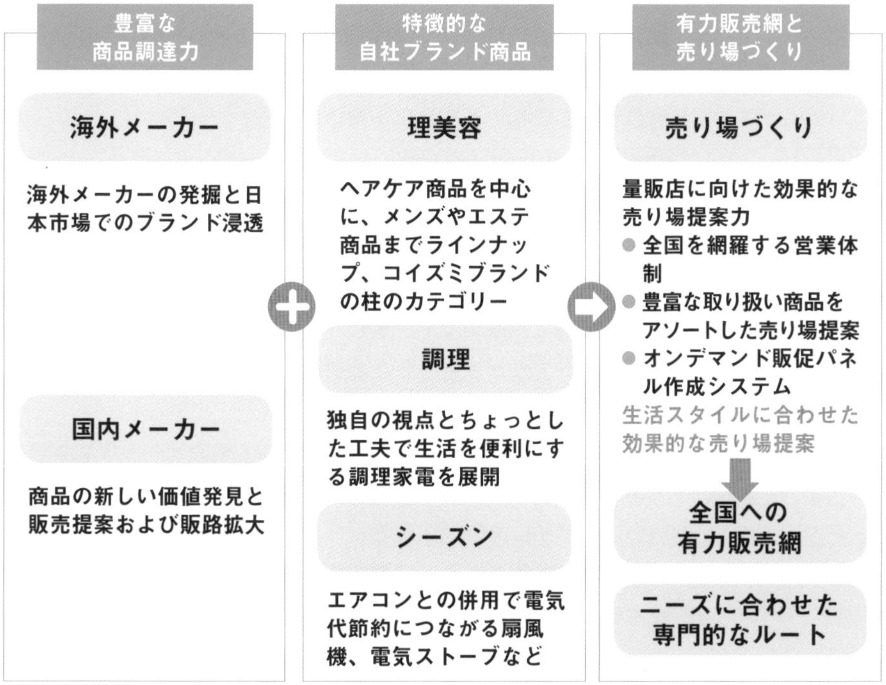

出典：小泉成器公開資料より筆者作成

Chapter4
24

メーカー＆ベンダー②

ニッチ市場で強みを発揮するドウシシャ

ドウシシャは、「開発型ビジネスモデル（メーカー機能）」と「卸売型ビジネスモデル（商社機能）」を有しています。この2つの機能を軸に、お客様やエンドユーザーの豊かな暮らしづくりに貢献しています。

ドウシシャのあゆみと長期ビジョン

ドウシシャ
2022年4月に東京証券取引所の市場区分の見直しにより、東京証券取引所の市場第一部からプライム市場に移行。

ドウシシャは、1974年の10月に大阪市で「同志社」という名前で野村正治氏によって設立されました。当時は日用雑貨を中心とした卸売のビジネスを行っており、当初は個人営業としてスタートしました。その後、法人化や家電製品・AV機器部門の開設などを経て、1990年10月に商号を現在の「ドウシシャ」に変更しています。2023年3月期の業績は、売上高1,057億900万円、営業利益80億5,200万円となっています。

ニッチ市場
隙間市場とも呼ばれ、特定の製品やサービスに特化し、特定の顧客層に焦点を当てた比較的規模の小さい市場のこと。

また、長期ビジョンとして示しているのが、「100億円30事業部構想」です。ニッチ市場でNo.1シェアをターゲットに、その1つのビジネス単位を年商100億円とし、これを30の事業部に展開させるという大きな目標を掲げています。

専門性を高め、No.1商品をつくり続ける商品戦略

ドウシシャには2つのビジネスモデルがあります。開発型ビジネスモデルは、自社のオリジナル商品を企画・開発し販売するメーカーとしての機能です。また、卸売型ビジネスモデルは、国内外ブランドや外部メーカーから商品を仕入れて販売する商社としての機能です。

家電製品は、「生活家電・照明・A＆V」のカテゴリーに含まれています。船舶用プロペラの技術を搭載した扇風機やレトロでかわいいデザインの調理家電といった、通常の製品とは一味違う付加価値のある製品から、昭和を思い出すユニークなかき氷機まで、幅広いラインナップがあります。この企画力もドウシシャの強みの1つであり、市場規模は小さくとも、衣食住の各分野での隔たりなく、専門性を高め、No.1商品を数多くつくり続けています。

ドウシシャの業績の推移

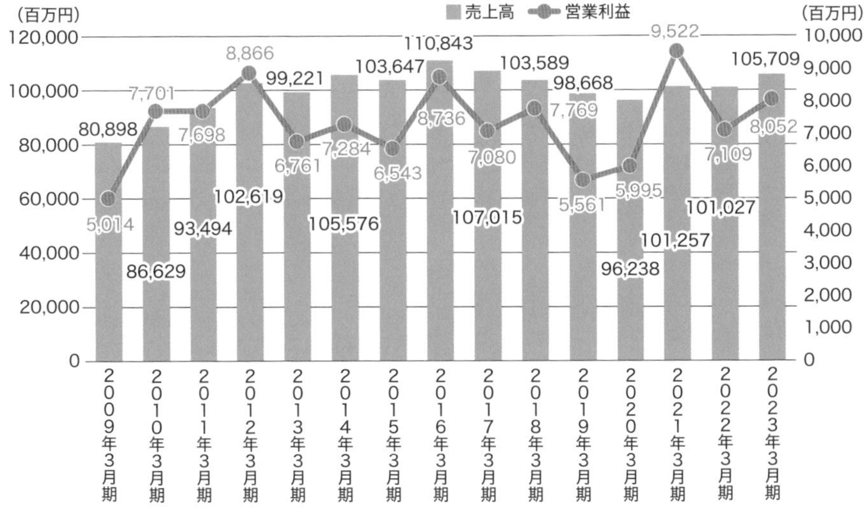

出典：ドウシシャ公開資料より筆者作成

ドウシシャのビジネスモデルと商品カテゴリー

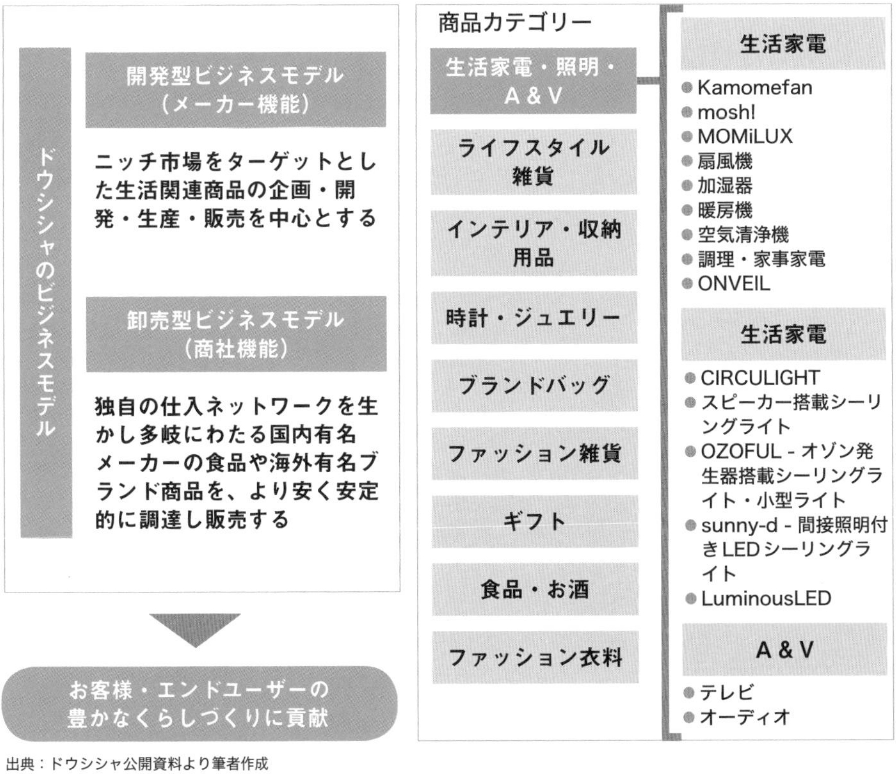

出典：ドウシシャ公開資料より筆者作成

Chapter4
25

家電メーカー①

ブランド戦略に注力し始めたツインバード

ツインバードは、新型コロナ禍でのワクチン運搬庫により、社会的評価を高め、技術の深化を証明しました。新ブランドライン「匠プレミアム」や「感動シンプル」も、この技術力を生かした革新的な製品で構成されています。

ツインバードのあゆみと保有する高い技術力

ツインバードは1951年、新潟県三条市にてメッキを主体とする「野水電化被膜工業所」として創業しました。2023年2月期の売上高は109億円、営業利益は4,000万円で、主なカテゴリーは「家電製品事業」、「FPSC事業」となっています。

ツインバードといえば、家電量販店でのポジショニングやギフト通販の構成比の高さから、ジェネリック家電のメーカーというイメージを持たれがちです。しかし、保有技術の水準は高く、今までにないものづくりで消費者のニーズを創造しています。特に同社の技術を世に知らしめたのが、新型コロナ禍におけるワクチンの保存・運搬に必要な「ワクチン運搬庫」です。高い技術力が評価され、厚生労働省や武田薬品工業からの受注や連日の報道により、社会的評価とブランドイメージが飛躍的に向上しました。

ツインバード
1979年に「ツインバード工業株式会社」、2022年には「株式会社ツインバード」に社名変更し、現在に至る。

FPSC
フリーピストンスターリングクーラー(Free Piston Stirling Cooler)は、天然のヘリウムガスを使用する環境に優しい完全なフロンフリーシステムのクーラーのこと。

ツインバードのリブランドと商品戦略

ツインバードは、「ワクチン運搬庫」を契機に、既存ブランドの再構築に取り組んでいます。“匠の技を、おうちで好きなだけ味わう”ことを実現する付加価値の高い「匠プレミアム」と“家電の本質を追求して誕生したベーシックライン”の「感動シンプル」という2つのブランドラインを立ち上げています。

例えば、「ドアを開けずに中身が見えるタッチアンドビュー機能」を搭載した冷蔵庫などが挙げられ、これは「感動シンプル」に位置付けされています。また、この2ラインはそれぞれのブランドサイトを持ち、ブランドイメージの向上を担っています。

こういった高付加価値商品への挑戦により、ツインバードに対する消費者のブランドイメージがどう変えられるかが注目されています。

匠プレミアム
確かな技術を持つ匠と共創することで生まれた、タイムレスな価値を有するブランドラインのこと(公式サイトより)。

ツインバードの業績の推移とセグメント別業績

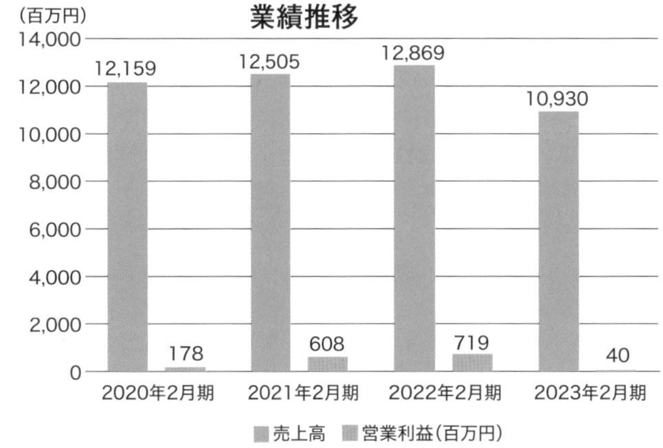

出典：ツインバード公開資料より筆者作成

ツインバードの技術を駆使した人気商品

中身が見える冷蔵庫 HR-EI35B

感動シンプル

幅を広くすることで、暮らしを支えられる十分な容量を保ったまま、見渡しやすい庫内を実現

ドアに付いたセンサーに軽く触れると、冷蔵庫の扉に搭載されたハーフミラーが透けて、開けずに庫内が確認できる

たくさん入れても、食品が見やすく取り出しやすい約103リットル冷凍容量

中身の整理がしやすい2段引き出し式の野菜室幅が広いので、長ネギやセロリなどの長野菜も切らずに収納できる

高さ1648 mmで小柄な方でも最上段まで手と目線が届きやすい

全自動コーヒーメーカー 6杯用 CM-D465B

匠プレミアム

6方向からのシャワードリップに加え、蒸らしに使うお湯の注ぎ方や間隔は1～6杯それぞれに応じてプログラミング。どの杯数設定でも安定したクオリティのコーヒーに

1～3杯　用、4～6杯用とそれぞれ最適なろ過層が形成できる2つの専用ドリッパーを開発

抽出は豆本来の味を引き出す83℃と、深煎りやアイスコーヒーにおすすめの90℃。摩擦熱を抑えて豆の風味を損なわない低速臼式フラットミルの挽き具合と組み合わせ、自分好みの1杯を追求できる

出典：ツインバード公開資料より筆者作成

Chapter4
26

家電メーカー②

デザイン力でファンをつかむバルミューダ

バルミューダは、「デザイン力」と「アイディア」に強みを持つ家電メーカーです。その強みを生かし、家電だけではなく、小型風力発電機など、より社会的な価値のある仕事にバルミューダはチャレンジしています。

差別化による「独自のポジション」の形成

バルミューダは、2003年に設立されたデザインとエンジニアリングの会社、「有限会社**バルミューダデザイン**」を前身としています。2010年に**DCモーター扇風機**「GreenFan」を発売し、家電メーカーへ転換しています。

バルミューダの製品は、「デザイン力」と「アイディア」が強みとなっています。家電市場が成熟してからの参入でしたが、強みを生かした高単価製品の開発によって差別化を図っており、独自のポジションを確立しています。

2022年12月期の売上高は175億9,500万円であり、その62%は**キッチン家電**が占めています。また、差別化された製品は海外でも受け入れられており、韓国や北米をはじめとする海外売上高の構成比は約38%となっています。

バルミューダデザイン
創業当初はデスク周りの使用環境を向上させる周辺機器などを製造していた。

DCモーター扇風機
風量の調節が幅広く設定でき、消費電力も小さいのが特徴の扇風機。

キッチン家電
トースターや蒸気炊飯器、オーブンレンジ、電気ケトルなど優れたデザインと機能性を持つ製品がそろっている。

バルミューダが挑む小型風力発電の普及

バルミューダは「小型風力発電機の実証実験開始」を2023年8月7日に発表しました。

現在も研究開発が進められている小型の風力発電機は、扇風機The GreenFanの持つ、独自の二重構造の羽根が原点になっています。発電用タービンを二重の羽根にすることで、高いエネルギー変換効率を目指します。

今回の小型風力発電機の実証実験は、計画を具体的にするために始めるものです。今考えられている発電機は、風力と太陽光とのハイブリッドで、「最終的には消費者が家庭用として使えるものにするのが目標と、同社は考えています。

バルミューダの2022年12月期の業績とカテゴリー別売上高

2022年12月期の業績	
売上高	17,595百万円
営業利益	75百万円
売上原価率	68.9%
販管費率	30.6%
営業利益率	0.4%

カテゴリー別売上高（百万円）

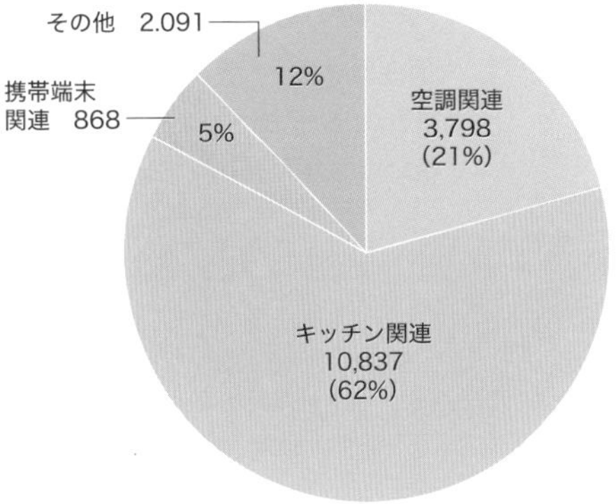

出典：バルミューダ公開資料より筆者作成

バルミューダの「小型風力発電機」の実証実験

2010年	数年前〜	2023年　秋	早い事業化
DCモーター扇風機「GreenFan」を発売	扇風機の羽根を原点として、発電用タービンの研究開発	小型風力発電機の実証実験開始	5〜10年というピッチではなく、早い事業化を目指す
→DCブラシレスモーターを採用 →従来に比べて約1/10の省エネルギー性能 →独自の二重構造を持つ羽根による豊かな送風	→性能の向上を目指して数百種類の発電用の羽根（タービン）をつくり、改良を続ける →研究室の実験では、直径1m以下の小型サイズ、低い回転速度と静音性を保ったままで優れたエネルギー変換効率を確認 →さらなる技術確立のために、実際に使用される屋外・野外での実験が必要な段階を迎える	→水平軸式の風力発電機に使う羽根となるタービンを開発する →実験場所に試作機を1台設置して、発電効率や静音性といった性能を検証する →試作機のサイズを変えながら、専用サイトなどで実験結果を公開していく →屋外での実証で、耐久性や発電効率などの性能を検証	→家庭で使えるような小型風力発電機を開発し、消費者に提案するのが最終目標 →計画を具体的にするために始めるのが今回の実証実験

消費者：電気代の高騰で節電に関心

出典：バルミューダ公開資料より筆者作成

Chapter4
27

家電メーカー③

企画数で群を抜く サンコー

サンコーは、「面白くて役に立つ商品を社会に提供する」ことをミッションにしたメーカーです。全従業員がアイディアを出し合い、「あればいいな」という独創的な製品を開発し、多くのメディアにも取り上げられています。

サンコーの成長をけん引する企画力と開発力

サンコーは2003年の創業以来、「面白くて役に立つ商品を社会に提供する」というミッションのもと、今までにない家電製品などを市場に送り出し続けています。その突出した企画力と開発力を支えているのが、「全従業員が毎週必ず1つ以上の新商品を提案する」というしくみで、年間で2,000を超えるアイディアが出されています。このアイディアを形にするために、すぐに3Dプリンターを使ってプロトタイプを作成しています。こうして、月に2アイテムの新製品が誕生しています。2003年度の売上高は9,000万円でしたが、2016年度には10億円、そして2021年度は36億9,000万円となっています。また、今後の資金力や人員を強化するため、2022年11月にはニッケグループ（日本毛織）の傘下に入り、さらなる進化を狙っています。

プロトタイプ
試作品のこと。設計や機能検証のためにつくられる。

サンコーの流通戦略とユニークなアイディア製品

サンコーは、メーカーとしての「企画・開発から製造」だけではなく、卸売りや販売までを行っています。家電製品の卸売りでは、大手家電量販企業7社すべてとの取引をはじめ、DCMなど、多数の取引先を有しています。また、販売では、サンコー公式通販サイトに加え、楽天やAmazonにも出店しており、リアル店舗では秋葉原のメインストリートに2つの直営店を出店しています。

サンコーの製品は、日常生活で感じた不便さや不快さを解決する「あればいいな」という機能を開発するオリジナリティが特徴です。また、こうして生まれた製品はユニークで製品を上手く表現したネーミングがなされ、わかりやすさにつながっています。

DCM
国内のホームセンター業界の売上高トップクラスを誇るリーディングカンパニー。全国に670店舗以上を展開している。

ネーミング
一升瓶を縦置きできる日本酒冷蔵庫「俺の酒蔵」、冷却プレートで背中スッキリ涼しい「セナクール」など。

サンコーの売上高の推移

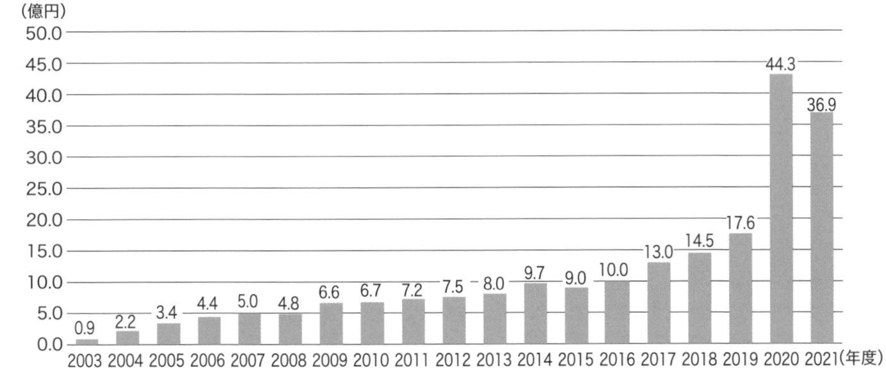

バリエーションに富んだヒット商品の例

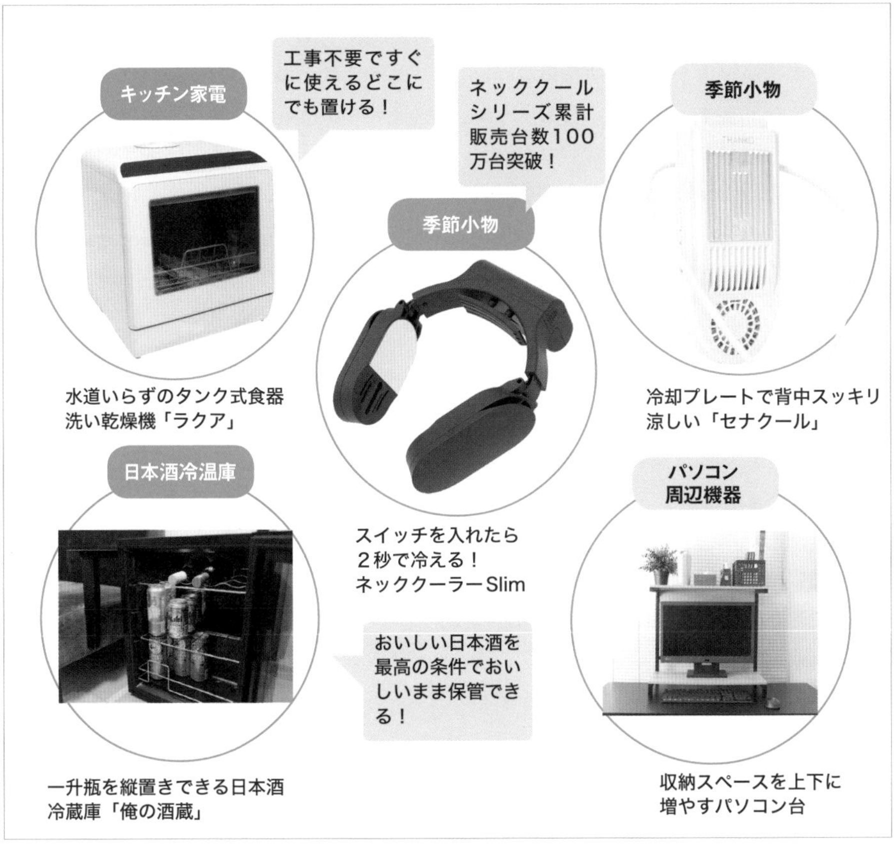

COLUMN 4

家電業界における開発コストと市場規模のバランス

家電メーカーが解決すべき課題

家電メーカーのモノづくりに対する大きな課題の1つに、革新的な製品をつくるための高額なコストの回収が挙げられます。

家電業界では、研究開発から市場への製品投入まで、多大な投資が必要になります。最新技術を導入した設備、消費者ニーズに合わせた設計、製品への先進的な機能の追加などは、メーカーにとって重要な投資対象となります。

しかし、これらのコストを効果的に回収するためには、市場規模を広げることが必要となります。日本市場は人口の減少と市場の飽和にさらされており、コストの回収を行うには小さすぎます。そのため、多くのメーカーは、グローバル市場に目を向け、進出しています。一方、海外市場への広がりは、販売量の増加と収益性の向上をもたらしますが、地域ごとのニーズ、規制への適応が新たな挑戦をもたらします。

持続可能性とエコイノベーションの推進

環境問題への関心の課題とともに、家電メーカーは持続可能な技術開発に注力しています。エネルギー効率の高い製品、再生可能なエネルギーの利用、リサイクル可能な素材の使用は、現代の製品設計に欠かせません。重要なこれらのエコイノベーションは、消費者の環境に配慮する習慣と意識変化に対応し、企業の社会的責任のための手段となっています。

持続可能な技術の採用は、コスト削減や効率性の向上にも役立ちます。例えば、エネルギー消費を重視することは、長期的に運用コストを削減し、消費者にとっても魅力的な製品となります。また、企業のブランド価値を高め、市場競争力を強化することにもつながります。家電メーカーは環境保全と経済的利益の両立を目指し、これらにスピーディーに取り組んでいます。

第5章

家電の流通と市場

家電製品のコモディティ化の進行により、家電メーカーの最大の取引先である家電量販店は、家電以外の業態にまで活動領域を広げています。その対象は、各家電量販店によって異なり、なかには「家電量販店」の域を超えている企業も見受けられます。ここでは、各家電量販店の特徴的な活動内容を見ていきましょう。

Chapter5
01

家電流通の全体像

家電製品の流通チャネルは多様で、それぞれに特徴があり、消費者は自分の価値観やライフスタイルによって購入先を選択することが可能になっています。一方、価格競争などが激しく、メーカーの収益にも影響を与えています。

増加する流通チャネルと激化する競争状態

昔は、家電製品といえば地域電器店から購入するのが当たり前でしたが、時が経つにつれ、家電量販店が誕生したり、**GMS**が取り扱いを始めたりしました。現在では、ネット通販での購入も日常化したのに加え、**ボランタリーチェーン**への加盟などでガスショップや不動産業など多くの業種で家電製品を販売しています。

このようなチャネル数の増加は、販売している企業には「同業他社だけでなく、異業種との競争激化」をもたらします。特に家電製品はコモディティ化が進んでおり、価格競争になりやすい特徴を持っています。価格競争が激しくなれば、メーカーは新製品の投入によって価格を回復させる必要があるため、収益に大きな影響を受けることになります。そのため、チャネルの選択や売価維持に大胆な戦略を打ち出すメーカーが増えています。

GMS
General Merchandise Store（ゼネラルマーチャンダイズストア）の略。総合スーパーのことで、食品、衣料品、日用雑貨など幅広く取り扱っている。

ボランタリーチェーン
個別の小売店が協力し合うために組織化したもの。ちなみにフランチャイズチェーンは、本部にロイヤリティを支払って加盟するもの。

消費者の購入先の選択と各流通チャネルの特性

一方、チャネル数の増加は、消費者に「家電製品をどこで購入するか」という選択肢を提供しています。各チャネルには特徴があり、消費者は自分の価値観、ライフスタイルによって、これらを**使い分け**ています。例えば、「購入商品が決まっていて、価格を重視する場合」や「接客が不要でスマートに買い物を終えたい方」は、ネット通販を利用することが多くなっています。家電製品の購入先として家電量販店、地域電器店、ネット通販がほとんどを占めていますが、ホームセンターやGMSなど異業種では、比較的安価でシンプルな機能の小物家電などが扱われています。このように家電製品の流通は、さまざまなチャネルで構成されており、激しい競争状態の中にあります。

使い分け
価格の高い付加価値商品を検討する場合や実機に触れたい場合は家電量販店が選ばれ、高齢者は長年の付き合いと訪問もしてくれる地域電器店を選ぶことが多いなど。

消費者から見た家電製品購入先の選択肢

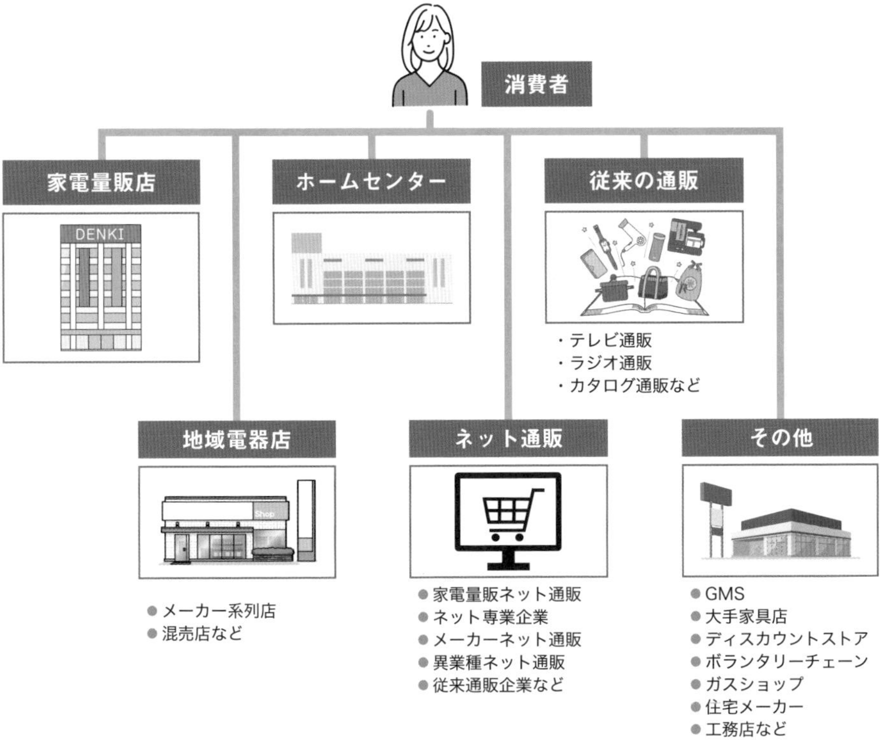

主な流通チャネルの強みと弱み

流通ルート		信頼性	親密度	価格	配達・工事	対応スピード	アフターサービス	品揃え	接客	商品説明
家電量販店		◎	◎	○	◎	○	◎	○	◎	◎
地域電器店		◎	◎	△	◎	○	◎	△	◎	◎
ホームセンター		◎	△	○	○	○	○	△	○	○
ネット通販	家電量販ネット通販	◎	△	○	◎	○	◎	◎	ー	○
ネット通販	ネット専業企業	△	△	◎	△	◎	△	◎	ー	△
ネット通販	メーカーネット通販	◎	△	○	○	○	○	△	ー	△
ネット通販	異業種ネット通販	○	△	○	△	○	○	△	ー	△
ネット通販	従来の通販企業	◎	△	○	○	○	○	△	ー	○
従来の通販		◎	△	○	○	○	○	△	ー	◎

※個別企業の評価ではなく、業種全体での例示です。

Chapter5 02

家電通販とネット販売

家電製品の通信販売は4大マス媒体を使用していますが、特にテレビショッピングは説明もわかりやすく、高齢者を中心に利用されています。近年ではネット通販も普及し、家電量販店のネットのEC売上高も拡大しています。

家電通販の種類とターゲットの重要性

通信販売では、媒体として4大マスメディア（テレビ、ラジオ、新聞、雑誌）に加え、ネットが媒体として利用されており、家電製品の通信販売も同じ構図になっています。家電製品の**テレビショッピング**のターゲットは「テレビをよく見る人」であり、高齢者が多くなります。ラジオや新聞の主な聴取者・購読者も高齢者で、雑誌については個々の雑誌によって読者層が違います。

また、4大マス媒体が新規客も対象としているのに対し、ダイレクトメールやカタログギフトは個人情報が必要になるため、既存客がターゲットになります。これらの媒体の特性と取り上げる家電製品のターゲットを考え、一致させることが重要になります。

テレビショッピング
高齢者を顧客としている地域電器店の廃業が増え、購入先を失った高齢者の受け皿の1つとして機能している。

ネット通販の普及と家電量販店ECサイトの拡大

近年、急伸しているネット通販は、家電製品の場合、「家電量販店のECサイト」をはじめ、「大手ネット企業のECサイト」、「中小事業者のECサイト」などが販売を行っています。

家電製品は価格で選ばれることが多いですが、著しく安い価格の場合、**正規ルート品**でない可能性が高く、メーカーのサポートが受けられないことがあります。そのため、購入先を慎重に選択する消費者も増え、安心感と価格の折り合いから、家電量販店のECサイトでの売上高が伸びています。1,000億円を超える企業も複数あり、なかには2,000億円を売り上げる企業もあります。また、ECサイトのメリットやデメリットも消費者に浸透し、リアル店舗との使い分けが定着しています。しかし、ネットでは単価の高い付加価値商品が売れにくいため、このまま普及が進むと市場の縮小に拍車がかかるという懸念も生じています。

正規ルート品
メーカーまたは正規の販売代理店を通じて販売される家電製品で、正式な保証やアフターサービスが提供され、品質や安全性が保証される。非正規ルートでは、これらの保証が受けられない場合がある。

通信販売の媒体の種類

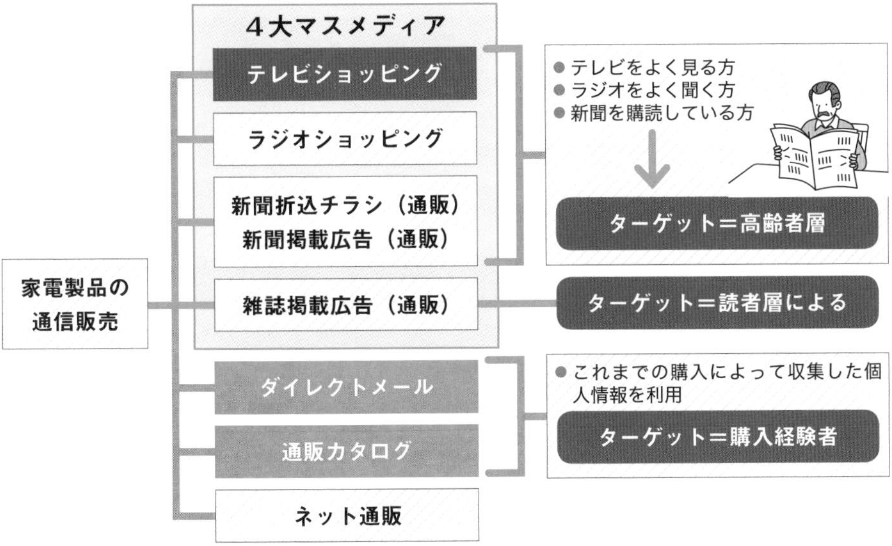

ネット通販の主なメリット・デメリット

主なメリット	
価格比較が容易	複数のサイトや販売者の価格を比較することができ、お得な商品を見つけやすい
豊富な品揃え	リアル店舗よりも多くの商品やバリエーションの取り扱いが多い
時間と場所に縛られない	24時間、いつでもどこからでも購入できる
レビューや評価を参考にできる	他のユーザーの評価やレビューをもとに商品選びができる
定期購入やサブスクリプションが利用できる	継続的に同じ商品を購入する場合に便利
希少な商品や新製品にアクセスしやすい	特定の地域や店舗だけの取り扱い商品でも購入可能

主なデメリット	
実物を確認できない	質感や実際の大きさなど、直接手にとって確認することができない →付加価値製品を買いにくい
返品や交換が面倒	不具合やイメージと異なる場合、返品や交換の手間がかかることがある
配送に時間がかかることがある	即日使用したい場合でも、配送に数日かかることがある
詐欺サイトのリスク	信頼のおけないサイトからの購入は、詐欺のリスクがある
商品の破損リスク	配送中の取り扱いにより、商品が破損するリスクがある
購入過程でのトラブル	支払いトラブルやシステムエラーなど、ネット特有の問題が起こる可能性がある

家電のネット通販では、物流網・サービス網などの充実が必要なため、家電量販店のネット通販が拡大する可能性が高いです。

Chapter5
03

全都道府県に家電量販店を展開

ヤマダホールディングス

ヤマダホールディングスは、日本の家電量販業界のリーディングカンパニーであり、唯一の年商1兆円を超える企業です。現在は家電の枠を超え、住宅や金融など衣食住の「住」の分野で消費者の「暮らしまるごと」を支えています。

ヤマダホールディングスのあゆみ

ヤマダホールディングス（ヤマダHD）は、1973年に群馬県前橋市で創業者の山田昇氏（現会長）が興した「ヤマダ電化サービス」を起源としています。それから30年も経たないうちに、日本の家電量販業界のトップ企業へと躍進しました。同社の経営理念は、創業時に掲げられた「**創造と挑戦**」です。2007年にはこの経営理念に「感謝と信頼」を加え、CSR担当室が設置されています。また同社は、2005年3月期に日本の家電量販店として初めて売上高1兆円を突破し、2010年3月期には初の2兆円を達成しています。国内で売上高1兆円を達成した家電量販店は同社しかなく、20年以上にわたって家電量販業界のトップ企業として業界をけん引しています。

創造と挑戦
一歩先を見据えた積極的な経営などに取り組み、時代の変化と共に、新たな「創造と挑戦」を続けている。

ヤマダホールディングスの概要

ヤマダHDは、家電量販店の枠を超え、住宅やリフォーム、家具・インテリア、さらには保険・金融まで幅広い事業活動を展開しています。これらにより、衣食住の「住」に的を絞った「暮らしまるごと」を提供しています。グループ会社も多く、なかにはボランタリーチェーンを運営し、異業種でも家電販売ができるユニークなしくみを作っている企業もあります。

また、新しい取り組みとして法人向けの電気自動車（EV）の販売に進出したり、消費者向けでは、住宅と**V2H**、太陽光発電設備などを組み合わせた「スマートハウス」の販売も始めています。運営面では、感覚過敏の顧客に向け、BGMなどを制限する「クワイエットアワー」を導入した店舗もあります。消費者ニーズにすばやく対応することを基本とし、「暮らしまるごと」を支える企業として、さらなる成長を目指しています。

V2H
Vehicle to Homeの略でEVから家への意味。EVに蓄えられた電力を家で活用するしくみ。

ヤマダHDの売上高の推移

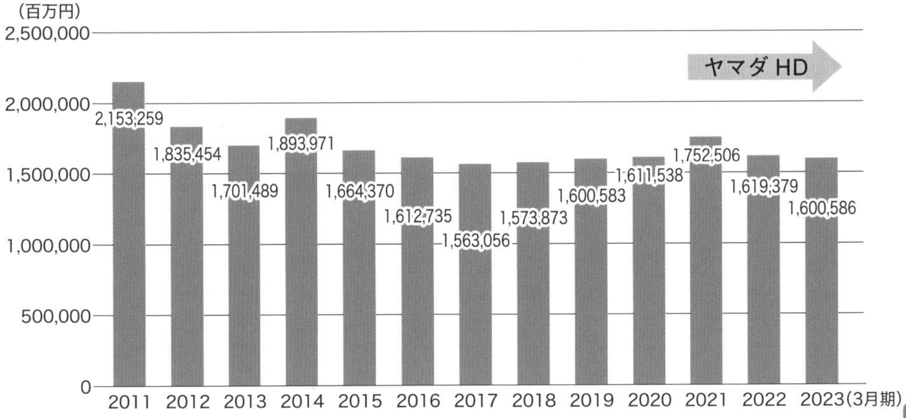

出典：ヤマダHD公開資料より筆者作成

部門別売上高とグループ会社

2023年3月期部門別売上高（百万円）

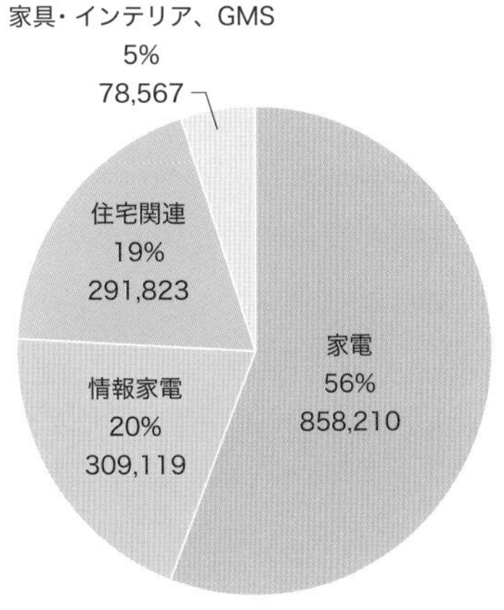

（全体売上高　1,600,568）

出典：2023年３月期決算説明会資料より筆者作成

● セグメント別の主要グループ会社

デンキセグメント	ヤマダデンキ
住建セグメント	ヤマダ住建ホールディングス ヤマダホームズ ワイ・ジャスト 家守り ハウステック ヒノキヤグループ
金融セグメント	ヤマダファイナンスサービス ヤマダフィナンシャル ヤマダ少額短期保険 ハウス・デポ・パートナーズ
環境セグメント	ヤマダ環境資源開発ホールディングス シー・アイ・シー 東金属 インバースネット 三久 あいづダストセンター
その他セグメント	ヤマダトレーディング ヤマダテクニカルサービス 日本ツーリストクラブ コスモス・ベリーズ Ｊ・スタッフ ビー・ピー・シー 秋田木工

Chapter5
04

“こだわり”の専門店の集合体！

ビックカメラ

ビックカメラは「専門店の集合体」であり、家電製品以外にも多くの品目を取り扱っています。高い専門性をさらに発展させるため、従業員の個性を生かし専門性を高めるキャリア制度など、さまざまな取り組みを行っています。

ビックカメラのあゆみと専門店の集合体

ビックカメラは、1978年、池袋駅北口において、カメラおよび関連商品の販売会社として創業し、1980年にビックカメラが設立されました。企業理念は「専門性と先進性で、より豊かな生活を提案する、進化し続ける“こだわり”の専門店の集合体」です。1992年の東京羽毛工房から、ビックパソコン館、日本ビーエス放送企画、ビック酒販などを次々と設立。2010年にソフマップを完全子会社化、2012年にはコジマを子会社化しており、カメラ系家電量販店の枠を超える専門性と規模の両方を成長させてきました。

ビックカメラの店舗は大都市ターミナルの**レールサイド店**ですが、郊外型のコジマが加わることで異なる顧客層を取り込むことが可能になりました。ビックカメラの2023年8月期の売上高（連結）は8,156億円で、ヤマダHDに次ぐ業界2位となっています。

レールサイド店
主要ターミナル近隣に出店し、電車の乗降客を狙う店のこと。郊外の主要道路沿いに出店されるものをロードサイド店という。

接客力の向上と多様な働き方を提示するキャリア制度

ビックカメラは、人の教育にも力を入れている企業です。2022年には、人材開発部にキャリアデザイン室を設置しています。短期的には店舗や個人間で格差を付けた評価を行うことで責任の範囲を明確にする狙いです。また、専門知識を持ったマイスターの認定を受ければ、役職者と同等の給与が支払われるという「くらし応援マイスター制度」が導入されています。2023年9月にこの内容が一部改訂され、「**ビックカメラマイスター**」として運用されています。また、ビックカメラは、組織のスリム化を図り、執行役員の数を減らしたり、実店舗とECサイトの顧客の購入履歴のデータベースを統合するなど、顧客と従業員、そして自社の改革を進めています。

ビックカメラマイスター
この制度は、長く接客・売り場づくりで活躍し続けたい従業員向けに用意した管理職と異なるキャリアパスである。

ビックカメラの売上高（連結）の推移

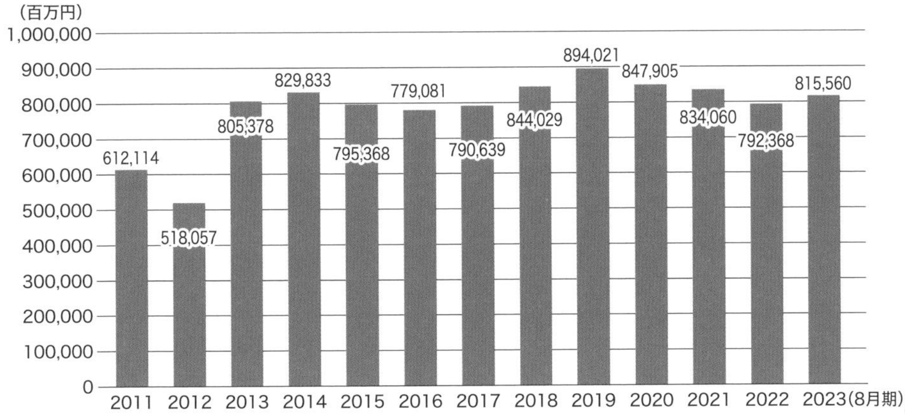

出典：ビックカメラ公開資料より筆者作成

商品グループ別売上高（構成比）と今後の取り組み

2023年8月期商品グループ別売上高（百万円）

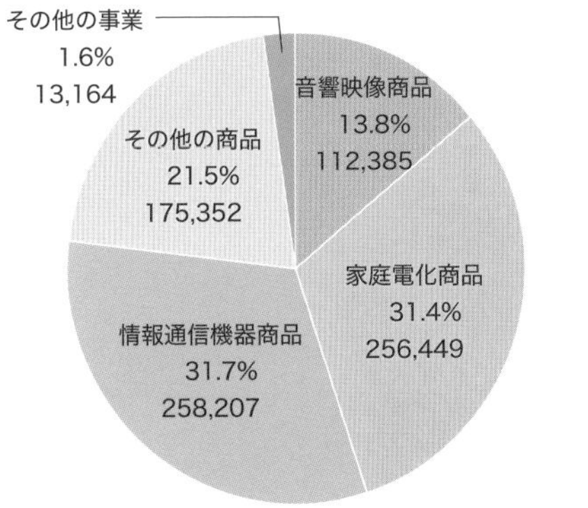

※その他事業は、BSデジタル放送事業とその他事業を100万円以下の桁を切り捨て合算。
出典：2023年8月期決算短信より筆者作成

くらし応援マイスター（22年9月からの制度）

マイスター	管理職の「フロア統轄」に相当
シニアマイスター	副店長相当
エグゼクティブマイスター	店長相当

23年9月から「ビックカメラマイスター」に変更

マイスター		管理職の「フロア統轄」に相当
エキスパートマイスター	シニアマイスター	副店長相当
エグゼクティブマイスター		店長相当

- エキスパートマイスターには、特定の商品における高い専門知識の保有が必要
- マイスター認定の対象とする専門分野の追加
- ピンバッジ⇒「専門販売員」の腕章に変更
- 定年後もマイスター取得は可能

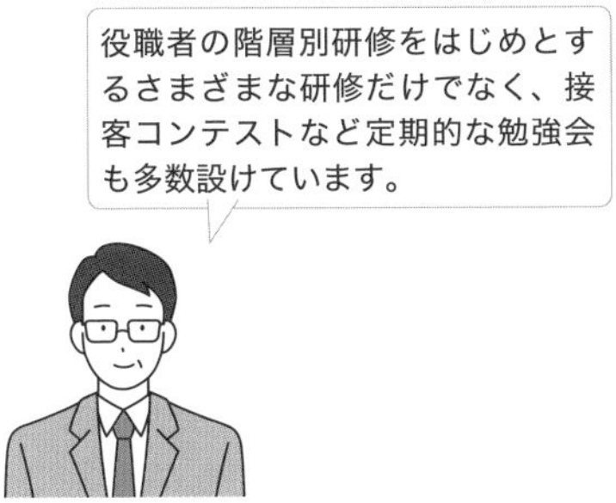

Chapter5

05

家電量販店の枠を超えた総合ネット通販

ヨドバシカメラ

ヨドバシカメラは、レールサイド戦略を取っています。広大な売り場に豊富な品揃え、取り扱い品目の多さも特徴的です。また、ECに強く、さらに売上高を伸ばすため、物流への積極投資を行っています。

ヨドバシカメラのあゆみと特徴

ヨドバシカメラは、1960年に創業者の藤沢昭和氏が創業した「藤沢写真商会」を起源としています。同社はレールサイド戦略を取って成長してきました。郊外型の店舗と比べ、一店舗当たりの売上高や売り場面積などが大きいのが特徴の1つです。例えば、同社のマルチメディア梅田店は年商1,000億円を超えており、単独店舗の家電量販店では日本一の売上高を誇っています。

また、同じレールサイド店のビックカメラとの違いに、ビックカメラは**居抜き物件**が多いのに対し、ヨドバシカメラは自社物件が多いことが挙げられます。売り場が広大で取り扱い品目も多く、文房具やスポーツ用品、玩具など多くの品目を取り扱っています。また、システムの導入も早く、1985年にはPOSシステムの全店展開、1989年には日本初のポイントカードを発行しています。

居抜き物件
撤退した店舗の内装、備品がそのまま残っている物件のこと。同じ業態であればそのまま使えるものも多く、初期費用が抑えられるメリットがある。

EC売上の拡大と物流への積極投資

ヨドバシカメラは非上場企業ですが、同社ホームページによると2022年3月期の売上高は7,530億円となっています。同社はECにも大きな強みがあり、現在のEC売上は約2,100億円です。ヨドバシ・ドット・コムでの品目数は約800万アイテムで、一部の店舗では24時間受け取れ、配達も「在庫のある商品なら最短即日お届け」が可能となっています。

さらに、この品目数を伸ばし、増加する取り扱い量への対応と全国翌日配送を可能にするには「物流」が重要になります。全国に5カ所の**物流センター**を保有しており、600億円を投じてこの拠点を倍増していく予定です。また、「最短2時間30分以内に配送」というサービスも実施しており、対象エリアも拡大中です。

物流センター
川崎市の物流拠点の延床面積はAmazonをも凌ぐ28万㎡である。

ヨドバシカメラの売上高の推移

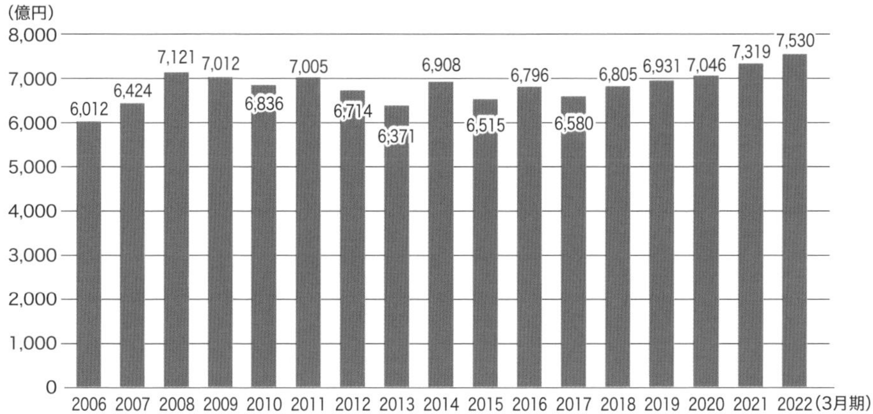

出典：ヨドバシカメラ公開資料より筆者作成

ヨドバシ・ドット・コムの概要

ヨドバシ・ドット・コム

- 豊富な品揃え、約800万アイテム（2023年12月現在）
- 多彩なお支払い方法
- 在庫のある商品なら最短即日お届け
- 設置工事やリサイクル回収も安心、お任せ
- ヨドバシ特価、ポイント還元！会員登録でさらにお得！
- 安心アフターサービス

ヨドバシ・ドット・コムで商品を購入したときに選べる配送サービス →

YODOBASHI　XTREME

ヨドバシエクストリーム

- 配達時刻を事前にメールでお知らせ
- 小型商品は郵便受けに投函ご不在時も安心
- 24時間再配達受付 欲しいタイミングで受け取れる

ヨドバシエクストリーム（無料）の対象エリア
東京都23区全域、および武蔵野市・三鷹市・調布市・狛江市・町田市の一部地域、神奈川県横浜市・川崎市・相模原市の一部地域、新潟県新潟市の一部地域、山梨県甲府市・甲斐市・中巨摩郡の一部地域、宮城県仙台市の一部地域、北海道札幌市の一部地域、大阪府大阪市の一部地域、京都府京都市の一部地域、福岡県福岡市の一部地域

Chapter5 06

「本当の親切」を追求し続ける家電専門店

ケーズホールディングス

ケーズホールディングスは、ポイントを発行せず、現金値引きするといった家電量販業界では特異な戦術を取っています。また、「お客様第一のための従業員第一」という商売の本質を衝いた考え方が大きな特徴です。

ケーズホールディングスのあゆみと概要

加藤電気商会
その後、有限会社を経て、1973年にカトーデンキに改組。1997年にケーズデンキに商号変更している。

ケーズホールディングス（ケーズHD）は、1947年に茨城県水戸市元台町で創業者の加藤馨氏によって**加藤電機商会**として設立されたのを起源としています。2004年から株式交換による事業統合を繰り返し、ギガスなどを次々と子会社化して、2007年にケーズHDに商号変更を行っています。

ケーズHDをはじめとする各子会社は地方に根付いた郊外型の家電量販店で、それぞれの企業が多くの顧客を保有しています。また、各地を子会社ごとに運営し、地域の特色を生かした人材採用や物件の開発など、きめ細やかな営業支援が可能となっています。

ケーズHDの2023年3月期の売上高は7,373億円であり、その多く（39%）が冷蔵庫などの家庭電化商品で占められています。

ケーズホールディングスの特徴

ロードサイド店
国道沿いなどに店舗を構える郊外型の店。

ケーズHDの多くは**ロードサイド店**です。年間200億円の売上増加を目指しており、年間概ね20店舗開店・10店舗閉店が基準になります。また、顧客の把握や囲い込みができるポイントは発行せず、現金値引きを行う代わりに、「あんしんパスポート」を発行し、会員を募ることで顧客管理をしています。

頑張らない経営
同社の定義は「正しいことを、無理をせず、確実に実行していく」こと。

同社の経営方針は、「**頑張らない経営**」です。そのため、「従業員第一」を打ち出していますが、これは「お客様を大切にするには、まず会社が従業員を大切にしなければいけない」という、「お客様第一のための従業員第一」を表しています。また、同社にはノルマがありません。これは、押し付け販売を行わず、これからも顧客に利用してもらうためです。このように、同社の特徴は、商売の本質を衝いた考え方にあります。

ケーズHDの売上高の推移

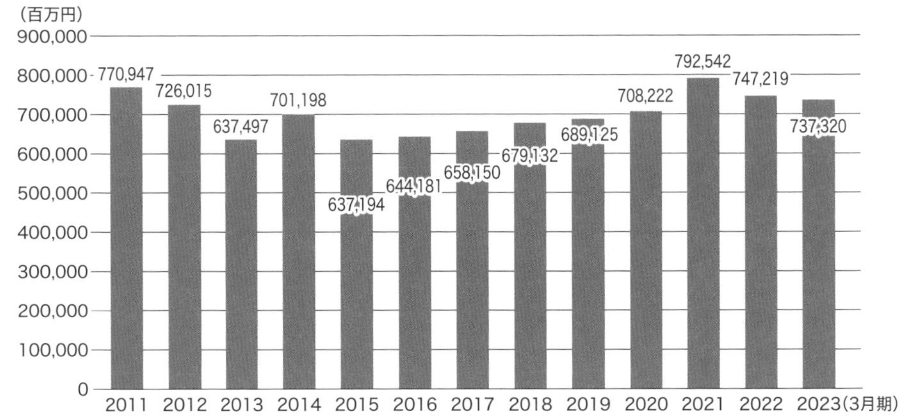

出典：ケーズHD公開資料より筆者作成

商品グループ別売上高（構成比）とグループの概要

2023年3月期商品グループ別売上高(百万円)

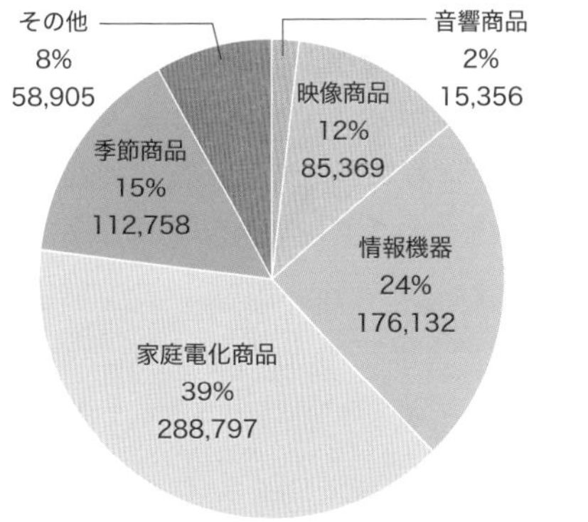

出典：2023年3月期決算短信より筆者作成

同社の特徴

- **家電に特化した専門店**
- **経営方針：「頑張らない経営」**
  ⇒本当の意味での『お客様第一』のためには、①従業員、②お取引先、③お客様、④株主の順番で大切にすることが重要

全国各地を子会社ごとに運営

地域の特色を生かした人材採用、物件の開発、きめ細かやかな営業支援が可能

家庭用電気製品小売業(7社)	ケーズホールディングス ギガス 関西ケーズデンキ ビッグ・エス 北越ケーズ 九州ケーズデンキ デンコードー
家庭用電気製品小売業を運営するフランチャイジー（3社）	ウシオ 岡島 浜松ケーズ
人材派遣業	ケーズキャリアスタッフ
パソコン教室の運営とパソコンサポート事業	テクニカルアーツ
商品の配送・設置工事事業	ケーズキャリーサービス

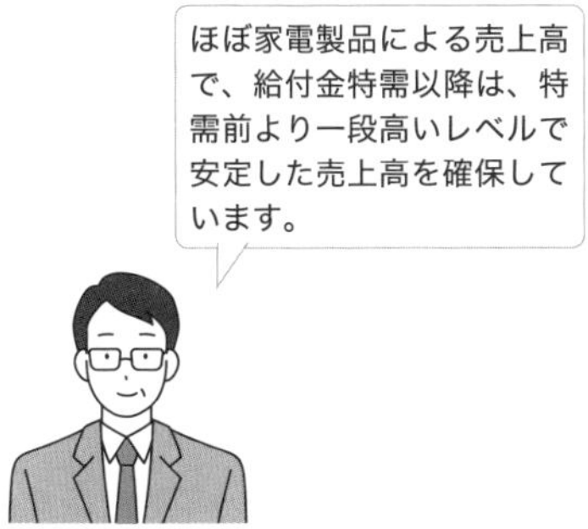

Chapter5
07

「買って安心 ずっと満足」のサービスを提供

エディオン

エディオンは、統一ブランドでの新しい顧客に加え、昔からの顧客との絆も強い企業です。家電製品以外に、リフォームにも早い時期から取り組んでおり、「e angle」というプライベートブランドの開発・販売も行っています。

エディオンのあゆみ

エディオンは、2002年3月にデオデオとエイデンが株式移転方式により設立した持株会社として誕生しました。その後、石丸電気の買収などを経て、2012年10月に「イシマル」「エイデン」「ミドリ」「デオデオ」の各ブランドを全国統一ストアブランドの「エディオン」に変更しました。近年では、2022年4月にニトリホールディングスと資本業務提携契約を締結しています。これにより、両社の経営資源を活用した新たな価値創造のための取り組みや事業拡大につながる家電製品の共同開発を行います。

また、エディオンは家電製品の販売だけではなく、**リフォーム**にも強みを持っています。2015年には、家電小売業界初の経済産業省「先進的なリフォーム事業者表彰」を受賞しています。

リフォーム
「住宅リフォームランキング2023」では、5位のヤマダHDに続き、8位にランキングされている。

エディオンの概要と独自の取り組み

統一前の各ストアブランドは、地域の顧客から強い支持を受けていました。統一ブランドでの新しい顧客に加え、昔からの顧客との絆は大きな強みの1つです。この固定客の多さもあり、同社の売上は毎年安定して、2023年3月期の売上高は7,206億円となっています。

フランチャイズ運営では、2023年3月末時点で758店が加盟しています。加盟店には、エディオンブランドの使用や仕入れ条件の改善など、多くのメリットがあります。また、オリジナル商品にも力を入れています。家電量販店に多いオリジナル商品に加え、顧客の声を生かして、一から企画・デザインを行う**ファブレス**の「e angle」というプライベートブランドにも取り組んでいます。このように、取り扱いカテゴリーの拡大や独自商品への取り組みなどで、顧客からの支持を広げています。

ファブレス
➡4-18参照。

エディオンの売上高の推移

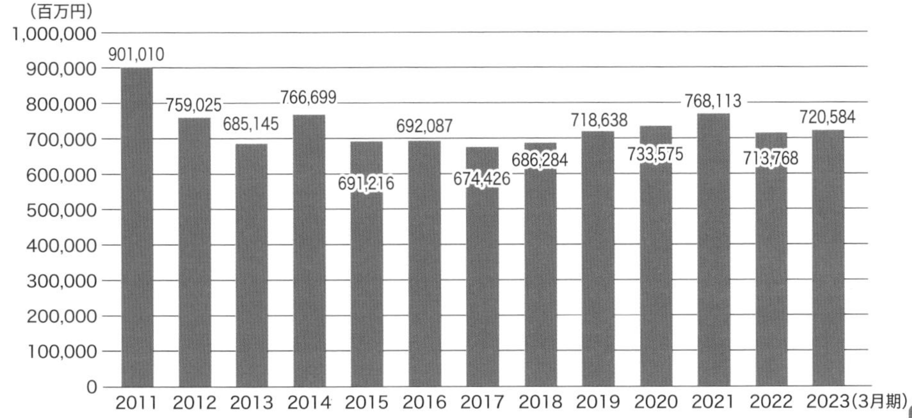

出典：エディオン公開資料より筆者作成

エディオングループの店舗数と主なグループ会社一覧

	新設	移転・建替	閉鎖	増減	期末店舗数
2022年度通期実績	5店舗	3店舗	4店舗（非家電3店舗含む）	＋1店舗	450店舗
2023年度通期計画	9店舗	6店舗	1店舗（非家電2店舗含む）	±0店舗	450店舗

エディオングループ店舗数（2023年9月末時点）1,209店舗
(内 直営店450店舗　フランチャイズ店759店舗)

●主なグループ会社一覧

会社名	本店所在地	主な事業内容
エディオン	広島市中区	家庭電化製品などの販売
サンキュー	福井県福井市	家庭電化製品などの販売
フォーレスト	さいたま市大宮区	文具・事務用品、オフィス用品、日用品などの通信販
EDIONクロスベンチャーズ	名古屋市千種区	情報システムの運営および開発
エディオンハウスシステム	広島市中区	住宅リフォーム、太陽光発電システムの販売・工事など
ジェイトップ	名古屋市中村区	一般貨物運送業、家電配送・設置事業、電気工事事業など
イー・アール・ジャパン	広島市中区	情報機器などのリユース、家電製品などのリサイクル事業
夢見る	堺市北区	プログラミング教室などの運営
プライムステーション	東京都品川区	企画・印刷事業
EdBank	東京都品川区	プログラミング教室などの運営
サンフレッチェ広島	広島市中区	プロサッカーチーム

Chapter5
08

顧客のニーズに合った商品の提案を実践

ノジマ

ノジマは、量を売る家電量販店ではなく、1人ひとりの好みに合わせた「コンサルティングの質」を販売することを目指しています。そのため、メーカー販売応援員ではなく、自社従業員によるフラットな接客を行っています。

ノジマのあゆみ

1959年、神奈川県相模原市に「野島電気工業社」が創立され、ノジマの歴史が始まりました。1982年には、全国初の**AVC**を主体とした**カテゴリーショップ**を神奈川県相武台に出店。その後、有限会社の設立や株式会社への組織変更を経て、1991年に現在のノジマに商号変更を行っています。1994年には、日本初である携帯電話の各通信キャリアを集結した「でんわ館」をオープンするなど、早くからAVCや通信に強みを持っていました。

2015年に買収した「携帯キャリアショップ約500店を有する携帯代理店ITX」や2017年の「ニフティの個人向けインターネット接続事業」の買収は大きな話題となりました。IoT時代を見据えた買収であり、その後も順調に売上高、利益を伸ばし、2023年3月期の売上高は、6,262億円となっています。

AVC
オーディオ・ビジュアル・コンピューターの頭文字を取った言葉。

カテゴリーショップ
特定の商品カテゴリーに特化して、その種類の商品を幅広く取り扱う小売店のこと。

顧客に喜ばれ、従業員に安心を与える経営

ノジマは、**デジタルGS4**の提供・普及により、地域と日本の発展に貢献することを志しています。その接客方針は、「コンサルティングセールス」であり、1人ひとりのニーズに合わせた商品を提案する「コンサルティングの質」を提供しています。そのため、他の家電量販店とは異なり、自社従業員によるフラットな接客を行っています。従業員にはノルマがなく、マニュアルは極力減らし、自らが考え、努力する環境を整えています。また、一般企業でも65歳までの再雇用が進んでいますが、同社は再雇用上限年齢を80歳としており、80歳を超えての雇用延長事例もあります。顧客に喜ばれ、従業員に安心を与える経営により、従業員が全員経営の精神を持って行動できるように取り組んでいます。

デジタルGS4
これは、Goods、Soft、Support、Service、Solutionの頭文字を取った略語。

ノジマの売上高の推移

部門別売上高とグループ会社

2023年3月期セグメント別実績（百万円）

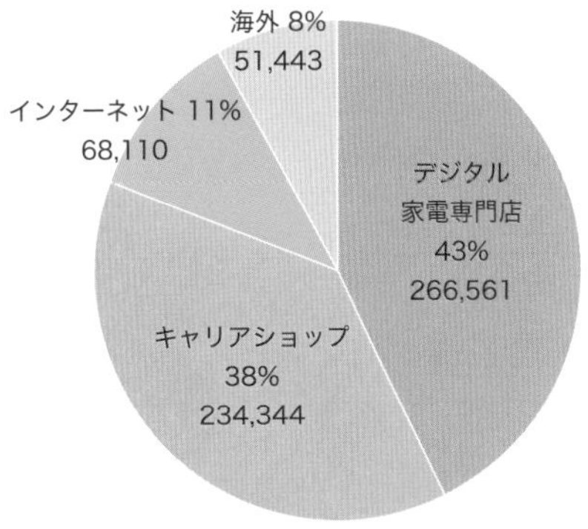

出典：2023年3月期決算説明会資料より筆者作成

● 事業別グループ会社

デジタル家電専門店運営事業	ノジマ
キャリアショップ運営事業	アップビート アイ・ティー・エックス ITXコミュニケーションズ コネクシオ
インターネット事業	ニフティ ニフティライフスタイル セシール
海外事業	Nojima APAC Limited
金融事業	マネースクエアHD
その他	ビジネスグランドワークス ノジマステラスポーツクラブ AXN

金融事業による日本の個人資産形成への大きな貢献など、家電と異なる事業展開は経営理念の実践の1つと推察されます。

Chapter5
09

上新電機

上新電機は、関西地方を中心に関東や中部などにも出店しており、ECサイトにも注力している家電量販店です。顧客のファン化・コアファン化による価値の連鎖の創造を目指すなど、多くの戦略を打ち出しています。

上新電機のあゆみと業界に先駆けた取り組み

1948年、大阪市浪速区で上新電気商会が創業されました。1950年には、法人組織に改組し、上新電機産業が設立。1958年に現在の商号である上新電機に改称されています。

上新電機は、業界に先駆けた取り組みが多い企業です。1956年には、他社よりも早く、サービス部門を開設し、1965年には無線サービスカーを導入しました。また、1974年には、業界に先駆けて**無利息クレジット**を開始するとともに、業界初のテレビショッピングも開始しています。パソコンでは1981年に大型パソコン専門店「J&Pテクノランド」を開設し、最も有力なサブブランドである玩具・模型などの専門の「キッズランド」は1988年に新設、どちらも業界初となっています。現在、関西地方を中心に、関東や中部などにも出店しているのに加え、ECサイトにも注力しており、2023年3月期の売上高は4,085億円となっています。

無利息クレジット
商品を分割払いなどで購入する際に利息がかからない支払い方法。テレビショッピングや家電量販店などに多い。

顧客のコアファン化を目指す戦略

同社は「顧客との絆を重視し、常に相手の立場に立って行動し、まごころを持って顧客と接する」という**考え**を大切にしています。

現在、取り組んでいる2025年度までの「新中期経営計画」でも、社是の「愛」を進化させた、顧客のファン化、コアファン化による価値連鎖の創造を目指す「ファンベース戦略」が掲げられ、実行に移されています。例えば、同社がリフォーム事業を本格化したのが2014年2月で10年も経っていませんが、「2022年オリコン顧客満足度調査」戸建てリフォームランキング 第1位を2年連続で受賞しています。同社の活動からは、規模や取り扱い品目の拡大以外に、顧客に寄り添う戦略も有効であることが伺えます。

考え
同社の社是は「愛」、キャッチフレーズは「まごころサービス」である。

上新電機の売上高の推移

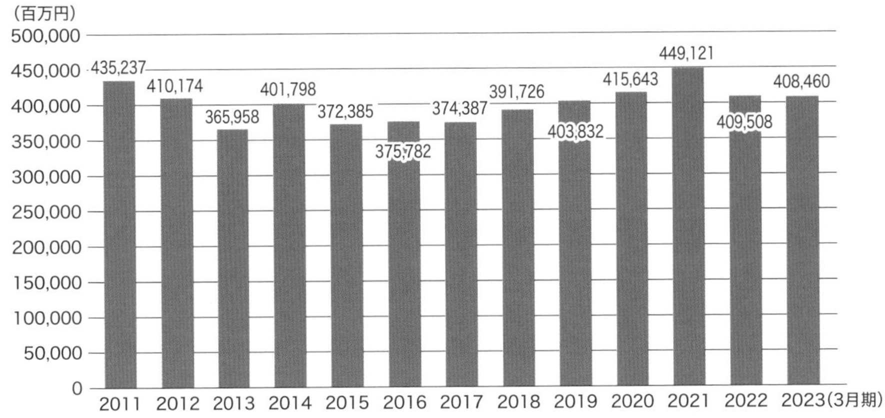

出典：上新電機公開資料より筆者作成

商品グループ別売上高（構成比）と今後の取り組み

2023年3月期商品グループ別
売上高(百万円)

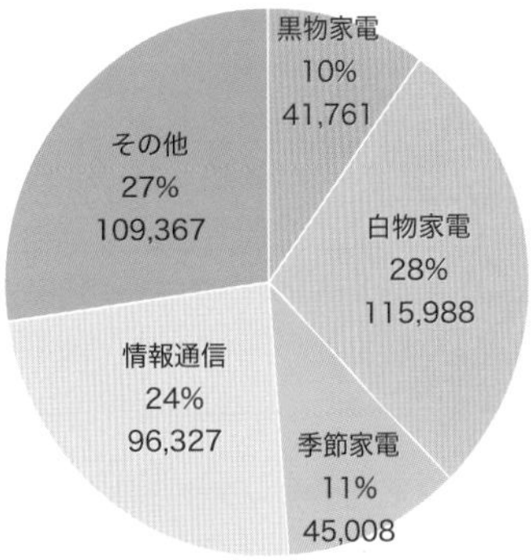

●今後の取り組み

ジョーシングループが目指す姿	
2030年にあるべき姿	地域社会の成長を支え、人と環境の未来に貢献する企業 お客さまの暮らしに寄り添う「コンシェルジュ」へ
新中期経営計画≪JT2025≫	お客さま１人ひとりのライフスタイルに寄り添い、商品・サービスを通じた「課題」を解決することで、お客さまの期待を上回る「価値」創造を実現することによって、顧客生涯価値を創出し収益を確保する持続可能なビジネスモデル
ジョーシン経済圏グループ全体の事業・サービスの集合体	「ファンベース戦略」の実践(お客さまのファン化、コアファン化) ●店舗・ＥＣを起点に家電を中心としたソリューションビジネスの展開 ●お客さまのライフスタイルに寄り添い、支えることで、感動・豊かさ・快適・安らぎを提供

新中期経営計画≪JT-2025 経営計画≫より抜粋

くらしを『より快適に』『より便利に』『より楽しく』

コジマ

コジマは郊外型の家電量販店であり、地域に密着した企業活動を行っています。2022年4月には、「コジマのSDGs宣言」を公表しており、地域の人々や環境・社会などへの貢献によって、継続した成長を目指しています。

コジマのあゆみと現在の動向

コジマの歴史は、1955年4月に創業者である小島勝平氏が栃木県宇都宮市に**小島電気商会**を創業したときに始まりました。1993年に商号を現在のコジマに変更。1997年には、当時の業界1位であったベスト電器を抜き、家電量販店売上高日本一を達成。2001年には、家電量販店として初の売上高5,000億円超を達成しています。2012年にはビックカメラと資本業務提携契約を締結、同年にビックカメラの子会社となっています。

コジマは郊外型で地域に密着しており、冷蔵庫や洗濯機などの白物家電に強い家電量販店です。現在も白物家電などで構成されている家庭電化商品の構成比は約45％と高く、2023年8月期の売上高は2,679億円となっています。

小島電気商会
その後1963年に法人化し、小島電機が設立された。1989年10月には、北海道札幌市に100店舗目にあたる札幌本店を開店している。

地域や環境・社会に貢献するコジマの企業活動

コジマの**パーパス**は、「家電を通じて 笑顔あふれる 明るく暖かいみらいをつくる くらし応援企業であること」です。このパーパスを支える「お客様のくらしを『より快適に』『より便利に』『より楽しく』します」というビジョンに沿った企業活動を行っています。最近では、東日本大震災からの復興や地域の活性化などを目指す「包括連携協定」を福島県と結ぶなど**多くの支援**を行っています。

人財の育成では、適材適所を考慮した配置に加え、接客ロープレの実施による接客力の強化など、より接客力と専門性を高める取り組みを行っています。さらに2022年4月には、「コジマのSDGs宣言」を公表しており、環境・社会などへの貢献によって、継続した成長を目指しています。

パーパス
➡4-05参照。

多くの支援
「ミニ四駆大会（コジマキングカップ）」をはじめ、地域と連携したイベントにも力を入れている。

人財の育成
2023年8月期決算説明会の資料で示されている「今後の取り組み（環境・社会）」の『人的資本経営の推進』のなかの取り組み名の1つ。

コジマの売上高の推移

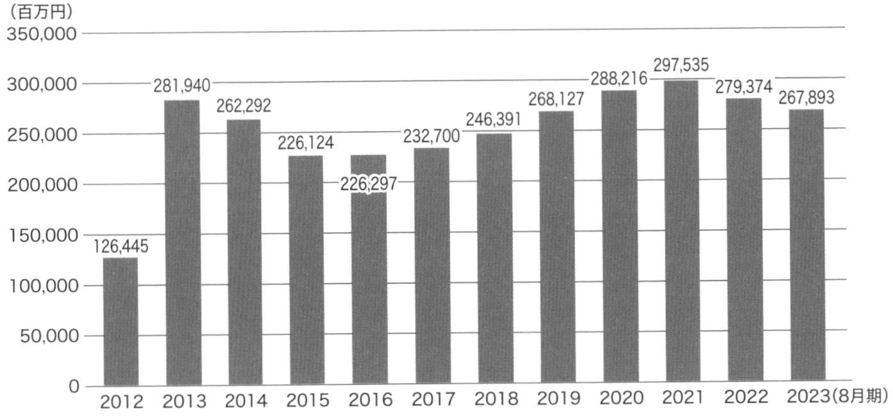

出典：コジマ公開資料より筆者作成

商品グループ別売上高（構成比）と今後の取り組み

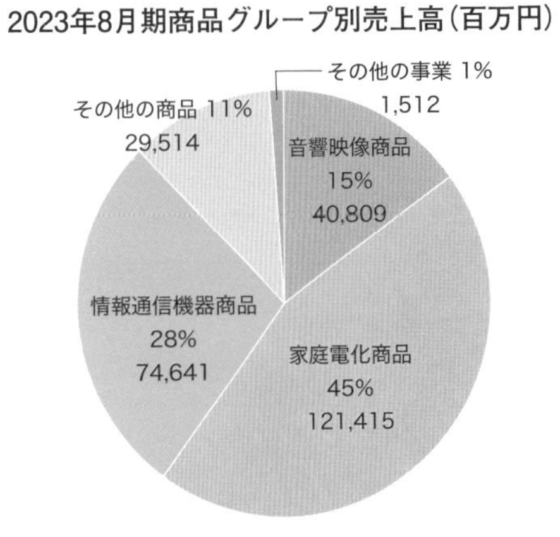

● 今後の取り組み

営業利益の確保	集客・販売力の向上	● 接客力・専門性の強化 ● 業務効率の改善 ● 各種イベントの再開
	法人事業の収益力向上	● 法人組織体制の再構築
成長領域の拡大	住設事業の強化	● 再生エネルギー事業の推進 ● 外壁屋根塗装、修繕リフォームの販売強化 ● コールセンター業務の拡大 ● 住設強化リニューアルの実施
	EC事業の強化	● 新規ECモールサイトへの出店
	店舗展開	● コジマ×ビックカメラ聖蹟桜ヶ丘駅店
環境・社会	人的資本経営の推進	● 健康経営を全社で推進 ● 人財の育成 ● ダイバーシティの推進
	サステナビリティ経営の推進	● 環境に配慮した取り組みの実施

「今を生きる楽しさ」の提供へチャレンジする

Chapter5
11

ジャパネットホールディングス

ジャパネットホールディングスは、旅行業、プロスポーツなど、多くのグループ会社を有しています。徹底した顧客想像力に加え、本当によいものを選び抜き、磨き上げるなど、地道な取り組みで顧客の支持を得ています。

ジャパネットホールディングスのあゆみ

ジャパネットホールディングス（ジャパネットHD）の始まりは、1986年に創業者の高田明氏が設立した「たかた」という一軒のカメラ店でした。1994年には自社制作による**テレビショッピング**の放送を開始。翌95年には、会員向け通販カタログと新聞折込チラシの発行をはじめ、同年の売上高は71.8億円となっています。2000年には、自社ECサイトを立ち上げ、オンラインショップを開始しました。

テレビショッピング
本格的な通信販売会社としてあゆみ出したのは、1990年にNBC長崎放送で初めてラジオショッピングを行ったときからである。

同年の売上高は95年比約6倍の421億4,000万円と、わずか5年で急成長しています。現在、多くのグループ会社を有する、売上高2,487億円（2022年）の大企業となっています。

一般的な通販のビジネスモデルとジャパネットの取り組み

テレビ通販などのマス媒体の特性として、「**時間制約型の集中販売**」が挙げられます。このビジネスモデルでは、商品選定や売れるしくみが非常に重要になります。もし、放送直後、注文が入らなければ大量の在庫が残ります。また、大量の商品を確保するための商談や計画も欠かせません。このように通販には、媒体ごとにノウハウが必要で、同社はそれらを確立しています。

時間制約型の集中販売
商品を限られた時間内で特別価格や特典訴求などで販売するマーケティング手法。消費者に切迫感などを与え、即時購入を促進する。

ジャパネットHDには、「見つける・磨く・伝える」という企業ポリシーがあります。これは「競争力を持った商品の選定やサービス関係、メーカーの立場も考慮したきめ細やかな商談、情熱を持って商品の魅力を最大限に伝えること」などをはじめとする、さらに深い取り組みを表しています。同社は、マス媒体などの勢いで販売しているのではなく、細部にわたる地道な取り組みで顧客の支持を得ています。

ジャパネットHDの売上高の推移

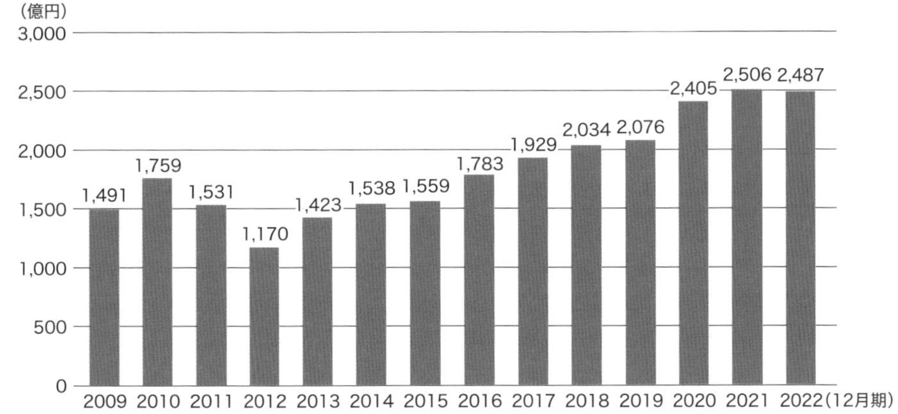

※2016年よりグループ連結売上（2016年はV・ファーレン長崎は除く）
出典：ジャパネットHD公開資料より筆者作成

チャネルミックスと多様なグループ会社

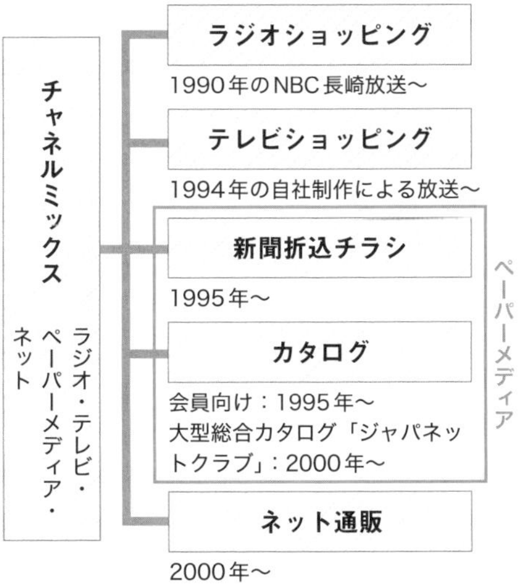

● **事業別グループ会社**

ジャパネットホールディングス ジャパネットブロードキャスティング	
通信販売事業	ジャパネットたかた ジャパネットメディアエージェンシー ジャパネットサービスイノベーション ジャパネットツーリズム ジャパネットウォーター ジャパネットコミュニケーションズ ジャパネットロジスティクスサービス
スポーツ・地域創生事業	V・ファーレン長崎 長崎ヴェルカ V.スポーツパートナーズ長崎 リージョナルクリエーション長崎 リージョナルエックス長崎 リージョナルフーズ長崎

ONE POINT

テレビ通販で大幅値引きができるわけ

一般的にメーカーと小売企業との商談は、型番ごとに行われます。そのため、テレビ通販のように１つの型番に絞った家電製品を大量に仕入れる商談では、スケールメリットが得られる可能性が高くなります。

COLUMN 5

家電量販店への提案の課題

成果が出にくいメーカーの提案

家電メーカーにとって、最大チャネルである家電量販店への積極的なアプローチは必要不可欠です。特に、各店舗への活動は重要であり、メーカー営業担当者など（以下、営業担当）は、製品説明に加え、販売促進をはじめとする、さまざまな提案を行っています。

しかし、この提案から得られる結果は、営業担当によって大きな差が出ます。これを改善するには、すべての提案において「本質をつかむ」ということが、なによりも重要です。

例えば、提案の1つに「成功事例の横展開」があります。横展開とは、“各店に広める”という意味で、展示の場合、①営業担当が店舗に展示提案を行い受け入れてもらったもの、②店舗の販売員が展示を行ったもの、の2パターンがあります。いずれも、結果を出した店舗の営業担当は、展示の情報を営業所に持ち帰って営業所で情報共有し、全営業担当が自分の担当店舗に提案しています。

しかし、残念ながら、この提案はほとんど結果に結び付きません。なぜなら、形だけをまねただけで本質をつかんでいないからです。

メーカー営業の提案の本質

結果が出ないのは、展示の形だけをまねても、「客層」、「展示場所・展示位置」、「営業担当と店舗販売員との関係性」など、店舗ごとに違いがあるからです。これに加え、最大の原因は「販売員は自分が発案したものでなく、人から言われたものには身が入らない」ということです。

また、自らが発案したものは、自分の手柄になるため、積極的に売りに行きます。この販売員の心理を知り、担当店舗それぞれの特性をつかんで、カスタマイズした提案を準備しておくことが必要です。そして、提案では、「販売員自身がカスタマイズし、発案したように仕向ける」ことで、販売員を本気にさせることができます。

営業担当には、2つのお客様がいます。消費者以外に、「担当店舗という“お客様”のことを知り抜く」ことが結果に直結します。これが横展開だけでなく、すべての提案に共通する「提案の本質」です。

第6章

家電メーカーの主な仕事

家電メーカーには、研究開発から営業、在庫管理に至るまで多彩な仕事があります。しかし、そのすべてを自社で行っている企業は少数です。例えば、工場を持たず、製造を100%委託しているファブレスメーカーもあります。ここでは、特定メーカーの説明ではなく、メーカーの仕事に焦点を当てて解説を行っています。

家電メーカーの組織構造

家電メーカーの組織構造には、機能別組織や事業部制組織、カンパニー制組織などがあります。いずれにもメリット、デメリットがあるため、企業規模や成長段階などによって、自社に適した組織構造にする必要があります。

主な組織構造の種類と内容

企業の組織構造は多様ですが、家電メーカーでは機能別組織や事業部制組織、カンパニー制組織が多く見受けられます。機能別組織とは、主要な機能や業務内容に基づいて人員をグループ化するものです。具体的には、「製品の開発」、「販売」、「会計」などの機能で分けられます。事業部制組織は、企業が提供している、それぞれの製品やサービスラインごとに独立した組織を持つものです。家電メーカーの場合、「冷蔵庫事業部」、「テレビ事業部」などの具体的な製品カテゴリーごとの配置が該当します。カンパニー制組織も事業部を構成していますが、ほぼ独立した事業体として機能するため、より強い利益責任と独自の運営を特徴とします。

組織構造は固定せず、環境変化や戦略によって柔軟に対応し、変更していくことが大切になります。

家電メーカーの主な組織構造と特徴

機能別組織は、「成長段階にある企業」や「まだ限定的な事業範囲の企業」に適しています。専門的スキルや知識が集約されやすいなどのメリットがある一方、意思決定までに時間がかかりやすくなります。そのため、規模が大きく製品カテゴリーも多い家電メーカーの多くは、事業部制組織やカンパニー制組織を採用しています。事業部制は事業部単位で意思決定でき、経営層への確認は必要ないため、経営判断や市場の変化に迅速に対応することが可能です。また、カンパニー制は事業部制のメリットに加え、強い利益責任があるため、業績への意欲が高まります。一方、全社的な視点でのシナジーを創出しにくいというデメリットもあり、全社の目的や戦略、方向性を浸透させることが重要になります。

時間
機能別組織での意思決定に時間がかかる理由には、異なる部門間のコミュニケーションの壁、意思決定プロセスの複雑さ、リソース配分の調整問題などが挙げられる。

シナジー
シナジー効果、相乗効果のこと。

企業における一般的な組織構造

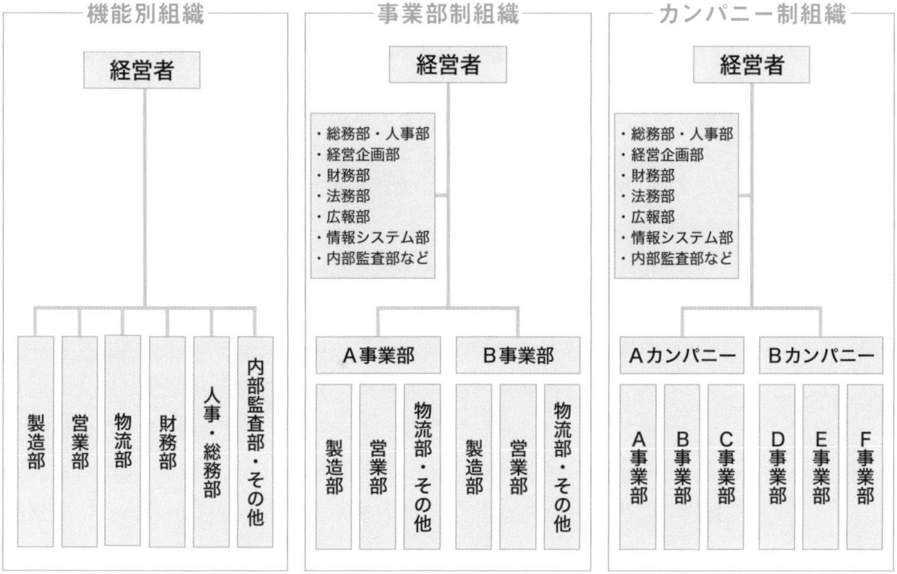

代表的な組織構造のメリット、デメリット

機能別組織	メリット	● 専門的スキルや知識が集約されやすい ● 同じ機能に関連する作業が効率的に行える ● 各機能の役割と責任が明確
	デメリット	● 意思決定までに時間がかかったり、組織の柔軟性が欠け、新しい取り組みに対する反応が遅くなることがある ● 部門間のコミュニケーションが不足することがある ● 組織全体の目標やビジョンの共有が難しくなることがある
事業部制組織	メリット	● 各事業部が高い自律性を持ち、迅速な経営判断が可能 ● 事業部ごとの利益責任が明確 ● 市場の変化に迅速に対応できる
	デメリット	● 事業部間で重複する業務が発生することがある ● 全社的な視点でのシナジーの創出が難しい ● 全社の戦略や方向性の統一が難しくなることがある
カンパニー制組織	メリット	● カンパニーごとに強い利益責任があり、業績への意識が高まる ● カンパニーが高度な自律性を持つため、迅速な経営が可能 ● 市場の変化に迅速に対応できる
	デメリット	● カンパニー間での重複業務の発生 ● カンパニー間の連携が難しく、全社的なシナジーの創出が難しい ● 他カンパニー、他事業部とのコミュニケーションが少なくなり、全体としての統一感も持ちにくくなることがある

Chapter6 02

市場ニーズに応える「研究開発」

家電メーカーの研究開発業務は、私たちの生活を豊かにする新しい技術や製品の開発を中心に進められています。研究開発は、多くの困難や課題に直面しますが、製品化したときに高い達成感を得られる仕事となっています。

家電メーカーの研究開発の仕事とその役割

仕事
その業務内容は、企業や受け持つ担当によって違いがある。

家電メーカーの研究開発の仕事は、私たちの日常生活をよりよく、より便利にする新しい技術や製品の開発を担っています。全体像でいえば、「研究」には、基礎研究と応用研究、開発研究があります。基礎研究は、5年、10年という長いスパンで考え、製品に生かせる先進的な知識や技術を研究します。一方、応用研究は、基礎研究の成果として得た知識や技術が製品化できるか、既存製品に活用できるかを研究する仕事です。

社会実装
研究で得た成果、知識を実社会で活用すること。

基礎研究については、企業が大学の研究に出資・参画し、大学は社会実装まで参画するという産学連携に取り組んでいるメーカーもあります。研究によって得られた結果や新しい技術を生かし、市場ニーズに応える製品に具体化する仕事が「開発研究」です。

家電メーカーの研究者に必要なスキルと資質

研究開発には、高度な専門知識だけでなく、さまざまなスキルや資質が求められます。大学院や大学の卒業が条件とされ、理系の大学院や機械工学系の専攻経験を問われることもあります。

また、技術的な側面だけでなく、忍耐力や持続力も必要です。研究の途中で多くの困難や課題に直面しても、その都度、新しい方法を模索し、失敗から学ぶことが求められます。発想の豊かさも欠かせません。日常のなかでの気付きや疑問を大きな発明や革新へとつなげるための柔軟な思考が成功の鍵となります。さらに、グローバルな視野での研究が増えている現代においては、英語や中国語などの言語能力を求められることもあります。研究開発の仕事は多岐にわたるスキルや資質が必要とされる分野ですが、製品が形になったときの達成感は、計り知れないものがあります。

研究の種類と定義

機器名称	科学技術研究調査（平成20年総務省）における「用語の定義 」
基礎研究 (Basic research)	特別な応用、用途を直接に考慮することなく、仮説や理論を形成するため、又は現象や観察可能な事実に関して新しい知識を得るために行われる理論的又は実験的研究をいう
応用研究 (Applied research)	基礎研究によって発見された知識を利用して、特定の目標を定めて実用化の可能性を確かめる研究や、既に実用化されている方法に関して、新たな応用方法を探索する研究をいう
開発研究 (Experimental development)	基礎研究、応用研究及び実際の経験から得た知識の利用であり、新しい材料、装置、製品、システム、工程等の導入又は既存のこれらのものの改良をねらいとする研究をいう

出典：文部科学省「戦略的な基礎研究の在り方に関する検討会（第1回）」資料3-2　戦略的な基礎研究に関する現状整理

研究開発に必要な専門知識やスキル

外国語
グローバルな視野での研究が増えている現代においては、英語や中国語などの言語能力が求められることも

忍耐力・持続力
研究の途中で多くの困難や課題に直面したとき、その都度、新しい方法を模索するため

コミュニケーション能力
製品化には、自分の研究だけでなく、他の研究者との連携が不可欠なため

豊かな発想
日常のなかでのちょっとした気付きや疑問を大きな発明や革新へとつなげるため

大学院・大学などで身に付けた専門知識がベース

Chapter6
03

マーケティング

市場分析と製品アピールの「マーケティング」

家電メーカーにおけるマーケティングは、企業によって職種名や業務内容が異なります。また、大手はシステマチックに、中堅は日常生活や既存の家電製品の使用から情報を収集するなど、企業規模でも違いがあります。

家電メーカーの一般的なマーケティング

マーケティングとは、商品やサービスが「売れるしくみ」を作っていく活動です。企業ごとに職種名や業務内容が異なることが多いですが、「調査・分析」、「企画」、「広告・宣伝」は多くの企業が実施しています。「調査・分析」では、インターネット、電話、郵送などを用いたアンケートがよく使用されています。これにより、消費者ニーズや市場動向を把握し、「必要とされる商品・サービス」や「効果的な販売方法」などを分析します。

「企画」は、この分析結果を受け、ターゲット設定やキャンペーンの企画、販売方法などの販売戦略を立案します。「広告・宣伝」は製品の存在を知ってもらうための活動で、ターゲットに最も効果的にアピールする手段を考える必要があります。

企業規模によるマーケティングの違いとデジタル技術の進化

家電製品はコモディティ化が進行し、価格維持のために新製品を出すという一面があります。この状況を改善するため、戦略の構築に加え、マーケティングの役割がより重要になっています。

マーケティングでは、消費者インサイトを感じ取る能力が不可欠です。例えば、アンケート結果を鵜呑みにすれば、隠れたニーズを見逃します。また、大手メーカーは調査も大規模になりがちで、結果的に表面的な情報が多くなるため、解析力が重要になります。これに対し、中堅メーカーは特定のターゲットに焦点を当てられるので、担当者の日常から「あればいいな」と感じるものを商品化することができます。最近では、デジタル技術の進化により、Webで一貫した顧客体験価値を提供できるようになりました。Webマーケティングで、今まで以上に消費者を理解できるため、大手も積極的に取り組んでいます。

手段
媒体や起用タレントの選択に加え、「ストーリー性のあるCM」を作成する家電メーカーもあり、各社が緻密な戦略を練っている。

コモディティ化
➡1-07参照。

インサイト
消費者の感情・気持ちを洞察し、隠れたニーズや本人も気付いていない核心を発見すること。

顧客体験価値
製品やサービスを通して得られる体験から感じる価値のこと。顧客の忠誠心やブランドの好感度に大きく影響を与える。

マーケティング・フローと規模別の特長

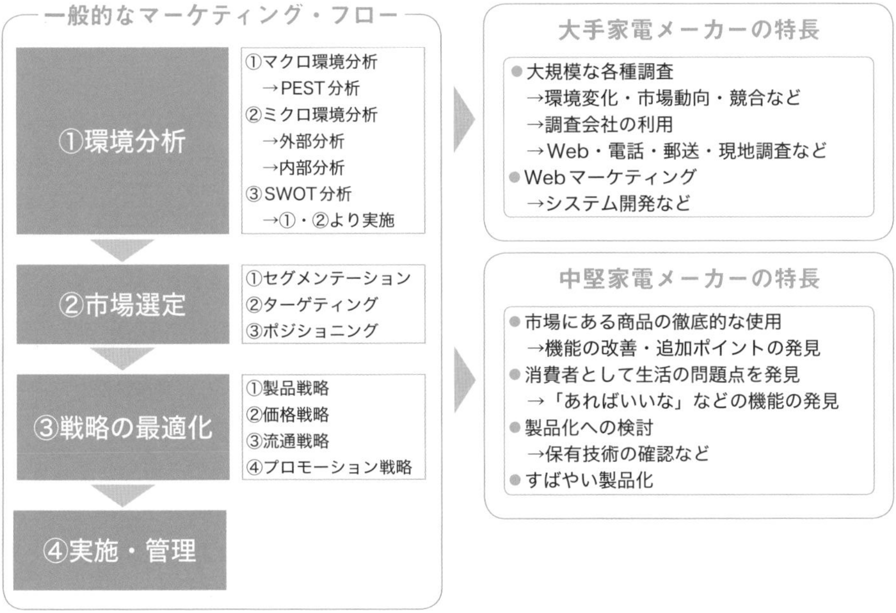

マーケティングの仕事に必要なスキル

スキル	内容
消費者インサイトを感じる取る能力	商品やサービスが成功するためには、消費者の深層心理や潜在的なニーズを正確に把握することが不可欠。インタビューやアンケートの結果だけでなく、その裏にある感情や動機を読むセンスが求められる
データ分析スキル	現代のマーケティングでは、消費者の行動や反応を客観的に捉え、それを定量化し、戦略を修正することが重要。データを収集し、解析し、有意義な情報を抽出する能力が必要である
戦略的思考	全社の戦略に基づき、短期的な成果を追求するだけでなく、長期的なビジョンを持ち、堅実な戦略を組み立て、実行する能力が必要である
コミュニケーション能力	チーム内だけでなく、他部署との連携や消費者との関係構築のために、明確かつ効果的に情報を伝えることができる能力が求められる
デジタルマーケティングの知識	Webマーケティング、SNSマーケティング、SEOなど、デジタル空間でのマーケティング活動に関する知識と技術が必要である
創造的思考	日常生活の何気ない1コマからヒントをつかむ感性が重要。市場や消費者の変化に柔軟に対応し、新しいアイディアや一歩を提案できる創造的な思考力が必要である
プロジェクト管理能力	複数のプロジェクトやキャンペーンを同時進行させるなかで、期間や予算、品質を守りながら、効果的に進めるためのスキルが必要である

業績に直結する「資材・部品調達」

家電メーカーにとって、調達は中心業務であり、精度の高い調達は生産性を伸ばし、企業業績を向上させます。国内外の社会情勢などの影響を受けるため、常に情報収集を行うなど、高いレベルのスキルが求められています。

資材・部品調達の業務内容とポイント

調達とは、「仕入れ」のことで、簡単にいえば、「ルールに則って、品質のいい部品・原料をできるだけ安く、必要な時期に必要な分だけ、安定的に仕入れる」ということになります。

家電製品には、多くの部品が使用されており、海外から仕入れる必要もあります。そのため、海外の政治情勢や**為替の変動**などが、部品・原料の価格や供給に大きな影響を与えます。また、国内外の市場動向や新しい技術動向も常に変化しています。こうした変動に対応するため、情報収集のアンテナを高め、調達活動に生かす必要があります。また、一般的に仕入れは、必要な量を大きく上回る傾向にあるため、精度の高い調達ができれば、生産性を大幅に伸ばすことができます。

為替の変動
円安になると海外からの仕入値が高くなる。

資材・部品調達に求められるスキル

海外サプライヤーとの取引もあるため、採用条件に語学力が推奨されている企業もあります。また、各担当者が調達品目を持ちながらもチームで業務を推進したり、数多くのサプライヤーや関係者と良好な関係を保つ必要がありコミュニケーション力も重要です。特にサプライヤーとの関係では、価格について利益相反する関係のため、「長期的な取引関係を築く視点を持ったうえで、最低価格を引き出す」という交渉力が重要になります。実務面では、サプライヤー他、外部の企業が深く関係する業務のため、契約内容や納品スケジュール、品質を確認する注意力が必要になります。また、**リスク管理**を行っていても、不測の事態が発生することがあるため、トラブルへの対応力も大切です。調達は難易度の高い業務ですが、大きなビジネスを経験できる醍醐味のある仕事です。

リスク管理
リスクには、自然災害、政治的な要因などによるサプライチェーンの不安定性や、価格変動のリスク、品質管理の問題などが挙げられる。

資材・部品調達の全体像のイメージ

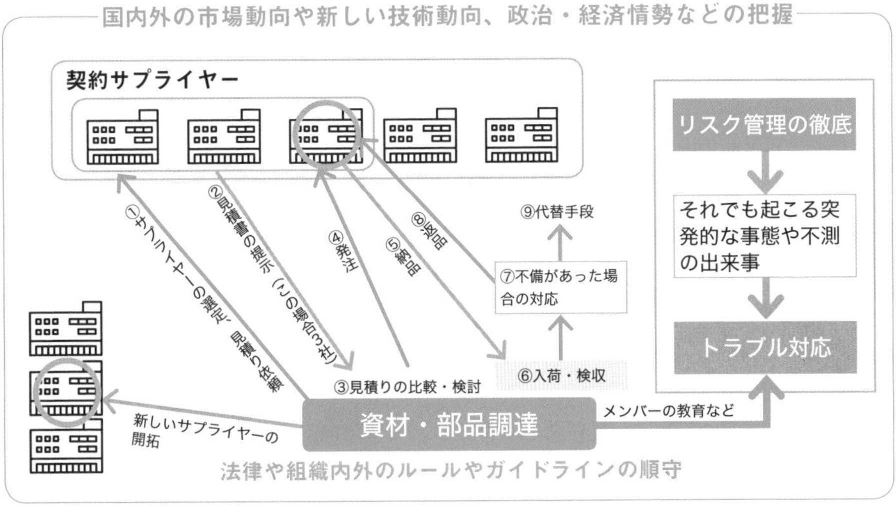

資材・部品調達に必要なスキル

スキル	内容
コンプライアンス力	法律や組織内外のルールやガイドラインを守り、適切に業務を遂行する能力。特に調達では、多額の取引や多様なステークホルダーとの関係が絡むため、コンプライアンスへの高い意識が求められる。これは、不正や違法行為を防ぎ、組織の信頼性を保つために不可欠である
交渉力	調達はサプライヤーとの利害相反がある仕事であり、可能な限り安い価格を引き出すことが求められる。しかし、価格交渉が厳しすぎるとサプライヤーとの関係が悪化。そのため、市場情勢や業界動向、相場などさまざまな要素を考慮してサプライヤーを理解し、「長期的な取引関係を築く視点を持ったうえで、最低価格を引き出す」といった交渉力が求められる
コミュニケーション能力	家電メーカーの調達部門は、国内外の多様なサプライヤーや関係者と日々接点を持っている。また、社内各部門との連携が求められることも多いため、数多くの関係者と良好な関係を保つコミュニケーション能力が必要である
情報収集力	調達では、複数サプライヤーの価格・品質の比較、新しいサプライヤーの開拓が求められる。そのため、各サプライヤーの価格・品質を調査する必要がある。また、サプライヤー間の比較や供給体制を正確に把握するには、国内外の市場動向や新しい技術動向、政治・経済情勢など、正確な情報を迅速に収集することが求められる。この能力は調達の重要なスキルとなる
注意力	家電製品は、高度な技術と多様な部品によって構成されており、1つのミスで製造がストップする。社外のサプライヤーからの部品や材料を使用するため、ミスを防ぐには、サプライヤーとの契約内容や納品スケジュール、品質を随時確認するといった「注意力」が必要になる
トラブル対応力	予測して対策を立てるリスク管理を徹底していても、突発的な事態や不測の出来事は起こり得る。その際に、迅速かつ冷静に適切な行動を取る能力がトラブル対応力である。過去の事例の把握と予防策の策定・確認、事前のリスク識別、冷静・迅速な判断と行動、フレキシブルな思考など、多岐にわたるスキルを持つことで、安定した調達業務が行える
語学力	グローバルな取引を円滑に進めるためには、異なる言語や文化のなかでのコミュニケーションが欠かせない。語学力は、単に言葉を理解するだけでなく、相手の背景や文化を尊重し、適切に対応することを可能にする。そのため、採用条件に語学力が推奨されている企業も多くある

製造

Chapter6

05

安全・品質を追求する「製造」の多様化

製造で最優先される項目は「安全」であり、「品質」、「稼働率」と続きます。特に製造は、小さなミスが大きな事故や品質の低下に直結します。そのため、最近では完全自動化ラインが登場するなど、技術が進化しています。

製造部門の形態と派遣社員

家電メーカーの製造部門の形態は、企業によって異なります。完全自動化が進んでいる製造ラインでは、設計構造や部品の仕様を生産設計部門が行い、ラインの管理や解析は生産技術部門が行う企業もあります。一般的に、自動化されていないラインの場合は、設計に基づき必要設備を確認し、ラインレイアウトの組み立てを行います。ファブレスメーカーという「製品製造のための自社工場を持たないメーカー」は、提携工場で製造を行っています。

ラインレイアウト
生産効率と作業フローを最適化するために機械や作業エリアを配置するプロセス。

製造形態は異なっていても、①組立工程、②エージング工程（慣らし運転）、③完成工程（品質検査）、④包装工程という流れに大差はありません。自動化されていないラインでは多くの人手が必要で、多大なコストがかかります。そのため、組立ラインの単純作業は派遣社員が行い、現場管理は正社員が行うこともあります。

製造での重要項目と求められるスキル

製造で一番重視されるのが「安全」です。作業員の安全確保は絶対的な条件で、事故や怪我のリスクを最小限にする必要があります。そのうえで、次に取り組むべきは「品質」であり、品質の維持・向上が求められます。続いて重要なのが「稼働率」です。稼働率は生産効率を示す重要な指標であり、機械や設備の停止時間を極力少なくし、連続して生産することが求められます。

品質
製品を信頼して購入する消費者の期待を裏切らないため、日々の作業のなかでの高い精度と緻密さが要求される。

これらを支えているのが、作業員のスキルです。正確な作業を持続するには、「集中力」が欠かせません。また、生産効率や品質向上のために、情報の迅速な伝達やチーム内の連携を促す「協調性」も大切です。小さなミスが大きな事故につながったり、品質に影響を与えるため、細部まで気を配る慎重な作業が求められます。

ラインの管理体制の一例

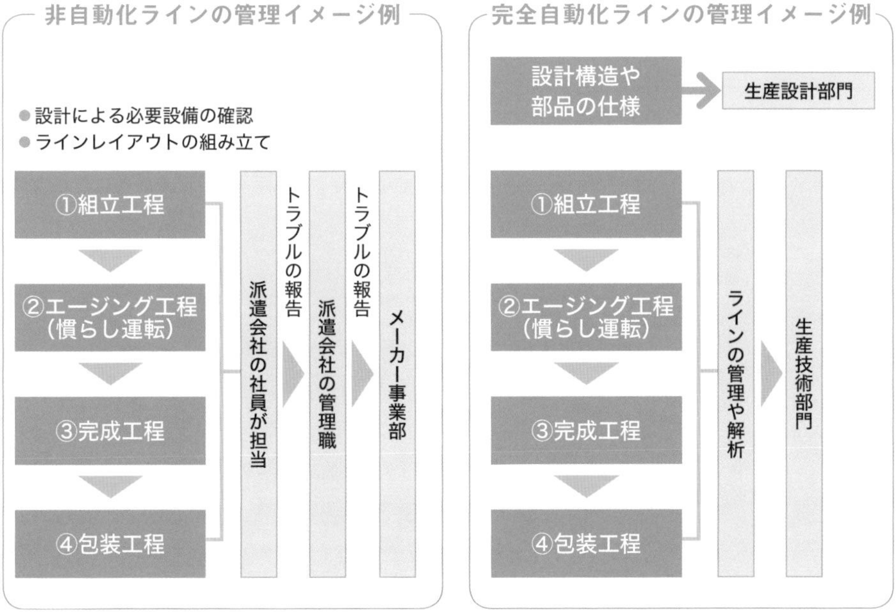

製造の優先順位と実務に必要なスキル

製造の優先順位

1：安全　2：品質　3：稼働率

スキル	内容
集中力	外部の雑音や環境の変化に影響されず、仕事を継続する集中力が必要。製造の現場では、長時間同じ作業を続けるため、高い集中力が求められる。集中力を持つことで、作業を慎重かつ正確に進め、ミスを防ぐことができる
注意力	細部までのチェックや、細かい違いを見分ける能力。品質管理や部品の組み立てでは、一見すると見落としがちな小さな不具合などを確認することが重要になる。不良率を軽減させることができる
協調性	情報の伝達やチーム内での連携を図る能力。製造の現場では多くの作業員が協力して作業を行うため、正確な情報伝達や適切なフィードバックが必要である。協調性が高いと、作業の効率が向上し、事故やミスのリスクを軽減することができる
技術的なスキル	精密な部品などの組み立て作業をする際に求められるのは手先の器用さである。 組み立ては流れ作業であり、限られた時間の中で完了する必要がある。そのため、部品の取り付けや調整を行う際には、手先を繊細に動かす能力が必要である

Chapter6
06

全体最適を図る「生産管理」

生産管理は、「製品の生産に関する管理活動」であり、品質・コスト・納期の最適化を図ることを目的としています。生産管理は、複数の部署に関係するため、各部署の状況を把握・調整するマネジメント力も求められています。

生産管理の目的と全体像

生産管理とは、「製品の生産に関する管理活動」を指します。**大量生産・大量消費の時代**は、「製造」を単独で考えた生産管理で通用していました。しかし現在、品質、コスト、数量・納期に関する最適化は、需要予測から始まる事業計画に沿ったサプライチェーンマネジメント（SCM）全体の意思決定のなかで行うことが求められています。その主な目的は全体の効率化とコスト削減です。

大量生産・大量消費の時代
この時代、生産管理の目的は、「品質のいい製品を安い費用で、必要な個数を短い期間でつくる」だった。

これに対し、現在の生産管理は事業計画に基づいて策定された生産計画によって、製品の生産業務全体に関する各工程管理・在庫管理などに課された業務を効率的に進める仕事です。また、生産計画に似た「製造計画」は生産計画の一部であり、生産計画で立案した方法に対する具体的な実施計画のことをいいます。

生産管理とSCMの関係性と必要スキル

生産管理はSCMの生産に関する中枢部分です。生産の滞りはSCMの物流や販売など、生産以外の領域にも影響を与えるため、生産全体を統括する生産管理は欠かせないものとなっています。

生産管理には、需要予測や生産計画、生産実施、生産統制など、多くの業務があります。これらの業務を効果的に管理するためには、さまざまなスキルが必要です。複数の部署をまたぐため、各部署の状況を把握し、各種の調整を行うマネジメント力やスムーズに意思疎通が行えるコミュニケーション力が必要です。また、製造しにくい部品への**治工具**《じこうぐ》の設計や部品の共通化や部品点数の削減を設計に依頼するため、技術的な知識も求められます。生産は現地調達・現地生産が理想になるため、海外工場がある場合は、英語や中国語の語学力が必要になることもあります。

治工具
製造プロセスで使用される、特定の形状や寸法の部品をつくるための専用工具のこと。

生産管理の目的と主な業務

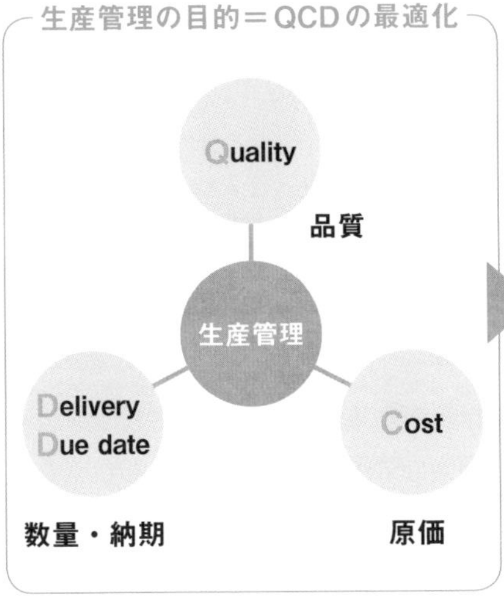

	項目	一般的な内容
生産管理の業務	需要予測	過去のデータや季節変動、景気などを考慮し、需要を正確に予測する
	生産計画	事業計画をもとに人・モノ・カネ・情報を整理し、「製品・期日・数量・方法など」の具体的な生産スケジュールを計画する
	調達計画	事業計画をもとに策定した調達計画に沿い、最適な仕入先の選定、資材原料の調達を行う
	生産実施	生産計画と調達購買計画に沿って、実際に製造作業を行う
	生産統制	生産を計画通りにコントロールすることで、生産の進捗確認と進捗が悪い場合の原因の特定・課題解決を行う
	品質管理	製品の品質検査を行い、不良品が見つかれば製造日やロット番号を特定し、原因を究明する
	在庫管理	生産計画や調達計画、販売計画を連動させ、最適な在庫量を保有する業務
	原価管理	案件ごとのコストを日別管理を行い、予実差を把握し、データ分析によって改善を行う

生産管理とSCMのイメージ

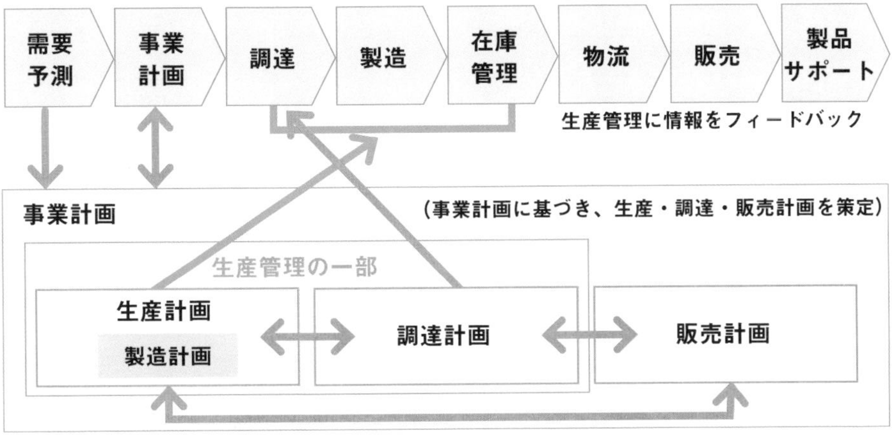

ONE POINT

AIで精度が向上する生産管理

生産管理には、生産計画などの計画作成と品質管理などの各種管理が含まれます。これらは、AIを活用したデータ分析を行うことで、予測精度の向上と市場の変化への迅速な対応が可能となり、効率的な生産を実現することできます。

店舗での露出、訴求を担う「営業」

家電メーカーから家電量販店に対する営業活動は、大きく分けて「本部商談」と「臨店（店舗巡回）」です。本部商談はバイヤーと仕入れに関する条件面を打ち合わせ、臨店は営業担当者が店舗を訪問して販売提案などを行います。

家電量販店で重視される本部商談

本部商談とは、本部商談担当者（本部担当）が家電量販店のバイヤーと新製品の導入や現行商品の条件変更などを話し合うものです。大手家電メーカーの場合、**販社**が行い、事業部が同席する場合もあります。家電量販店には全品対象の**定番**ランクがあり、上位に入れば販売の優先順位が高まり、契約台数も増えます。そのため、本部担当は「上位定番の獲得」を目標にしています。

定期的な商談では、競合価格との比較による条件面の改善だけでなく、他の理由による補填を要望される場合があります。商談は駆引きであり、有利に運ぶには売り場から**自社商品の現状を知る**必要があります。金銭の話だけでなく「商品をどう売っていくか」という提案を聞いてもらう強い意志と交渉力が求められます。

販社
➡2-01参照。

定番
販売の優先順位を示すもの。定番順位の高い製品では、期間を限定して拡売を狙うことも多い。採用してもらうには、条件面での優遇などが必要。

自社商品の現状を知る
展示や装飾物には経費がかかる。メーカーの本部担当は、商談で決めた展示や装飾物などが店舗展開できているか、必ず現場（店舗）で確認を行う必要がある。

幅広い業務を担当する営業職の仕事

家電量販店に対する営業の仕事は、多岐にわたっています。特に大手メーカーの場合、取引量が多いため、役割を分担して複数店舗を担当するのが一般的です。営業担当者は「新製品の拡販依頼や本部商談に基づくキャンペーンなどの確認､売り場提案など」を、ラウンダーは「展示やメーカー装飾物の店頭展開など」を行います。ヘルパーと呼ばれるメーカー販売応援者は売上規模の大きい一部店舗に限定して配置され、来店客に自社製品の説明を行います。中堅メーカーでは、自社営業担当者が臨店する場合と利用している卸のラウンダーが臨店するケースがありますが、一般的には１人ですべての営業業務を行います。これら営業職に必要なのがコミュニケーション力であり、店舗との関係性で自社の販売実績が大きく変わってきます。

家電量販店・地域電器店の担当と主な業務

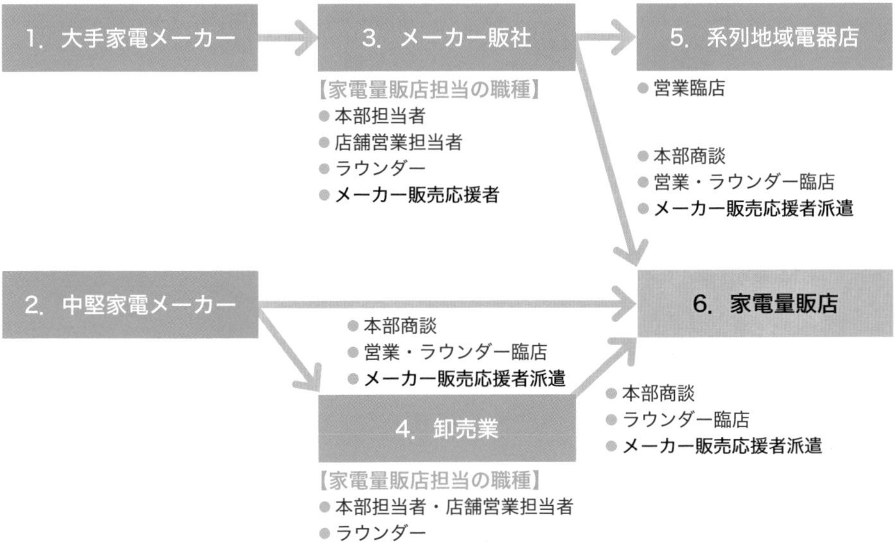

家電量販店に対する主な業務

本部担当者

- 新製品導入、導入済商品の定番・仕入条件の商談が主な業務
  →量販のカテゴリー担当者と商談を行う
- 新製品発売時の商談
  →新製品の説明
  →新製品は旧機種と同等の定番確保を狙う
  →定番ランク・条件・初回入荷台数など
- 新製品発表会への来場依頼
- 定期的な商談
  →導入している商品に対しての条件見直し
- キャンペーン実施などの依頼
- メーカー販促物の依頼や共同作成
- 業界動向などの情報提供
- 商品を拡販する商談
- その他

店舗営業担当者

- 自社製品の予算達成が目的
  →新製品の入荷・展示補助と確認
  →新製品の展示場所の確保
  →商品担当への拡販依頼（展示場所含む）
  →自社製品の展示提案、装飾
- 店長、役職者への店舗商談・拡販依頼
- 全社キャンペーンなどの情報提供
- 販売員への商品情報の提供
- イベントなどの実施依頼
- 新製品発表会への来場依頼
- 業界動向などの情報提供
- 新店オープンやクローズの作業
- クレームの窓口（製品関係のクレーム）
- その他

※販社全員で行う業務が「新製品発表会」の準備、会場での商品説明など

Chapter6 08

在庫管理

部品・資材から完成品までみる「在庫管理」

在庫管理の目的は、「適正在庫を保つこと」です。適正在庫を保つには、製造から販売までの全体で考える必要があります。そのため、通常、在庫管理は生産管理の一部として計画・管理され、全体との整合性が取られています。

在庫管理の「計画と実行の分離」

在庫管理の目的は、「適正在庫を保つこと」であり、通常、在庫管理は生産管理の一部として計画・管理されています。事業計画を受けた生産管理は、事業の中枢部分であり、当然、自社で「計画・管理」すべきものです。一方、「実行」である在庫の保管を行うに当たり、家電メーカーは子会社の物流会社を使用したり、外部の倉庫業に委託したりする場合があります。このように、計画と実行は分離しており、現場では「入出庫管理」や「実数把握」、「データ入力」、「製品のコンディションの確認」、「スペース管理」などの業務を行っています。また、完成品の在庫だけでなく、調達では部品・資材の在庫管理も重要になります。

製品のコンディション
積み下ろし時など、輸送中・保管中の事故による外箱やパッケージの破損などが起こり得る。

在庫管理を実行する現場管理の重要性

「実行」としての在庫管理も非常に重要な業務です。家電製品の場合、完成品は金額の高いものも多く、過不足が発生すると大きな損失につながります。また、在庫情報は製造や販売にも密接に関係しているため、入出荷時のチェックを確実に行う必要があります。さらにシステム化が進んでいったとしても、人が係わる部分にミスはつきものです。最近では、家電量販店との取引で「買い取り」から「委託販売」への流れも出てきています。その流れのなかで、今よりもさらに精度の高い家電量販店の販売データとメーカーの在庫情報がやり取りされ、返品の受け入れなども開始されると、実行業務には、さらに高い精度が求められます。このように、実行としての在庫管理の役割は重要であり、正確さに加え、適正なスペース管理、計画性などが必要です。自社・系列・外部の物流企業を問わず、人材教育も重要になります。

過不足
データの入力ミスや盗難・紛失などで発生。不足すれば販売の機会損失が生じ、過剰になると在庫負担がのしかかる。

在庫管理の「計画」と「実行」の分離

計画としての在庫管理	生産管理の一部	在庫管理 目的：適正在庫の保持

実行としての在庫管理

在庫管理（実行）に必要なスキル

スキル	内容
安全性	日常の作業中に危険な状況やリスクを予測し、それを未然に防止するための対策を講じる能力。家電製品には、大型商品も多く、積み下ろしや不安定な商品の配置など、事故の原因となる要素を早急に特定して対応するスキルが必要である
正確性	実在庫とシステム上の在庫データを常に一致させるための正確なデータ入力と記録保持の能力。これには、小さな間違いやエラーを起こさず、万が一間違いがあった場合には、迅速に発見・特定して対応する能力も含まれる
誠実性	家電製品には、ガラスなど破損しやすい部品を使用している場合も多く、製品の取り扱い指示や特別な要件に沿って対応できる能力
問題解決能力	在庫の不足や過剰、損傷、遅延などの予期しない問題が発生した際の迅速な判断とそれに対応できる能力が必要。 問題発生時に決められた報告を実行するなど、冷静さも必要である
管理力（スペース）	限られたスペースを最大限に活用するための効果的な配置を組めるスキル。これには、製品のサイズ、形状以外に、頻度や入出荷の早さのなどを考慮して、最適な場所に製品を配置する能力が求められる
コミュニケーション力	在庫管理は多くの部門や関係者との連携が必要なのに加え、他のメンバーとの協力も欠かせないため、コミュニケーション力が求められる

COLUMN 6

メーカーごとに違う仕事の内容と範囲

家電メーカーの仕事は多岐にわたる

この章では、研究開発やマーケティング、調達、製造、生産管理、営業、在庫管理に絞って説明を行いましたが、製品に関する直接的な仕事はこれだけではなく、さらに間接的な仕事も数多くあります。また、同じ呼び名でも、メーカーによって、その役割や範囲は大きく変わってきます。

企業規模で仕事の範囲が変わる

規模の大きい企業の場合、研究開発に力を入れ、大学と産学連携を取る場合もあります。製造は自社の工場で行い、完成した製品は自社系列の物流倉庫会社を利用して在庫管理を行っている企業もあります。営業活動は多くの場合、系列子会社の販売会社が担当しています。こうした構造を踏まえると、大手メーカーの主な役割は「製造」に留まりますが、自社系列による営業や在庫管理により、一貫したサービスを提供しています。これにより、全体の管理がスムーズになり、予期せぬ事態にも迅速に対応することが可能です。

一方、中堅メーカーでは、一般的に研究開発の規模は大手よりも小さくなります。「技術ありき」というよりも、消費者の日常生活をつかみ、「市場にある商品の改善点や、あれば便利な製品」を考え、「自社の技術で製品として実現できるか」というマーケティング本来の考え方が強くなる傾向があります。

また、自社で生産設備を持たないファブレス企業で営業活動は自社で行うという企業もあります。この場合、生産設備の開発や製造という仕事はなくなりますが、工場の選定、製造台数の管理などの仕事が発生します。設備投資がない分、他に資金を回すことができ、製品化のスピードも速くなります。

これらは一例ですが、「メーカーが行う仕事の範囲」の選択は、その企業の強みが大きく関わる戦略の1つであり、企業ごとに異なってきます。メーカーを「仕事」という面から見る場合、この範囲も意識してみることが大切です。

第7章

家電を進化させる技術

家電製品は旧来、進化した技術や新しい技術、またそれらの組み合わせによって、日々進化しています。なかにはまだ製品として消費者が実益を感じにくい技術もありますが、今後の可能性は大きく広がっています。ここでは、すでに家電製品に実装されている技術や期待が高まっている技術を取り上げています。

Chapter7 01

IoT家電とスマート家電

IoTは、「モノのインターネット」とも訳される概念です。インターネットに接続できる家電製品も増加するなか、IoT家電とスマート家電などの違いを理解するには「正しい概念」を把握することが大切です。

IoT家電とスマート家電の概念

IoT（Internet of Things）は、「モノのインターネット」とも訳される概念です。日常のモノやデバイスがインターネットに接続され、データ収集や共有を行うことで、自動化や効率化を促進します。このようなネット接続機能を持つ家電が**IoT家電**です。

スマート家電は、Wi-Fiでのインターネット接続や**Bluetooth**による近距離通信を用いて、デバイスから遠隔操作や自動化、ユーザーカスタマイズが可能な家電製品のことです。従って、インターネットに接続するタイプのスマート家電はIoT家電の一部です。インターネットに接続しないIoT家電の範囲外のスマート家電には、スマートウォッチなどがあります。

IoT家電
現時点の技術では、インターネットへの接続に、主に無線ネットワーク技術の規格の1つであるWi-Fi（具体的には、IEEE 802.11）を用いて接続している。

スマート家電
現時点の技術では、無線通信技術のWi-Fiを利用してインターネットに接続、もしくはBluetoothによる近距離の直接接続を通じて、遠隔操作、自動化、またはユーザーの好みに合わせたカスタマイズが可能な家電製品のこと。

Bluetooth
ブルートゥース。デジタル機器用の近距離無線通信規格の1つ。

消費者の認識で形成される新技術の領域

IoT家電など、新技術が理解されにくい理由の1つに「消費者の認識」が挙げられます。概念は別物でも、製品化したときに領域の多くが重なり、消費者に同じモノという認識が形成されます。家電量販店やメーカーもわかりやすく伝えるために、消費者の理解に合わせた表現を使うことで、概念とのズレが生じます。これはIoTだけでなく、AIなどでも見られることで、家電製品の技術を理解する際には概念を把握しておくことが大切です。

IoT家電の例としては、「ネットにつないだガス警報器から天気予報が聞ける」という、スマホと連携しない機能が挙げられます。この機能が「スマホアプリから、人感センサーのスイッチを入れ、人を感知するとメールで教えてくれる」というように進化すれば、スマート家電にカテゴライズされます。このように、IoT家電とスマート家電の違いを正しく理解することが重要です。

IoT家電とスマート家電の概念

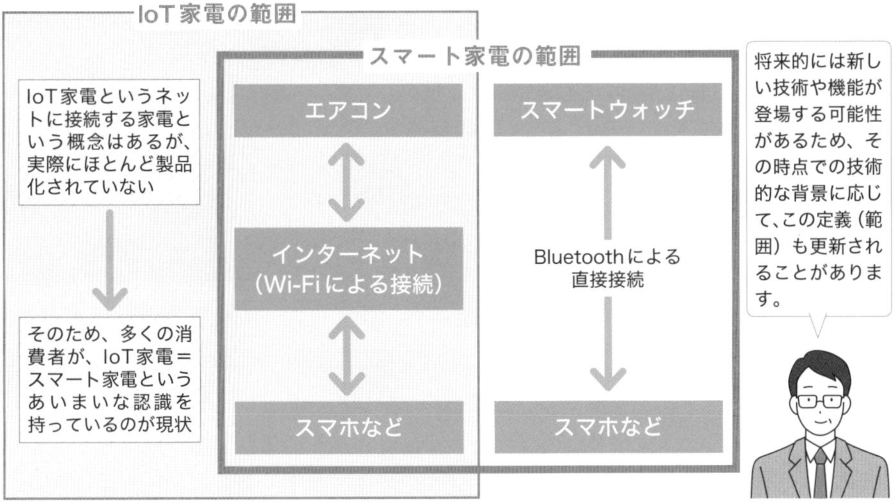

IoT家電とスマート家電の違い（イメージ）

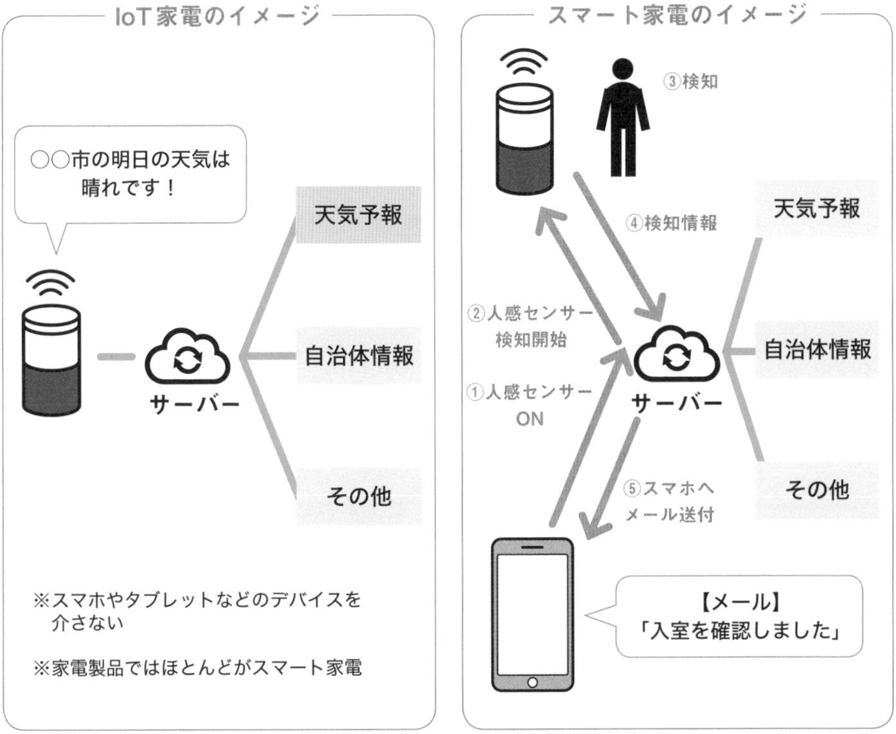

AI

AIとIoTとの融合で広がる可能性

AIは「人間の知能を模倣する技術」であり、単体でも多くのメリットがあります。しかし、IoTと結合することで、これらのメリットは劇的に増大し、より多くの情報を収集・学習し、消費者に大きな価値を提供します。

家電製品とAIの4つのレベル

AI
AIとは、Artificial Intelligence。人工知能のこと。現在、AIはロボット掃除機からエアコン、冷蔵庫に至るまでさまざまな家電製品に組み込まれている。

24℃をキープ
AIというイメージとはかけ離れているが、このように身近な機能でも採用されている。

AIとは、コンピューターシステムが学習、推論、問題解決、知覚、言語理解などの高度な認知機能を模倣し、人間の知能を再現する技術のことです。AIには、4つのレベルがあります。

家電製品の場合、多くはレベル１の単純制御やレベル２のルールベースのアルゴリズムで動作します。単純制御は「決められたプログラムを決められた通り実行する」というものです。例えば、エアコンの場合、「24℃に設定すれば、24℃をキープしてくれる」といった機能が該当します。また、レベル２のルールベースは「決められた複数のプログラムのなかから最適なプログラムを選択する」もので、エアコンでいえば自動運転が該当します。今後は、快適性と効率性を向上させるAI機能が、家電製品で一般的に採用される可能性が高まっています。

AIとIoTとの融合によるメリットの増大

例えばロボット掃除機は、部屋のレイアウトを学習して効率的に掃除を行い、エアコンは、生活パターンに応じて自動的に最適な時間に運転を開始します。また、洗濯機では洗剤の種類や布質・汚れの量などを複数のセンサーでチェックして、自動で適した洗濯を行うことができるようになっています。

さらにAIのメリットを享受するにはインターネットとの接続が欠かせません。AIとIoTが融合することで、エアコンは「天気情報から、数時間後の部屋の状態を予測し、事前に温度を制御する」ことが可能になります。このように外部から膨大な情報を収集できれば、AIによる自動化はさらに進化し、さらなる快適性と効率性を消費者にもたらしてくれます。

AIの4つのレベルとエアコンでの例示

レベル1	決められたプログラムを決められた通りに実行する
レベル2	決められた複数のプログラムのなかから、最適なプログラムを選択して実行する
レベル3	データからパターンを分析し学習することで、未知のデータに対する予測、意思決定を行う
レベル4	より複雑なニューラルネットワークを通して、未知のデータに対する予測、意思決定を行う

レベル1	エアコンの機能	一定の温度を設定すると、エアコンはその温度になるように冷房や暖房を行う
	消費者の生活	センサーで室温を感知し、冷暖房の稼働と停止を自動で行い、設定した室温を保つ
レベル2	エアコンの機能	湿度や時間帯など、複数の要素を考慮し、あらかじめ設定された複数のパターンのなかから、最適な冷房・暖房モードを自動で選ぶ
	消費者の生活	梅雨時、適度に除湿モードに切り替わったり、夜は静かな運転モードになる
レベル3	エアコンの機能	指定された着眼点に基づき、消費者の生活パターンを学んで、いつどのようなモードが最適か自動で調整する
	消費者の生活	毎朝7時に起き、24℃に設定するという生活パターンを学び、起床時には部屋が24℃になっている
レベル4	エアコンの機能	気温、その日のスケジュール、健康状態など、多くの要素を総合的に考慮して、最適な室温と湿度が自動で設定される
	消費者の生活	風邪をひいたときの部屋の湿度を調整してウイルスの活性を抑制したり、運動後のクールダウンが効率的にできるように室温が自動で調整される

AI、IoTを利用した家電製品の一例

空気清浄機

- 花粉予報により、自動で「花粉運転」
- 日々の空気の変化を学習し、生活シーンに合わせて運転
- 各運転モードの使用を学習し、自動で運転切り替え

エアコン

- 生活パターンを学習し、ちょうどいい時間から運転開始
- 外出、就寝前に自動で温度を調整し、体への負担を減少
- 天気情報から、数時間後の部屋の状態を予測し、事前に温度を制御

電子レンジ

- 使えば使うほどユーザー好みの料理を提案
- 話しかければ必要な設定ができる
- 調理履歴を学習し、よく使うメニューや、おすすめメニューを操作画面に表示

冷蔵庫

- 調理時間、よく使う食材などのデータを蓄積しておすすめメニューをカスタマイズ
- 冷蔵庫に残っている食材を使ったメニューをお知らせ

洗濯機

- 天気予報に合わせて、最適な洗濯方法を提案
- 洗剤の種類や布質・汚れの量などを複数のセンサーでチェックして、自動で適した洗濯を行う

実用的なスマート家電の可能性

スマート家電には、インターネットに接続するものと、Bluetoothでネットワークをつくる製品があります。また、AIが収集したデータを学習して自動化や効率化を促進し、より便利で快適な日常生活を提供しています。

日常生活をより便利にするスマート家電の浸透

インターネットに接続するタイプのスマート家電（一部の機種を除く）は、IoTやAIなどの技術により、データを収集・共有・学習し、それらを基に自動化や効率化を実現します。

このスマート家電の代表的な機能には長距離でも対応できるリモート操作があります。スマートフォンやタブレットなどのデバイスを使って、遠隔から家電を操作するものです。また、使用状況や動作データも収集します。冷蔵庫の扉の開閉状況で、外出先から子どもや離れて暮らす親などの利用状況を確認できるというものです。

その技術は日々進化しており、将来は家中のデバイスが連携し、最適化されることで、より便利で快適な日常生活を送れるようになります。

スマート
賢い、洗練されたなどの意。スマホで操作する＝スマート家電ではない。

リモート操作
例えば、外出先から「エアコンの温度を設定する」、「洗濯機の動作を開始する」など。

消費者重視のスマート家電への課題

一方、スマート家電には課題も多くあります。なかでも、家電メーカーが検討すべき重要課題の１つとして「メーカー間の互換性」が挙げられます。異なるメーカーの製品が同じプラットフォームや規格で動作しない場合、消費者にとっては非常に不便です。例えば、スマートホームシステムを統一的にコントロールしたい場合、異なるメーカーの製品間での連携が難しいとシステム全体の効率や利便性が低下します。

また、「実生活に則した機能」であるということも大切です。消費者の生活をよく知り、本当に必要で実生活に役立つ機能を開発する必要があります。他にも「セキュリティ」や「プライバシー」など、重要な課題は多くあります。消費者に利便性だけでなく、「安心」を届けることもメーカーの重要な役割となっています。

実生活に即した機能
スマート家電はときに「技術のための技術」となりがち。単に新しい機能を持っているというだけの製品も少なくない。

日常生活のなかのスマート家電

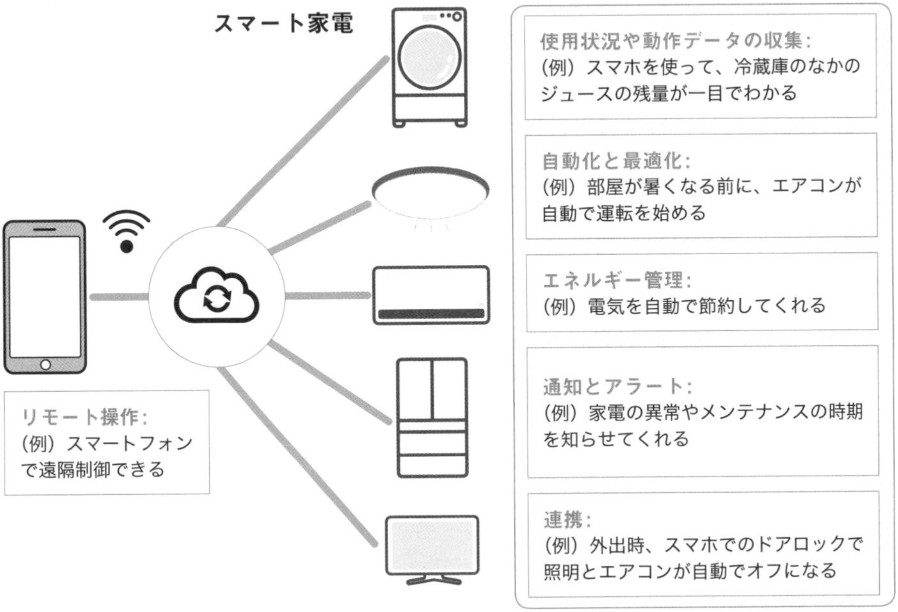

メーカーが検討すべきスマート家電の主な課題

	課題	内容
1	メーカー間の互換性	異なるメーカーのスマート家電同士をうまく連携させるには、メーカー間の壁を超えた規格の標準化が必要になる
2	実生活に則った機能	スマート家電は高機能でも、現実生活での必要性や直感的な操作が不足すると、消費者は購入をためらうことが多くなる
3	セキュリティ	スマート家電はインターネットに接続することで、外部からの攻撃を受けるリスクが生じる。積極的なセキュリティ対策やアップデートを行わないと、サイバー攻撃の目標となる可能性がある
4	プライバシー	スマート家電が収集するデータには、消費者の生活習慣や好み、居住状況など、非常にプライベートな情報が多く含まれる。これらのデータを適切に保護する必要がある
5	継続的なアップデートとサポート	アップデートのサイクルは、製品の寿命よりサポートが短くなる場合があり、打ち切られた場合のセキュリティリスクや機能面で問題が生じる可能性がある
6	ネットワーク接続のリスク	インターネット接続するタイプのスマート家電は、ネットワークのトラブルやサービスの中断が生じた場合、家電の基本的な機能も使えなくなる可能性がある
7	エネルギーの消費	スマート家電はネットワークに常時接続しているため、従来の家電に比べて消費電力が増加する可能性がある
8	高い価格設定	一般的にスマート家電は価格が高くなる。そのため、消費者に機能と価格の費用対効果を正確に伝える必要がある
9	複雑な設定・操作	多機能であるため、設定や操作が複雑になる場合がある。使いこなせない消費者への対策を考える必要がある

ウェアラブルデバイス

ウェアラブルデバイスの機能と今後

ウェアラブルデバイスとは、手首や腕、頭など、身体に装着するコンピューターデバイスのことで、日常の健康管理に役立てられています。今後の発展性も高く、さらに多機能で小型化され、AIとの連携も予想されます。

ウェアラブルデバイスの種類

ウェアラブルデバイスとは、手首や腕、頭など、身体に装着するコンピューターデバイスのことです。代表的なものに、スマートウォッチが挙げられます。これは、時計としての基本的な機能に加え、通知機能や**フィットネス・トラッキング**などの多岐にわたる機能を持っています。**フィットネス・トラッカー**は、歩数計測や心拍数のモニタリングなど、主に身体データを集めるデバイスとして特化しており、日常の健康管理に役立てられています。

スマートグラスは、実際の景色のうえに情報をオーバーレイ表示することができ、拡張現実の体験をもたらします。医療分野でもウェアラブルの活用が進められ、例えば、身体に負担を与えず血糖値を計測するなど、多くの革新的な**製品**が開発されています。

フィットネス・トラッキング
プロセスまたは活動を指す。個人の身体活動、運動習慣、睡眠パターン、心拍数、栄養摂取などの健康関連データを追跡し、分析する行為を意味する。

フィットネス・トラッカー
具体的なデバイスやツールを指す。フィットネス・トラッキングを実施するために使用されるスマートウォッチ、アプリなどのウェアラブルデバイスやソフトウェアを意味する。

製品
指輪型のデバイスや靴に組み込まれたセンサーなど、さまざまな目的と形状を持ったウェアラブルデバイスが存在している。

ウェアラブルデバイスの意義と今後の発展性

ウェアラブルデバイスの意義は非常に大きいです。まず日常生活の質を向上させます。身に着けることで手軽に情報を得られるため、健康状態の向上や病気の早期発見に役立ちます。また、ビジネスの場面でも、拡張現実を利用したスマートグラスは現場作業時の情報提供などをサポートし、作業効率や安全性の向上に寄与します。

このように、ウェアラブルデバイスは私たちの生活や仕事の質を向上させるための有力なツールになります。今後の発展性として、技術の進化に伴い、さらに多機能で小型化されることが予想されます。AIとの組み合わせにより、私たちの日常生活や健康状態をより深く理解し、最適な提案を行ってくれるウェアラブルが現れる可能性も高まります。ウェアラブルデバイスの今後の発展は、社会全体の発展にも寄与することが期待されます。

ウェアラブルデバイスの種類と用途

ウェアラブルデバイスの用途（例）

- 心拍数モニタリング
- 睡眠トラッキング
- スポーツ・トレーニングのパフォーマンス測定
- 体温計測
- 血圧モニタリング
- 血糖値モニタリング

ウェアラブルデバイスの今後の発展性

発展性	内容
多機能化・小型化	技術の進化に伴い、ウェアラブルデバイスは、より多くの機能を持ちながら、さらにコンパクトになると予想される
データの精度向上	センサーやデータ解析の向上により、収集されるデータの精度や範囲が拡大し、より正確な情報が得られるようになる
個別化されたサービス	ユーザーの状態や習慣をより深く理解することで、個別に最適化されたサービスやアドバイスが提供される可能性が増加する
AIとの組み合わせ	AIの技術とウェアラブルデバイスの組み合わせにより、データの解析やユーザーのサポートがより高くなる
大規模な健康データの解析	ウェアラブルデバイスの普及による健康データの増加は、集団の健康傾向や疾患の早期発見につながる
エネルギー効率の向上	バッテリーテクノロジーやエネルギー収集技術の進化により、ウェアラブルデバイスの使用時間が延長され、充電の手間が軽減される
ウェアラブルデバイス間の連携強化	複数のウェアラブルデバイスが連携して動作することで、新たな機能やサービスの提供が可能になる
新たな医療技術や治療法開発	収集されるデータの解析を基に、新しい医療技術や治療方法が開発される可能性がある

デジタルインフラストラクチャ

デジタルインフラストラクチャの利点と可能性

デジタルインフラストラクチャ（以下デジタルインフラ）の活用で、家電メーカーは生産効率の向上などの利点、消費者はリモート操作などの利便性の高い生活が享受できます。

デジタルインフラ活用による家電メーカーの利点

デジタルインフラ（ストラクチャ）
インターネットやIT関連全般の基本技術のこと。インターネットに接続するための通信網や、パソコン・スマホなどの機器、それらを動かすためのソフトウェアやアプリ、そして、電子商取引に必要な決済システムなどが含まれる。

デジタルインフラとは、インターネットやIT関連全般の基本技術のことをいいます。このデジタルインフラの発展は、家電メーカーの生産に大きな利点をもたらします。例えば、高度なセンサーや通信技術の活用により、工場内の機械などの稼働状況をリアルタイムで把握できます。これにより、生産ラインの最適化やトラブルの早期発見といった効率的な運用が実現します。また、供給元や物流の情報を正確かつ迅速に共有することによって、生産計画の最適化などが可能となり、サプライチェーン全体の効率運用が可能になります。これに加え、新たなビジネスモデルの創出といったメリットを享受することが期待できます。

デジタルインフラの整備と広がるデータ収集

近年、デジタルインフラの整備が進むなか、家電メーカーとしてもその波に乗らなければばならない時代が到来しており、スマート家電の開発などに力を入れています。家電製品がインターネットを介してデータをやり取りすることで、消費者はリモートでの操作や設定変更、さらには故障の早期発見といった利点を享受できます。

一方、メーカーはクラウドで収集した消費者の使用データをもとに新しい機能の開発や既存製品の改善を進めることができます。また、5Gの実使用の普及が進めば、これらスマート家電の機能やサービスはさらに進化します。例えば、高解像度の映像や大量のセンサーデータがリアルタイムでクラウドと容易にやり取りできるようになります。これにより、より精密な操作や設定が可能となるだけでなく、家電の自動アップデートや、消費者の生活スタイルに合わせたカスタマイズも現実のものとなります。

5G
5Gとは通信規格の種類で、第5世代移動通信システム(5th Generation)のこと。高速・大容量の通信が可能で、遅延もわずかであり、複数のデバイスを同時に接続することができるようになった。

デジタルインフラと半導体・デジタル産業の関係性

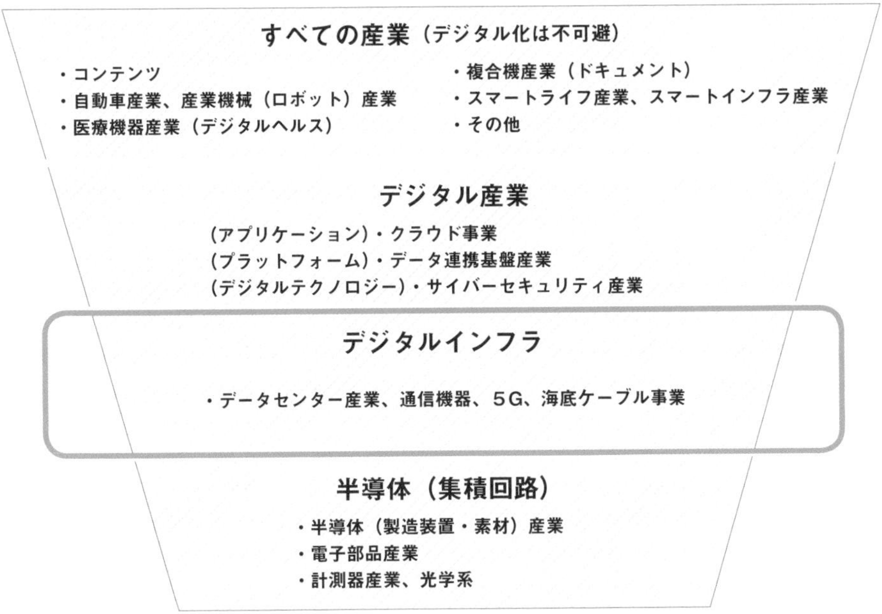

出典：経済産業省「次世代デジタルインフラの構築」に関する国内外の動向 2023年3月商務情報政策局資料

スマート家電に見るデジタルインフラストラクチャの範囲

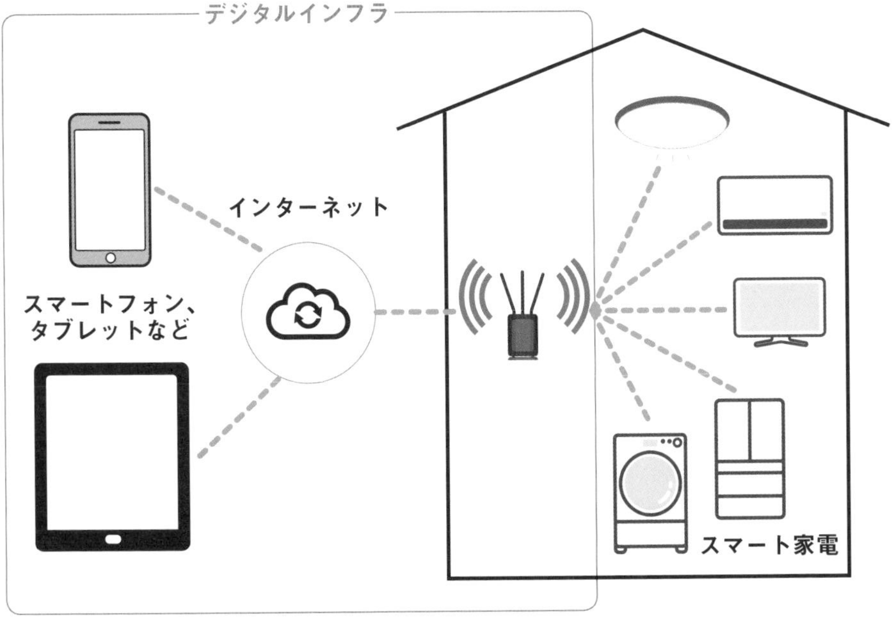

Chapter7
06

センサー

センサーの役割と進化の可能性

センサー（感知器）とは、人間の五感を模倣し、温度や湿度、圧力・光・音などを検知して電気信号に変える器具のことです。家電製品には多種多様なセンサーが用いられており、その進化が家電製品の進化を支えています。

家電製品に使用されるセンサーの役割

家電製品に使用されるセンサーは、私たちの生活を便利で快適にしてくれる重要な部品です。例えば、エアコンには、室内の温度を測定する**温度センサー**が搭載されています。また、テレビのリモコンは赤外線を発信し、テレビ側の赤外線センサーがこれを受信して、チャンネルの切り替えや音量調整などの操作を行います。さらに、洗濯機には洗濯物の重さや水の量を感知するセンサーが搭載されており、重量に合わせた運転を行っています。このように、センサーは家電製品の自動制御や効率的な動作に欠かせないものとなっており、日常のさまざまな場面を支えています。

温度センサー
部屋の温度を感知し、その情報をもとにエアコンは適切な温度になるよう冷房や暖房を調節する。

センサー技術と家電製品の進化

家電製品には多くのセンサーが使用されています。例えば、今の付加価値の高いエアコンは、単に部屋の温度を制御するだけでなく、快適な居住空間を作り出すための高度な機能を持っています。それを実現しているのが、多種多様なセンサーです。部屋の隅々まで均一の温度を保つために、壁や床の温度を検知するセンサーが用いられています。また、部屋に人がいるかどうか、その人の位置や動きを感知する人感センサーもあります。エアコンは、このセンサーの情報を基に、人がいる場所に適切な冷暖房の風を送り、エネルギーの無駄を削減しているのです。

これらは一例ですが、**VRやAR**のような先進技術においても、センサーは重要な役割を果たしています。 特に、正確な距離を測定できる**ToFセンサー**の使用で、より立体感のある画像表示が可能になっています。このように、家電製品の進化はセンサーの進化によって支えられています。

VRやAR
➡7-10参照。

ToFセンサー
ToFとはTime of Flight（飛行時間）の略で、発した信号が壁や人など被写体に反射して返ってくるまでの時間をもとに、被写体との距離を検知するセンサーのこと。

主なセンサーの種類

センサー名	内容
温度センサー	環境の温度を測定するためのセンサー。家電製品では、冷蔵庫やエアコン、オーブンレンジ、電気ポットなどに使用されている
湿度センサー	環境の湿度を測定するためのセンサー。除湿や加湿器、オーブンレンジなどに使用されることが多い
圧力センサー	気体や液体の圧力を測定するためのセンサー。血圧計や洗濯機、一部の家庭用調理器具などに使用されている
光センサー	光の強度を検出するセンサー。自動で明るさを調整する機能を持つ照明やテレビ、スマートフォンなどに使用されている
イメージセンサー	画像を電子信号に変換するセンサー。デジタルカメラやスマートフォンのカメラ、監視カメラなどに使用されている
音センサー	音センサーは、音の振動を検出するセンサー。スマートスピーカーや音声認識システムなどを持つ製品などに使用されている
距離センサー	物体との距離を検出するセンサー。ロボット掃除機、3Dスキャナーなどで使用されている
タッチセンサー	物体の接触や圧力を検出するセンサー。特に電気変化を利用して、ユーザーの指や導体のタッチを検出する。スマートフォンやタブレットのタッチスクリーン、一部の家電製品のタッチ操作パネルなどに使用されている
赤外線センサー	赤外線放射を検出するセンサー。家電製品のリモコンの信号送信、セキュリティシステムや自動ドアでの動きの検出、非接触の表面温度測定などに使用されている

エアコンに使用されている主なセンサー

エアコンの主なセンサー

温度センサー

湿度センサー

赤外線センサー
(例)
▶手先・足先の温度変化
▶天井・壁・床の温度
▶気流識別など

明るさサーチセンサー

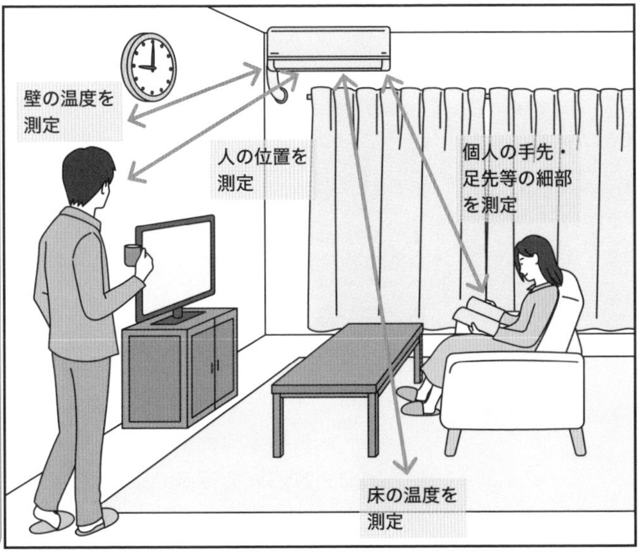

Chapter7
07

ビッグデータの活用と将来の可能性

ビッグデータとは、従来のデータ管理では処理や分析が難しいほど巨大なデータ量を持つ情報のことです。ビッグデータは、マーケティングや新規事業創出への活用だけでなく、事業の効率化・適正化にも用いられています。

ビッグデータの特徴とデータの種別

ビッグデータは一般的に、Variety（多様性）、Velocity（速さ）、Volume（データ量）の３つの特徴を持つといわれています。しかし近年では、Veracity（真実性）、Value（価値）の２つを加えた考え方が広まっており、頭文字を取って５Vと呼ばれています。また総務省は、ビッグデータの種別として**オープンデータ**、**産業データ**、**パーソナルデータ**の３つを挙げていますが、これらのビッグデータを分析することで、新しい知見や価値を生み出すことができます。例えば、ネット通販でよく見かける「あなたへのおすすめ」というレコメンドが該当します。これは顧客データ、商品データ、検索履歴・購入履歴など、それぞれ**異なるビッグデータ**を組み合わせて分析することで導き出されたものです。

オープンデータ
国や地方公共団体が提供する、加工、編集、再配布などの利用が無償でできるデータ。

産業データ
企業などが持つ暗黙知にかかるデータや、生産段階で収集できるデータ。

パーソナルデータ
個人の属性や購買履歴など個人情報。

異なるビッグデータ
他に具体的な内容としては、カスタマーデータやセンサーデータなどがある。

ビッグデータへの課題と活用領域

しかし、ビッグデータを活用するには、目的に応じたデータを「どのように収集・蓄積・解析するのか」が重要になります。そのため、豊富なデータの使用方法の理解や明確化に加え、データを解析するデータサイエンティストの確保なども必要になります。このように解析までの過程では、膨大な時間と手間、資金がかかるため、これらが課題となっています。一方、5GやIoT機器の登場により、これまでにないデータの取得や活用につながる可能性も高まっています。ビッグデータの活用は、マーケティングや新製品・新規事業の創出だけではありません。需要予測に用いれば、精度の高い事業計画や生産計画の立案が可能になり、事業の効率化・適正化が実現できるため、さらなる活用・精度向上が期待されています。

ビッグデータの特徴と種別

●ビッグデータの特徴

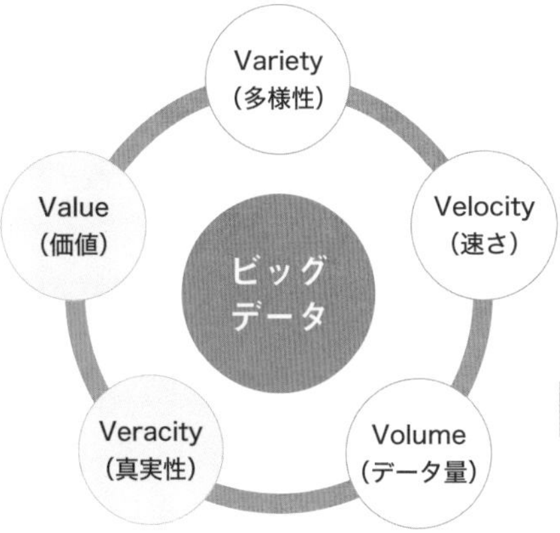

●ビッグデータの種別

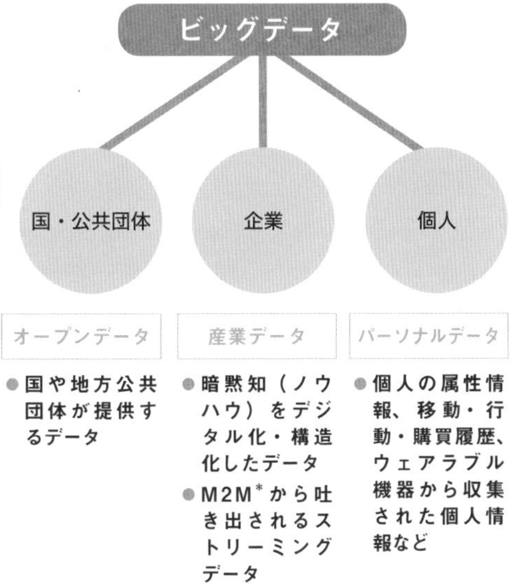

＊M2M：Machine to Machineの略

ビッグデータの具体的内容

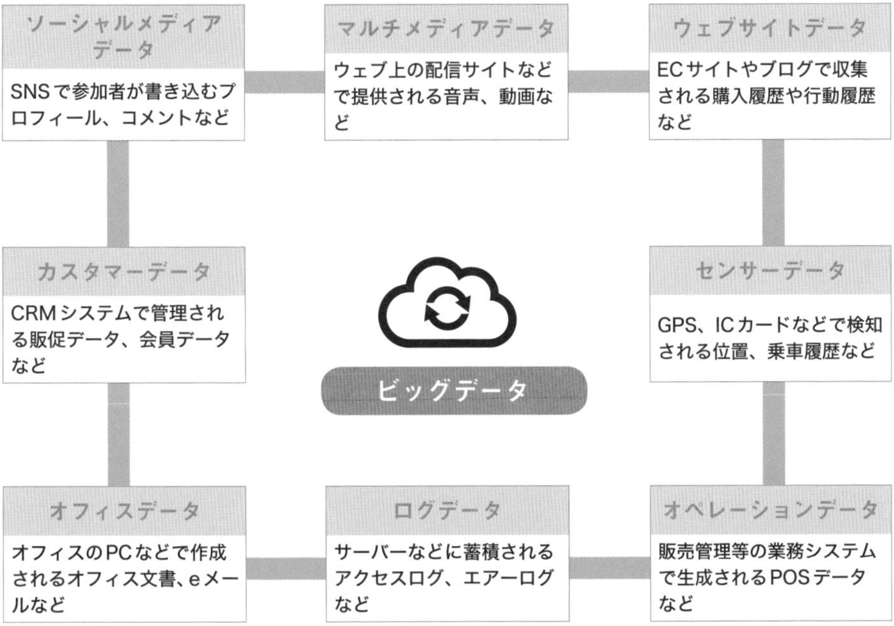

Chapter7 08

電気自動車（EV）

家電メーカーが参入するEVの可能性

家電メーカーによる電気自動車（EV）分野への参入が進んでいます。その背景としてEVに関する参入障壁の低さなどがあります。家電メーカーの参入により、自動車は移動の手段から「動くスマホ」へと進化しつつあります。

家電メーカーがEV分野へ参入する背景

電気自動車
クリーンエネルギーを用いた移動手段として開発が進んできた。

家電メーカーが**電気自動車**（EV）分野への参入を進める背景には、いくつかの理由とメリットがあります。まず、EVに関する参入障壁が従来のガソリン車に比べて低く、家電メーカーは自社の技術やリソースを活用しやすい環境にあるといえます。家電メーカーが長年培ってきたITやIoTなど先端技術のノウハウは、自動車業界での新たな価値を生み出す要素と直結しています。

さらに、自動車の電動化とIoT技術の進歩は密接に関係していることが挙げられます。電気を共通の動力源として利用することで、新しい機能やサービスの向上が可能となります。例えば、運転体験や車内エンターテイメントの進化だけでなく、車と他のデバイスやサービスとのより深い連携も期待されています。

EVの進化と低価格化への挑戦

リカーリング
継続的な課金によって収益を上げるビジネスモデルのこと。

現在、EVはこれまで理想としていた領域に入りつつあります。車内エンターテイメントの領域では、利用者が自分の好みに合わせて、スマホのように映像や音楽、地図情報などのコンテンツをダウンロードできる機能の開発が進行中です。また、助手席に家庭用ゲーム機のコントローラーをつなぎ、車内でゲームが楽しめるしくみを考えているメーカーもあります。これらの機能を提供することで、車両の販売だけでなく、継続的な課金による収益モデルの**リカーリング**が視野に入っており、新しい収益の源泉として期待されています。また、EV充電インフラの拡充によるEV社会の実現加速に力を入れる家電メーカーもあります。さらに、部品メーカーでは、低コスト化競争が始まっているため、高付加価値のEVが買い求めやすくなる時代も近づいています。

ガソリン車と電気自動車の比較

ガソリン車	項目	EV
ガソリン	燃料	電気
エンジン	動力源	モーター
複雑	車体構造	比較的シンプル
約3万点	部品数	約1万点
ハード＞ソフト	技術の焦点	ハード＜ソフト
エンジン、トランスミッション、燃料タンク、排気システム、ラジエーターなど	主要部品	モーター、バッテリー、インバーター、充電ポートおよび充電コントローラ
専用の設計・製造が必要	ハードの一般化	汎用部品の適用範囲が広い
資金力、ハードの開発・製造のノウハウ	企業の強み	ソフトの開発力
垂直統合	事業形態	水平分業
高い	参入障壁	低い
発進時・低速時	最適走行状況	高速時

家電メーカーがEVに参入する背景

項目	内容
技術の融合	家電メーカーが長年培ってきた電子技術や情報技術をEVに応用することで、新たな価値や機能の提供が可能となる
参入障壁の低下	EVはガソリン車に比べて製造の参入障壁が低いため、家電メーカーが新しい市場に進出しやすくなっている
新たなチャンス	IoT技術の進化とともに、車がモビリティだけでなく情報やエンターテイメントのプラットフォームとしての役割も果たすようになり、新たなビジネスの機会が広がる
ブランド力の拡大	EV分野への参入により、家電メーカーのブランドイメージを一段と向上させ、広範囲にわたる製品・サービスの提供が可能となる
持続可能な未来への注目	環境問題が注目されるなか、電気を動力とするEVは環境に優しい選択として注目されており、家電メーカーもこの動きに貢献することで社会的な価値を高めることができる

HEMSのメリットと意義

HEMSは「エネルギーの見える化」を実現し、家電製品や電気設備の制御も行える装置として開発されたものです。家電メーカーがHEMSに取り組む意義には、技術面の発展以外に「消費者との関係構築」などが挙げられます。

HEMSの必要性と享受できるメリット

HEMS
省エネの観点からできたエネルギー管理システムのことで、「Home Energy Management System」のそれぞれの頭文字を取ってできた言葉。

HEMSが必要とされるようになった背景には、エネルギーの有効活用と、家庭におけるエネルギー消費の見直しによる環境問題への対応があります。そのため、「エネルギーの見える化」を実現し、家電製品や電気設備の制御も行える装置として開発されたのがHEMSです。HEMSには、時間ごとの電気使用量を記録する基本機能のものから、個々の家電製品を接続し、それぞれの電力使用量を確認できる高機能なものまであります。

HEMSを導入するメリットは他にもあり、例えば、蓄電池と連携して緊急時のバックアップとして利用すれば、災害時のリスク対応にもなります。政府もHEMSの普及に力を入れており、エネルギーに関連が深い家電や住宅設備機器を「重点８機器」として定め、HEMSでの活用と普及を推進しています。

重点８機器
太陽光発電、照明、蓄電池、電気自動車充電器・充放電器、給湯器（電気・ガス）、エアコン、スマートメーター、燃料電池の８機種の、HEMSでの最適制御と普及を推進している。

家電メーカーがHEMSに取り組む意義

家電メーカーがHEMSに取り組む意義には、技術面の発展以外に、消費者との関係構築や社会に対する貢献が挙げられます。メーカーは、この先端技術の研究と製品化を追求する過程で、技術的な競争力をさらに高めることができます。特に、エネルギーの効率的な利用や再生可能エネルギーの活用といった分野での技術革新は、今後の社会で、さらに重要になると予想されます。

また、メーカーはHEMSを利用して消費者の生活習慣やニーズをより深く把握することができます。その情報を基にした新製品の開発やサービス提供が可能となり、顧客満足度の向上や長期的な信頼関係の構築につながります。さらに、エネルギーの有効活用やCO_2排出量の削減に取り組むことで、社会的責任を果たすとともに、企業のイメージを向上させることができます。

HEMSの導入イメージと消費者のメリット

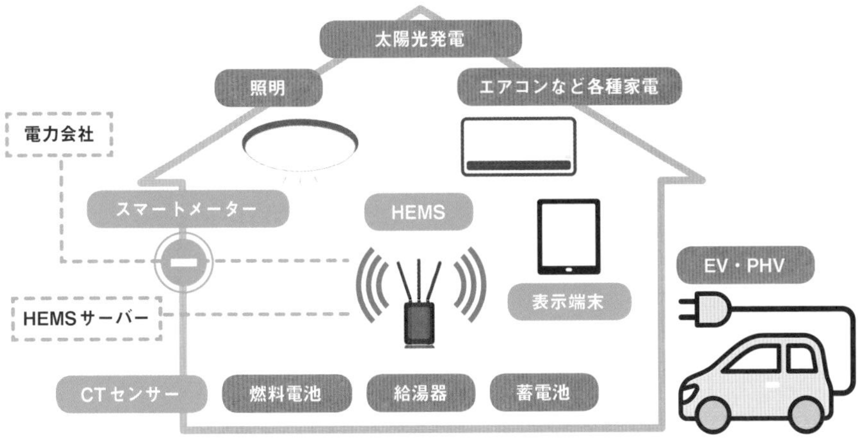

メリット	内容
エネルギー使用量の見える化	エネルギー使用量を確認できるため、無駄なエネルギー消費がわかる。これにより、意識的な節電行動を促進できる
エネルギー使用情報の一元管理	家庭内の多くの電気機器の使用状況や消費電力を一括で管理できる
スマートフォンでの管理	いつでもどこでも家庭内のエネルギー使用状況をチェックでき、家電製品の制御もできる
太陽光発電との連携	発電した電力を効率的に利用し、余った電力の蓄電や売電を最適化できる
蓄電池との連携	発電した電気を保存してピーク時など必要なときに使用することができる。また、緊急時のバックアップとしても利用可能

図参考：国立研究開発法人 国立環境研究所ウェブサイト「環境技術解説」

図B：家電メーカーがHEMSに取り組むメリット（例）

メリット	内容
新しい市場の創出	HEMSの需要は増加傾向にあり、これに関連した製品やサービスの市場が拡大している。家電メーカーがこの市場に参入することで、新たなビジネスチャンスをつかむことができる
製品の付加価値向上	家電をHEMSと連携させることで、従来の製品よりも高機能・高付加価値な製品を市場に提供できる。これにより、製品の競争力を高めることができる
ブランディングへの貢献	HEMSは「環境に配慮したエネルギー利用」を促進するためのツールである。家電メーカーがHEMSに取り組むことで、企業の「エコフレンドリーなイメージ」や「ブランドの向上」につながる
消費者のライフスタイルとの連携	HEMSを利用することで、消費者の生活習慣などをデータベースとして収集することが可能になる。これにより、消費者のニーズに合わせた新しい製品やサービスの開発が促進される
顧客との長期的な関係の構築	HEMS は継続的なサービスとして提供されるため、消費者との長期的な関係を築くことができる。これにより、安定した収益源としての可能性が広がる

メタバースを構成する技術

メタバースは、VRをはじめとするさまざまな技術で構成されています。これらの技術は、エンターテイメント、コミュニケーション、教育、ビジネスなどのさまざまな分野で利用され、多くの産業の発展にも役立っています。

メタバースを構成するさまざまな技術

VRとARを組み合わせたのが、複合現実と呼ばれるMRです。MRは、現実の世界と仮想の世界を組み合わせたもので、現実世界のなかに仮想オブジェクトを重ね合わせる技術です。これにより、物理的な環境とデジタルコンテンツが融合し、新しい体験を生み出すことができます。XRは、VR、AR、およびMRを総称する言葉で、現実世界と仮想世界を融合させるためのさまざまな技術を含む概念です。

メタバースとは、このXR空間上で再現された現実世界のような場所で、コミュニケーションやエンターテイメントなどを楽しめるように進化した空間やサービス全体のことをいいます。

VR
仮想現実と呼ばれ、完全な仮想の世界に没入させる技術。VRゴーグルを使うことによって、現実の世界とは異なる環境を楽しむことができる。

AR
拡張現実と呼ばれ、現実の世界にデジタル情報や要素を重ね合わせる技術。

家電製品の設置に活用されるAR

現在、ARは家電製品の「設置シミュレーション」として活用されています。これは家電製品の機能ではなく、一部企業の対象商品で販売促進として活用されているものです。具体的には、スマホなどの対応機種をデバイスとし、自宅の「設置したい場所」を選ぶとデバイスの画面内に商品が表示されるといった機能です。これにより、設置状況を確認できるため、「スペースの問題で設置できなかった」というトラブルを避けることができます。また、商品に複数の色がある場合、色を選択することもできるため、設置後のイメージを確認することもできます。特に大型の家電製品は、量販店の売り場で見ると実際よりも小さく感じるため、自宅に設置したときのイメージをARによって確認できると便利です。

今後、XRなどの技術が家電製品の機能として実装されるには、技術面や実用性、ニーズなどの課題解決が必要になります。

メタバースを構成するさまざまな技術

メタバース
Metaverse（仮想空間）｜インターネット上に構築された三次元の仮想空間

XR
cross reality 、extended reality（複合現実）｜現実と仮想を融合：VR・AR・MRの包括的な総称
※複合現実の他に、拡張現実、拡大現実と呼ばれることもある

MR
Mixed Reality（複合現実）｜現実と仮想を融合する
デバイス例　：　MRゴーグル

AR
Augmented Reality（拡張現実）｜現実に仮想をいくつも重ねる
デバイス例　：　スマホ、タブレット、ARスマートグラス

VR
Virtual Reality（仮想現実）｜すべて仮想でできている
デバイス例　：　VRゴーグル

家電製品におけるAR活用（設置シミュレーション）

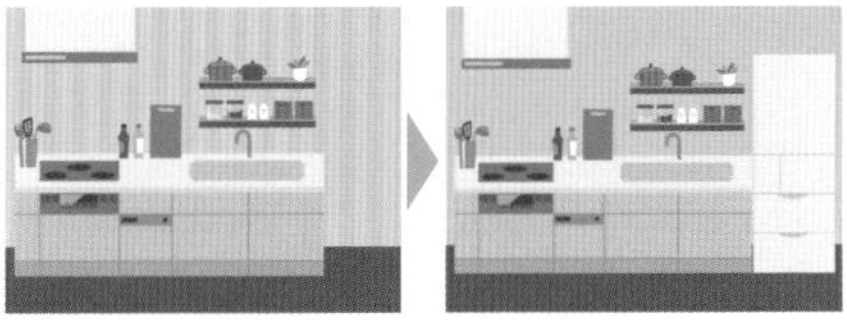

（例）冷蔵庫を置きたい場所に置いたときのイメージを確認できる

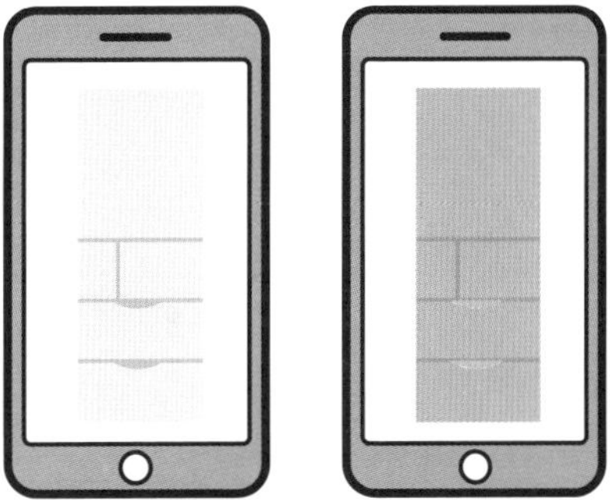

（例）冷蔵庫に複数の色がある場合、色の選択によって色の変更が行え、キッチン全体のイメージを確認することができる

ONE POINT

SRとは何か

SRとは、Substitutional Realityの略で「代替現実」と訳されます。現実の世界に過去の世界の映像を投影し、タイムマシンで過去に戻ったかのような感覚になるバーチャル技術のことを指しています。現在のところ、SRを活用した事例はほとんどありませんが、今後の進展に期待がかかっています。

COLUMN 7

未来を拓くウェアラブル

ウェアラブルデバイスにおける安全性

ウェアラブルデバイスは消費者の日々の生活に溶け込む便利な製品ですが、その安全性の確保も重要です。スマートウォッチやスマートグラス、ウェアラブルスピーカーなど、さまざまな形態がありますが、どれも身につけるものであり、直接肌に触れることが多いため、安全性は非常に重要です。

これらのデバイスが発火や破裂などの重大な事故を起こす可能性は低いですが、過去に事故例もあり、事故が一度でも起きれば、消費者からの信頼を大きく損なうことになります。万が一の事態を考慮することはメーカーにとって必須です。そのため、バッテリーの安全性や耐熱性、耐久性の向上など、安全に関する研究開発は継続的に行われています。

デバイスの小型化が進むと安全性の確保はますます困難になりますが、それは同時に技術革新の機会でもあります。安全性は、ウェアラブルデバイスの未来を決める鍵の１つといえます。

また、アレルギー反応や皮膚刺激のリスクを軽減するための材料選定も、重要な要素になります。

進化・発展するウェアラブル

ウェアラブルデバイスは進化を続けています。最近では、オムロンヘルスケアが腕時計サイズの血圧計を発売しました。日中、気になったときに、いつでも血圧を簡単に測定できます。独自に開発した幅の狭いカフや部品の小型化など、高い技術力が用いられています。

また、海外メーカーからは、スマホなしで通話できるeSIM対応スマートウォッチが発売されました。さらに、ウェアラブルPOS（販売時点情報管理）というデバイスも登場しています。場所を選ばない迅速な決済処理は、行列の解消、在庫管理などにも役立つため、小売店などのあり方までも変えようとしています。

このようにウェアラブルデバイスは進化を続けており、さらなる小型化や使用シーンの広がりで、日常生活のあらゆるシーンでメリットを享受できることが期待されています。

第8章

家電メーカーが取り組むビジネス戦略

現代の消費者は、製品の品質と価格に加え、アフターサービスの質、ブランドの信頼性、購入体験、環境への配慮といった、多様な価値観を重視しています。家電メーカーはこれらに対応し、持続可能で競争力のあるビジネスを市場で戦略的に展開しています。ここでは、そのビジネス戦略についてみていきましょう。

Chapter8
01

ECサイト・サポートサイトの充実

家電メーカーにとって、ECサイト、サポートサイトの充実は必須の取り組みです。すでに製品だけでなく、交換部品まで掲載している企業もあります。今後、掲載製品の増加や独自のキャンペーンなどが期待されています。

家電メーカーが自社サイトを充実させる意義

家電メーカーが自社のECサイトやサポートサイトの充実に取り組む意義は数多くあります。ECサイトの充実によって、消費者は製品の**詳細な情報**を手軽に取得することができます。購入前後のあらゆる情報提供を行うことで、消費者は購入判断を容易かつ、正確に行うことができるようになります。

また、メーカーから消費者へ直接製品を届けることが可能となれば、中間マージンを削減し、製品価格の最適化や**特定のプロモーション活動**を柔軟に実施することができます。製品に関するトラブルや疑問が生じた際、わかりやすいFAQや動画解説などが充実していると、サイトを通じて迅速に解決策などの情報を収集できるため、消費者の不安の軽減につながります。

詳細な情報
製品のスペックや機能、使用方法、さらにはユーザーレビューやQ&Aなど。

特定のプロモーション活動
直接販売によって収集した個人情報と購入履歴などのデータ活用による、購入者限定セールなどのプロモーションのこと。

家電メーカーのECサイト充実の2つの方向性

家電メーカーによるECサイトの充実には、1つは操作方法や修理・部品関係など、サポート情報の充実があります。部品は家電量販店で取り寄せても2週間程度かかるため、分解図や在庫状況などを掲載して注文を受ければ、消費者に役立つでしょう。

もう1つは製品販売の充実です。メーカーがECサイトで販売する場合、価格や特典品など家電量販店よりも好条件で訴求すれば商談で同一条件を要求されることになります。しかし、最近では「**指定価格制度**」に取り組むメーカーが現れています。どこで購入しても同じ価格になれば、メーカーの自社ECサイトでの製品販売も支障がなくなります。量販チャネルの構成比や商品説明、**ショールーミング**の活用方法を考えねばなりませんが、家電メーカーがECサイトを充実させるときが、目前まできています。

指定価格制度
➡4-02参照。

ショールーミング
➡8-03参照。

ECにおける消費者のメリット・デメリット

項目		内容
メリット	製品情報の入手	充実したECサイトやサポートサイトでは、消費者が必要な製品情報を簡単に探し出すことができる。 明確で詳しい製品情報や使い方の説明があると、購入意欲も高まる
	アフターサポートの充実	サポートサイトが充実していると、製品のトラブル時や疑問点が生じた際のサポートが迅速かつ的確に受けられる。 修理の方法やよくある質問、操作マニュアルなどがそろっていると、消費者は安心して製品を使用できる
	購入への安心感	メーカーからの直接購入は、正規品であることの保証や適切な保証期間の提供など、安心感が増す。中間業者を介さず直接購入できることは信頼性が高い
	特典やキャンペーンの受け取り	メーカーのECサイトでは、専用のキャンペーンや特典を提供することが多い。自社サイト限定のセールやプロモーションによって、消費者はお得な購入体験を得ることができる
デメリット	物理的な製品チェックの難しさ	ECサイトのみでの購入は、製品を実際に手に取って確認することができない。 特に家電製品は実物を見て、サイズやデザイン、操作感を確かめたい消費者も多い
	返品・交換の手間	万が一、製品に不具合や不満があった場合、実店舗に比べて返品や交換の手続きが煩雑に感じられる。実店舗での購入ならば店頭での対応が受けられるが、ECサイトの場合は郵送などの手間が発生する
	サイト操作の難易度	充実したサポートサイトやECサイトでも、一部の消費者にとっては操作が複雑に感じられることがある。特に高齢者などは、簡単なサイト操作や情報の取得でも戸惑うことがある
	商品情報の不足	製品の詳細な仕様や特長を十分に伝えることが難しい場合がある。また、店舗スタッフからの購入アドバイスや製品説明が得られない
	配送の問題	家電製品は大型や重量があるものも多く、配送に時間がかかる、または、追加料金が発生する可能性がある
	アフターサービスの連携	オンラインで購入した後の修理や保証サービスへのつながりが不明瞭な場合がある

ECにおける家電メーカーのメリット・デメリット

項目		内容
メリット	直接販売の増加	自社ECサイトの充実により、家電製品の直接販売が増加する。これにより、中間業者を介さずに高い利益を上げられる可能性がある。直接消費者に販売することで、製品の価格設定やプロモーションの柔軟性も増す
	ブランドイメージの向上	高品質なサポートサイトを提供することで、消費者の信頼を得やすくなる。サポートの受けやすさやアフターサービスの質が高いと、ブランドの評価も高まる
	データ収集	自社ECサイトを通じて、消費者の購買データや行動データを収集できる。 これらのデータを解析することで、マーケティングや製品開発に有益な情報を得ることができる
	在庫管理の効率化	在庫情報をリアルタイムで更新・管理することができる。無駄な在庫を持たないようにすることで、経営効率を向上させることが可能になる
デメリット	初期投資が高額	質の高いECサイトやサポートサイトを構築するには、初期の設計・開発コストがかかる。特に高品質なサイトを目指す場合、専門家の協力や先進的な技術の導入が求められることが多い
	維持・運営コストの増加	サイトの運営や更新、トラブル対応、多様な支払い方法への対応など、継続的なコストが発生する。サイトの内容を常に最新に保つための労力や、システムのセキュリティ対策などのコストが継続してかかる
	中間業者との関係悪化	直接販売の増加は、従来の流通ルートや中間業者との関係を悪化させるリスクがある。一部の取り扱い店舗や卸業者が、直接販売による競合を懸念して取引を見直す可能性がある
	価格競争のリスク	他のECサイトや実店舗との価格競争が激しく、利益率の低下や価格戦略の難しさがある
	セキュリティ問題	個人情報の漏洩リスクや不正アクセスへの対策が求められる
	レビューや口コミの管理	製品に対するネガティブな評価や不正確な情報の拡散のリスクがある
	デジタル変革への適応	新しい技術や消費者の行動変化にすばやく適応する必要がある

ジェネリック家電の普及

ジェネリック家電とは、消費者が求める基本機能に絞った低価格の家電製品のことです。大手家電メーカーが提供しにくい価格帯の製品ですが、人口構成の変化などにより、大手家電メーカーも無視できない状況になっています。

大手家電メーカーのスキマを縫うジェネリック家電

ジェネリック家電

「大手家電メーカーの1～2世代前の技術やデザインを取り入れることで、製造コストの低減を図った製品」と説明されることも多い。

ボトム製品

ボトムとは、「底、いちばん下」の意。ボトム製品とは、カテゴリー内で一番安い製品のことを表す。ローエンドと同意だが、業界ではボトムを使用することが多い。

ジェネリック家電とは「基本機能に絞った家電製品」と説明できるでしょう。消費者に対して、低価格の製品を提供するものです。必要不可欠な基本機能に絞り込むことで、シンプルかつ効率的な製造を可能にしています。大手家電メーカーは、ブランドイメージ確立のため、「付加価値製品の開発」と、ある程度の「ラインナップ」が必要になります。そのため、さまざまなコストが発生し、**ボトム製品**でも高めの価格設定になります。

ジェネリック家電メーカーはこの大手家電メーカーの戦略のスキマを縫い、価格と基本性能を重視した対照的なアプローチで市場に参入しており、家電市場の多様性が保たれています。

ジェネリック家電の戦略製品化への期待

多様化する消費者ニーズに対応するため、付加価値製品に加え、シンプルで使いやすいジェネリック家電の需要も高まっています。特に、国内市場においては、高齢者や単身者などシンプルな家電を求める消費者層へのアプローチが不可欠となっています。

一方、海外市場でも、経済成長や中産階級の拡大を背景に、ジェネリック製品のニーズが高まっています。こういった状況のなか、大手メーカーにも「国内の付加価値製品販売の維持・拡大」に加え、「低価格製品の市場投入と利益確保のしくみづくり」が必要になってきています。かつての日本のように「中産階級に付加価値製品が売れる可能性を持つ国」もありますが、付加価値製品に加え、ジェネリック家電も国内外のターゲットの明確化が重要です。家電メーカーには、すでに台頭している中国や韓国などの低価格製品に対時する戦略が求められています。

ジェネリック家電の特徴

低価格

簡略化された機能や生産コストの削減により、多くの場合、大手ブランドの製品と比較して価格が安価。

基本機能の強化

余計な機能を省き、必要最低限の基本機能に焦点を当てた製品が多い。これにより、使いやすさやわかりやすさが向上する。

シンプルなデザイン

デザインがシンプルで、派手な装飾や色彩を避けることで、コストを抑えつつ、幅広いユーザーに合わせたデザインが採用されている。

広告・宣伝の少なさ

大手メーカーと比較して、ジェネリック家電は広告や宣伝を控えめに行う傾向があり、これが製品価格の低さにもつながっている。

ブランディングの弱さ

特定の強力なブランドイメージを持たないことが多く、価格と機能の比較での購入が多い。

ジェネリック家電の取り組みのポイント

項目	ポイント
市場リサーチの徹底	消費者のニーズや予算、使用頻度などを明確に把握する
生産コストの最適化	供給チェーンの見直しや、生産プロセスの効率化を図る
シンプルな設計	製品の簡素化や基本機能の強化による使いやすさの追求
値崩れ防止策の構築	値崩れを起こさせないしくみの構築や、独自のプロモーション提案
ブランディング戦略	ジェネリック家電であることの利点や、品質の確保を強調するブランドイメージの構築 ⇒大手メーカーの場合、消費者は企業ブランドにより、ジェネリック家電でも品質への安心感や信頼感を得やすい
アフターサービスの充実	信頼性を高めるための修理保証やサポート・修理体制の強化
エコロジー&サステナビリティ	環境に優しい製品づくりや、リサイクル可能な材料の使用
多様な販売チャネルの活用	オンライン販売、直営店、卸先など、さまざまな販売チャネルを通じての販売強化
地域特性の活用	地域や国に合わせた製品展開や、マーケティング活動の実施
保有設備やリソースの活用	大手メーカーはすでに開発されている金型や製造ラインを活用することで、新たな投資を抑えつつジェネリック家電の生産を始めることができる

Chapter8
03

ショールーミングの活用

メーカーにおける「ショールーミングの活用」は、店舗と違い、自社の統制の範囲外にあるため、限りなく不可能に近い項目です。まずショールーミングでの実売数を把握し、自社の活動と照合して分析することが重要です。

ショールーミングの活用に対する課題

消費者のショールーミングやウェブルーミングは、「店舗との接点」が生じる購買行動です。この機会に得られる「消費者の行動」や「会話内容」などの情報は非常に重要で、購買決定要因を把握できれば、製品開発、販売促進などにも活用できます。

ただ、その多くはデータ化できない情報のため、収集は困難です。ショールームを持っている家電メーカーもありますが、消費者がショールーミングを行う場所といえば、圧倒的に家電量販店が多くなっています。家電量販店という他企業の売り場においての情報収集は困難であり、ましてショールーミングで自社製品を選んでもらうことはメーカーの制御外になります。

ショールーミング
店舗で商品を検討し、ネットで購入すること。品揃え、商品説明などの点から、家電量販店でのショールーミングが圧倒的に多い。

ウェブルーミング
ウェブサイトで商品を検討し、店舗で購入すること。

メーカーにおける「ショールーミングの活用」の可能性

メーカーにおける「ショールーミングの活用」といえば、実益を考えるならば「メーカー活動と実売の結び付けによる分析」が合理的な着地点です。具体的には、今まで通り、家電量販店における上位定番の獲得が前提です。ショールーミングも来店はしますから、上位定番が取れれば、メーカーが管理できる可能性のある「商品比較」までは持ち込めます。一方、家電量販店では、ショールーミング対策として自社ECサイトまで誘導するしくみを構築している企業もあります（これはメーカーの制御外です）。

これらの流れを考えれば、メーカーはショールーミングの実売数が把握できれば、営業担当者などの活動（展示やPOPなど）履歴と照合して、「こういった活動をしたから、これだけショールーミングが増えた」という分析が可能になります。このショールーミングの実売数という課題に対する工夫の１つが右ページ下図です。

家電量販店のショールーミング対策

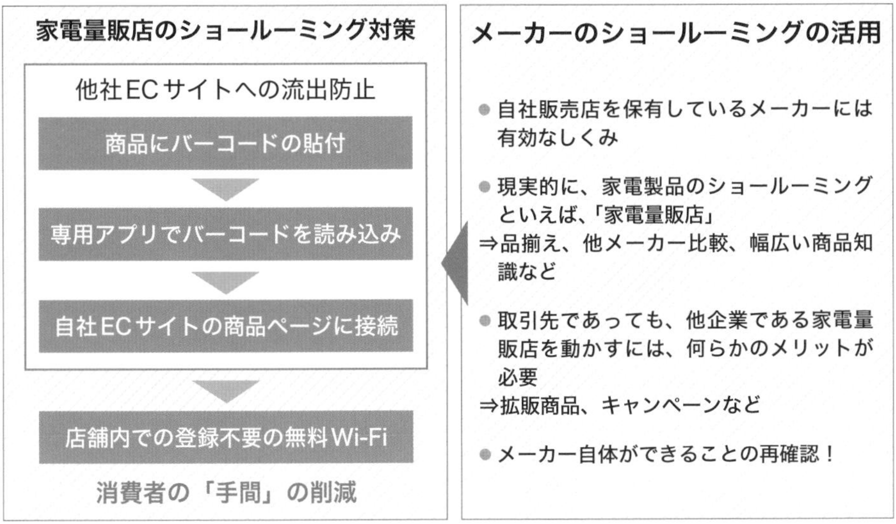

家電量販店における「メーカーのショールーミング活用」の可能性（例）

目標：ショールーミングで「購入候補」に入ること
（リアル店舗での活動の精度向上）

STEP 1：認知度の向上、STEP 2：コーナーでの位置取り、STEP 3：「足止め」と「購入決定」のしくみ

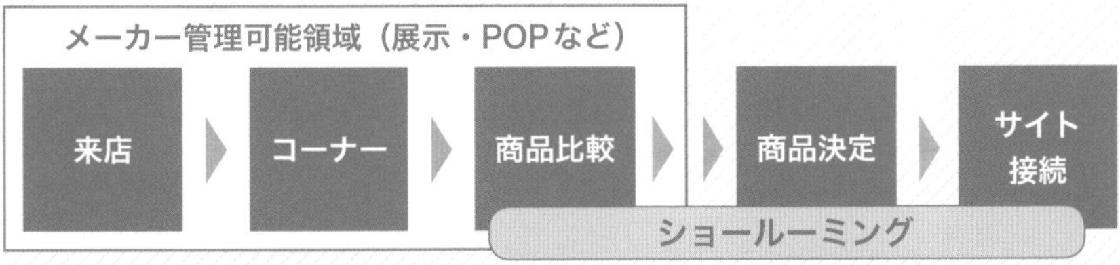

ショールーミングに対する家電量販店との本部商談の一例	
ショールーミングの販売台数把握のしくみ	該当商品のサイトのページと同様の専用ページ（1ページの追加）をショールーミング用として作成、運用してもらう
	商品貼付用QRコード（専用サイト接続用）の作成
上記により、専用サイトでの販売台数（ショールーミング分）が把握できる	
家電量販店へのメリット提供	専用ページ販売台数に対し、「台数当たりいくら」のインセンティブの支払い
値崩れの補填と違い、販促として管理が可能なため、指定価格制度でも矛盾しない。台数・販売日時・価格以外の情報提供の相談が必要	
臨店時の活動（展示・POPなど）	通常の臨店活動の精度向上と活動内容を明確にし、実績と照らし合わせて分析
（例）展示位置の変更によっての販売台数の増減はあるかなど	

Chapter8
04

サブスクリプション

サブスクリプションサービスによる販売拡大

サブスクリプションサービスは、家電メーカーに今後の大きな可能性を提供しています。現在の「お試し」といった位置付けだけではなく、収益を改善するECによる直販モデルへの発展にまで寄与することが考えられます。

家電メーカーがサブスクリプションに取り組む意義

サブスクリプションサービス（サブスク）には、メーカー、消費者それぞれに複数のメリットがあります。家電製品の場合、高額な製品が多く、使用年数も長いため、消費者は気軽に買い替えることができず、製品選びも慎重になりますが、サブスクなら「お試し」で使用しやすくなります。これは、メーカーにもメリットがあり、自社製品のよさを知ってもらう機会増加につながります。

サブスクリプションサービス
一定期間継続的に製品やサービスを提供し、利用者からは定期的に定額料金を徴収するというビジネスモデルのこと。

また、メーカーのメリットとして大きいのは、利用者の個人情報や利用歴が収集できるという点です。利用者の生の声が聞け、「なぜ、サブスクを選んだのか」「購入には至らないのか」という、リアル店舗でも把握が難しい内容や製品の使い勝手などを把握できる可能性も広がります。

サブスクがもたらす将来的なメリット

家電製品のサブスクには、あと２つのメリットがあります。１つ目は、「メーカー収益の改善」です。現在、チャネルの主流は家電量販店ですが、競争が激しく、低収益の一因となっています。サブスクによって、若年層や単身者などを囲い込め、将来のEC市場も開拓できます。また、高収益を狙うにはメーカー直販が鍵になり、ECの強化は必須の課題です。サブスクに取り組むことで、直販に必要な顧客データや生の声を収集・蓄積できます。

２つ目のメリットは、「メーカー主導で省エネ製品に入れ替えができる」ということです。サブスクにおいて、メーカーが製品の**入れ替えの主導権**を保持できれば、環境を考慮した効率的な製品へのアップデートや取り組みが可能となります。これにより、消費者の環境などへの意識変化に迅速に対応し、より環境に配慮した製品戦略を展開することができます。

入れ替えの主導権
サブスク利用者の個人情報や製品の型番・使用期間などのデータがあるため、新製品への入れ替えを積極的にアプローチできる。

メーカー・消費者のメリット・デメリット（家電製品の場合）

メーカーのメリット・デメリット

メーカーのメリット

- 実際に製品を試した生の声が聞ける
- 製品の認知度・使用機会が高まる
- 顧客との長期的な関係構築・ニーズへの対応
- 継続的な収益源となる
- 顧客の利用データや嗜好を収集・分析が容易

今後、期待されるメリット
- サブスクとメーカーEC直販が高まれば収益が改善される
- サブスクの使用製品入れ替え時、メーカーが主導権を握ることも可能になる

メーカーのデメリット

- システムや運用面など、膨大な初期費用がかかる
- 家電の場合、定額以外の従量課金が困難
- 価格設定の難しさ
- 登録・解約の自由度が高い
- 収益予測が困難

消費者のメリット・デメリット

消費者のメリット

- さまざまな製品を買う前に試せる
- 登録・解約の自由度が高い
- 月々の定額料金で利用でき初期コストがかからない
- 利用頻度が高いほど割安になる
- 気に入った製品はそのまま購入できるプランもある

消費者のデメリット

- 利用していなくても定額料金が発生
- 最低契約期間中は解約できない
- 修理や不良交換の対応や追加料金などのトラブル
- 品揃えが限定的な場合が多い
- 総支出が増加することが多い

将来のメーカー直販に向けての足がかりとなるサブスク参入

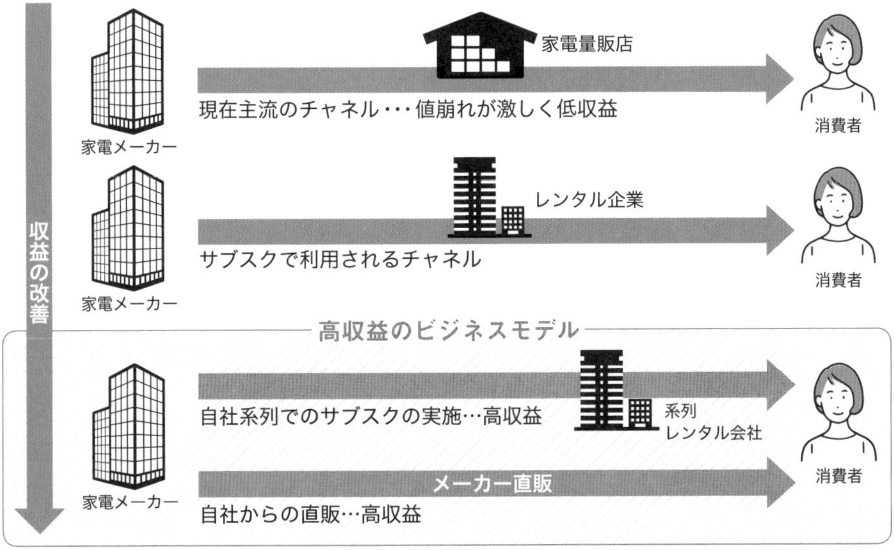

Chapter8
05

スマートファクトリーによる製造の最適化

スマートファクトリーとは、ITと製造技術を融合させた次世代の工場のことです。生産状況の「見える化」によって、生産ラインを最適化できるなど多くのメリットがありますが、長期的な計画を立て取り組むことが重要です。

スマートファクトリーの内容と目的

スマートファクトリーでは、IoTを活用して機器やセンサーからデータを収集し、ビッグデータ解析やAI技術で解析することで、生産プロセスの効率化、品質向上および**ダウンタイム**の削減を実現します。この結果、市場の変動や顧客のニーズに速やかに対応することができます。

スマートファクトリーは、2011年にドイツが提唱した「デジタル化の推進による製造業の革新を目的とする『インダストリー4.0（第4次産業革命）』」によって注目を集めるようになりました。その実現に向けて、経済産業省（中部経済産業局）は、2017年にロードマップを示しています。そのなかでは、スマート化の目的として7つの項目を挙げています（右ページ上図参照）。これらの目的には、それぞれ3段階のデータ活用レベルが設定されています。

ダウンタイム
システムや設備が稼働していない、または利用できない時間のこと。これには、障害、メンテナンス、アップグレードなどによる停止が含まれる。

スマートファクトリーのメリットとデメリット

スマートファクトリーには、数々のメリットがあります。例えば、IoT技術やAIの導入により、生産ラインの速度や効率が大きく向上し、生産状況を「見える化」することによって、生産ラインを最適化できます。また、継続的なモニタリングや高度な自動化により、製品の品質を継続的に維持・向上できます。

一方、デメリットは、さまざまな機器やシステム構築などが必要なため、多額の導入コストがかかることが挙げられます。また、システムやデータがネットワーク化されることで、サイバー攻撃などのセキュリティリスクへの対応が必要なことも挙げられます。スマートファクトリーの**実現**までは、相当な時間がかかるため、レベルの想定など長期的な計画が必要です。

実現
大手メーカーでは、日立製作所が経産省の委託事業に取り組み、成果報告を行ったのをはじめ、ダイキン工業もさまざまな取り組みを進めている。

スマート化の目的とレベル

スマート化の目的	
大目的	**小目的**
品質の向上	不良率の低減
	品質の安定化・ばらつきの低減
	設計品質の向上
コストの削減	材料の使用量の削減
	生産のためのリソーセス*の削減
	在庫の削減
	設備の管理・状況把握の省力化
生産性の向上	設備・ヒトの稼働率の向上
	ヒトの作業の効率化、作業の削減・負担軽減
	設備の故障に伴う稼動停止の削減

スマート化の目的	
大目的	**小目的**
製品化・量産化の期間短縮	製品の開発・設計の自動化
	仕様変更への対応の迅速化
	生産ラインの設計・構築の短縮化
人材不足・育成への対応	多様な人材の活用
	技能の継承
新たな付加価値の提供・提供価値の向上	多用なニーズへの対応力の向上
	提供可能な加工技術の拡大
	新たな製品・サービスの提供
	製品の性能・機能の向上
その他	リスク管理の強化

	レベル1	レベル2	レベル3
スマート化の目的	有益な情報を見極めて収集して状態を見える化し、得られた気付きを知見・ノウハウとして蓄積できる（データの収集・蓄積）	膨大な情報を分析・学習し、目的に寄与する因子の抽出や、事象のモデル化・将来予測ができる（データによる分析・予測）	蓄積した知見・ノウハウや、構築したモデルによる将来予測をもとに最適な判断・実行ができる（データによる制御・最適化）

＊リソーセスとは、「供給源」「資源」「財源」の意味。ここでは、「生産活動に必要な材料、エネルギーなど」を表す。
出典：経済産業省 中部経済産業局「 スマートファクトリーロードマップ 」より作成

スマートファクトリーの構成要素（関連技術）

技術	説明
産業IoT	工場の機器やセンサーがインターネットに接続され、瞬間でデータを送信するシステム
5G	高速で大量のデータ通信が可能な第5世代の通信技術
3Dプリンター	デジタルデータをもとに実際の物体を造形する技術。カスタム製品の生産やプロトタイピングに使える
エッジコンピューティング	データ処理をセンサーやデバイスの近くで行う技術
サイバーセキュリティ	データやシステムのセキュリティ対策
デジタルツイン	実際の製造プロセスや製品をデジタル上でシミュレートする技術。生産効率の向上やトラブル予測に役立てることができる
VR・AR	仮想現実や拡張現実を体験できる技術。トレーニングや製造現場のシミュレーションに使用される
データベース	生産データやセンサーからの情報を保存・管理するシステム。データ解析や履歴管理に必須
クラウドコンピューティング	インターネット上のサーバーでデータ処理やストレージを行うサービス。スケーラビリティ*やリモートアクセスが可能
AI/機械学習	データから自動的に学習・判断する技術。生産効率の向上や不良品検出などに活用
センシング技術	物理的な現象や環境をデジタルデータとして認識する技術
ロボット	自動化された機械のアームなど。高精度な作業や危険な作業場所での作業を担当する

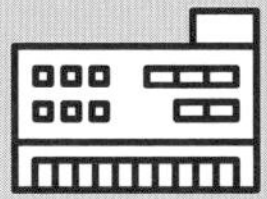
スマートファクトリー

＊スケーラビリティとは、システム、機器、またはソフトウェアの拡張性や拡張可能性を指す。

Chapter8
06

ユーザーエクスペリエンス

ユーザーエクスペリエンスの重要性

UXは「ユーザーエクスペリエンス」を指し、消費者が製品やサービスを利用するときの体験を示します。日常での家電製品の体験を重視し、それを製品開発に反映することで、市場での競争力を高めることが可能になります。

家電メーカーにおけるUX最適化の重要性

ユーザーエクスペリエンス（UX）とは、製品やサービスを利用する際に消費者が感じる、使いやすさや感動といったすべての体験のことを指しています。家電製品におけるUXは使用時の操作性や機能性、直観的なわかりやすさに加え、店舗での体験やアフターサービスまで、消費者が総合的に体験したものすべてが相当します。これらが消費者の心に残り、製品の評価を左右します。

ユーザーエクスペリエンス
購入体験、使用感など消費者体験のすべてを指す。UXに取り組む理由は、単純に製品の売上を伸ばすだけではない。

良好なUXは、消費者からのブランドの評価や信頼性を高め、消費者の満足度を向上させる効果も持っています。そのため、家電メーカーは製品開発の初期段階から消費者の視点を取り入れ、UXの最適化を追求することが重要です。その結果として、市場での競争力を高め、消費者との強固な絆を築けます。

家電製品のUX向上のための具体的な取り組み

家電メーカーがUXを最適化するには、アンケートやインタビューなどを活用しながら、消費者の声を直接聞くことが重要です。そのうえで、製品自体の設計や操作性を見直し、直感的に使いやすいものを目指します。消費者が製品を手にした瞬間から、使用するまでの流れをスムーズにするため、消費者からのフィードバックを常に把握し、製品のアップデートや改善に生かす姿勢も大切です。トラブル対応の速度やサポートの質、修理の手間軽減など、消費者が安心して製品を長く使える環境を整えることも重要です。

また、**スマートホーム**のように、複数の家電製品が連携して動作するシステムもあります。そのため、製品単体の価値だけでなく、他の製品やサービスとの連携による新しい価値や柔軟性を追求することで、真の消費者体験の最適化が実現できます。

スマートホーム
家電や照明、暖房・冷房システム、セキュリティシステムなどの住宅設備をインターネットや人工知能（AI）技術で連携させ、効率的で自動化された生活環境を提供する家のこと。

UXを向上させるUIとの関係性

UX(User Experience)

- UXとは、製品やサービスを利用する際にユーザーが得る全体的な体験や印象等のこと
- 具体的には、使いやすさや直感性、印象などに加え、「手軽においしい料理を楽しめる」という体験なども含まれる

UX ＞ UI

UIはUXを向上させるための要素の1つ

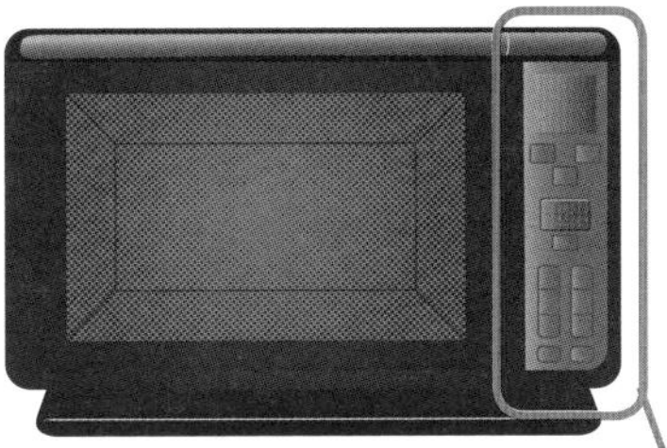

UI（User Interface）

- UIとは、消費者が製品を使用するに当たっての接点のこと
- 具体的には、操作ボタンの配置、デザイン、画面などの視覚的な情報

家電メーカーにとってのUX

戦略としてのUXの重要性	
消費者のニーズへの対応	UX を中心とした戦略は、消費者の実際のニーズや要求を考慮し、それに応じた製品やサービスを提供することを可能にする
競争優位性の獲得	良好なUXを持つ製品・サービスは、同じ市場における競合製品やサービスと差別化され、消費者の選択の理由となる
顧客のロイヤルティ向上	満足度の高いUXを提供することで、消費者のブランドへのロイヤルティ*やリピート購入の可能性が向上する
効率的なマーケティング	良好なUXは、口コミなどの自然な拡散を促進する。これにより、マーケティングの効果を最大化しながら、コストを削減できる
長期的なブランド価値の向上	一貫して良好なUXを提供することで、ブランドの価値や信頼性が長期的に向上する

ユーザー体験の最適化を行うための取り組み	
消費者ニーズの理解	家電製品を使う目的や課題を深く理解する。アンケートやインタビュー、フォーカスグループなどの調査手法を用いて、消費者の声を直接聞く
直感的な操作性の追求	消費者が迷うことなく、スムーズに操作できるインターフェースの設計。製品のボタンの配置、メニューの構造、操作のフローなどを最適化する
明確なフィードバックの提供	操作が正しく認識されたこと、またはエラーが発生したことを消費者に明確に伝える。音、振動、表示変更などのフィードバックを正しく設計する
持続可能な製品のアップデート	技術の進化やユーザーフィードバックをもとに、製品の機能や性能を定期的にアップデートする。ソフトウェアのアップデートや追加アクセサリーの提供などにより、製品の寿命を延ばす
アフターサービスの充実	故障やトラブルに対して迅速かつ適切なサポートを提供する。修理サービスやオンラインでのQ&A、ヘルプデスクの設置などで、消費者の問題解決をサポートする
エルゴノミクスの対応	人間の体の形状や動きを考慮した製品デザインを実現する。使用時の快適さや安全性を向上させるためのデザインや材料選定を行う
エコシステムの構築	複数の家電製品が連携して動作するエコシステムを構築し、視認性を高める。スマートホームの実現やアプリとの連携など、製品間の相互作用を最大化する

*ロイヤルティとは消費者が特定のブランドや製品に対して持つ持続的な好意や忠誠心のこと。

Chapter8 07

小売店舗との連携による販売拡大

家電メーカーが連携を図る小売店舗として代表的なのは、家電量販店と系列の地域電器店です。通常、地域電器店と家電量販店では営業担当者を分けて活動しており、それぞれ内容の異なった連携を取っています。

家電メーカーの系列地域電器店に対する連携

地域電器店との連携では、通常の臨店訪問に加え、改装オープン時の人的支援やアドバイスや近隣地域での合同**展示会**の準備などを行っています。また、冷蔵庫キャンペーンのような商品キャンペーン、顧客の囲い込みを目的としたメーカークレジットカード獲得キャンペーンを行っているメーカーもあります。

展示会
地域電器店は、合同展示会以外に店独自の個展を実施しており、この支援を行う場合もある。

さらに、新製品の説明を行う新製品発表会を利用し、地域電器店へ施策などの集合説明会を実施することも多くなっています。系列店同士のつながりを深めてもらうため、会を組織し、研修会や情報交換を積極的に行っているメーカーもあります。

家電メーカーによる家電量販店との連携

家電量販店への支援では、大手家電メーカーの場合、通常、**営業担当者およびラウンダー**が**臨店**しています。営業担当者が自社製品の拡販依頼や展示事例などの情報提供、キャンペーンの説明などを行い、ラウンダーは展示替えやPOPの貼付というように役割分担しています。展示提案などもこの臨店時に行い、自社製品が販売しやすいように取り組んでいます。また、新製品発表会への来場を促しています。

営業担当者およびラウンダー
➡6-07参照。

臨店
➡6-07参照。メーカー営業担当者や家電量販店の本部社員等が店舗を訪問すること。企業によって、店舗巡回や巡店と呼ばれることもある。

しかし、家電量販店によっては展示替えを禁止している企業もあったり、販売員のほうが現場に詳しくて提案を受け入れてもらえないケースもあり、いかに量販店を動かす提案ができるかという課題もあります。また、売上高の高い店舗には、ヘルパーと呼ばれるメーカー販売応援者を投入し、自社製品の商品説明を行うなど、自社製品の拡売に努めています。

家電メーカーが行う地域電器店との連携例

系列の地域電器店との連携

▼

新製品発表会
- 販社が地域電器店の会場動員を実施
- メーカー事業部も参加
- 新製品の内覧以外に同一会場にて「地域電器店の施策説明」の集合説明会を実施

合同展示会
- 地域ごとに会場を借り、近隣地域の地域電器店を集めた合同展示販売会の開催

個展の開催
- 地域電器店が個別に行う個別展示会のサポートを実施

キャンペーンの実施
- 季節に応じた家電製品のキャンペーンの実施
- 製品以外にクレジットカード加入キャンペーンなども実施

その他
- 系列店同士の会の組織化
⇒成功事例の共有、集合研修などを実施
- 後継者問題（事業承継）へのアドバイス
- 製品不良などへの対応など

▼

自社製品の拡売が目的

家電メーカーが行う家電量販店との連携例

家電量販店との連携

▼

新製品発表会
- 販社が家電量販店販売員の会場動員を実施
- メーカー事業部も参加
- 新製品の内覧以外に同会場にてセミナーの実施など

通常の臨店活動
- 営業担当者、ラウンダーによる臨店活動
⇒役割を分担して活動
⇒旧製品処分後の展示場所の確保、新製品の展示確認や展示作業の実施
⇒市場動向や展示の成功事例などの各種情報提供の実施
⇒展示提案の実施、提案に基づく展示替えの実施
⇒メーカー販売応援者の投入
⇒自社製品により発生したクレームの処理など

キャンペーンの実施
- 季節に応じた家電製品のキャンペーンの実施
⇒本部商談に基づいたCP
⇒CP予算の達成依頼
⇒CP達成や店舗からの依頼による個店のイベント実施など

▼

自社製品の拡売が目的

NB：ナショナルブランド。メーカーが自社ブランド名で販売する製品
PB：プライベートブランド。小売業者が自社ブランド名で販売する製品
GMS：総合スーパー。多種多様な商品を扱う大型小売店
HC：ホームセンター。家庭用品、DIY用品、園芸用品などを扱う小売店

DS：ディスカウントストア。割引価格で商品を販売する小売店
BU：ビジネスユニット。企業内で特定の製品群や市場を担当する部門やチームのこと、事業部ともいう
CP：キャンペーン。販売促進やマーケティングのための特定の期間や活動

Chapter8
08

ブランド力

自社ブランドの質の向上と浸透

ブランドの質の向上と浸透を行うには、製品だけでなくサポートなども含めた質の向上が必要です。ただし、これは前提条件であり、マス媒体ではあまり考えてこられなかったターゲットを明確にしたブランド浸透策も必要です。

購入決定に重要な高品質とブランドの浸透

今日の市場は非常に競争が激しく、多くの家電メーカーが類似した製品を提供しています。このような状況で、自社ブランドを選んでもらうには、質の向上により消費者からの信頼を得ることが前提条件となります。質の向上とは、機能や耐久性、使い勝手、アフターサービスやサポート、さらには持続可能性や**エコフレンドリー**などの企業としてのスタンスも含まれ、これらすべてに高い品質を提供することが重要になります。

それを適切に市場に伝え、消費者の心に届けるためには、**ブランドの浸透**が必要です。浸透とは、ブランドの認知度を高めること、そしてそのブランドの持つ価値やイメージをしっかりと消費者に伝えることを指します。

エコフレンドリー
eco-friendlyとは、「地球（環境）にやさしい」という意味。経済（エコノミー）のエコにもつなげて用いられる場合がある。

ブランドの浸透
高い認知度や良好なブランドイメージは、消費者の購入決定に寄与する。

減少する指名買いと店頭訴求の重要性

これまでは、広告活動、特にテレビCMの効果が高く、よく使用されていましたが、近年はテレビを観ない人やテレビ自体を持っていない人も増えています。また、消費者のブランド指名は減少しており、店頭でブランドを選ぶことが増えています。この原因の1つに、各メーカーの品質が向上して均一的になり、大きな機能差が見受けられないことが挙げられます。

テレビCM以外に、サイトやSNSなど媒体の幅は広がっています。こうした現状を考えると、主力製品のターゲットを明確にし、ターゲットに応じた媒体を選び、ターゲットに向けた機能に絞った広告を打つ必要があります。そのうえで、店頭で製品を認知してもらうことが大手家電メーカーも必要であり、メーカーと販売店の連携が非常に重要になっています。

「自社ブランドの質の向上と浸透」への取り組み

項目	内容
品質の向上	消費者は家電製品を長く使用することを期待しているので、製品の品質や耐久性の向上は重要。品質の高い製品を提供することで、リピート購入や口コミによる推薦が増える可能性がある
技術革新	技術の進化や消費者のニーズの変化に対応して、常に最新の機能や設計を取り入れることが求められる。ターゲットに適した機能の採用が重要
ブランドの浸透	ブランドの認知度やイメージを高めるためのマーケティングや広告活動も重要。これにより、消費者が製品を選ぶ際の選考基準の1つとしてブランドを考慮するようになる。ただし、ターゲットの明確化とそれに応じた媒体の選択が重要
アフターサービスの強化	製品の品質だけでなく、購入後のサポートや修理サービスも消費者の満足度に大きく影響する。良好なアフターサービスを提供することで、消費者の信頼を勝ち取ることができる
環境や社会的責任への取り組み	近年、持続可能性やエコフレンドリーな製品への要求が高まっている。これに対応することで、ブランドのイメージ向上や新しい市場の獲得が期待できる

ブランド浸透策の変化

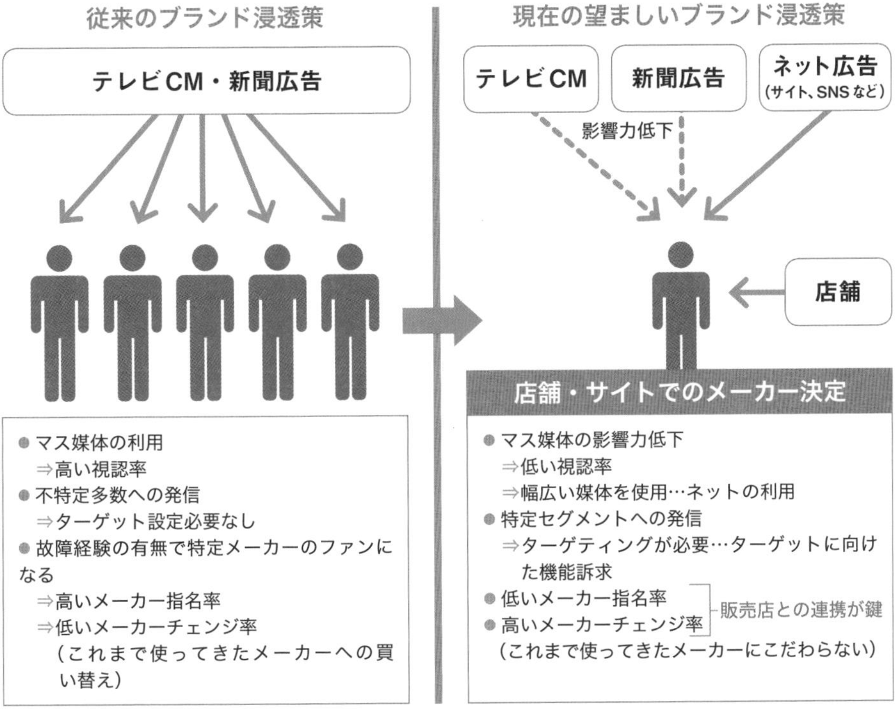

Chapter8
09

環境

環境への取り組みとサステナビリティの強化

家電メーカーとしての存在意義は、人々の生活を豊かにすることだけでなく、未来の社会を築くことにもあります。環境への配慮を経営の中心に置くことで、真の環境リーダーとしての地位を築くことが可能となります。

家電メーカーとしての環境への取り組み

家電メーカーとしての存在意義は、人々の生活を豊かにすることだけでなく、未来の社会を築くことにもあります。そのため、**環境問題**に真摯に向き合い、環境への影響を最小限にようにする取り組むことが大切です。まず、製品設計の段階からリサイクル性を考慮することが必要です。使用済みの家電製品が廃棄物として不適切に処分されることを防ぐため、部品の取り外しや再利用が容易な構造とすることが重要です。また、生産過程におけるCO_2排出量の削減を積極的に進める必要があります。再生可能エネルギーの導入やエネルギー効率の向上を通じて、環境負荷を低減させる努力を続けることが求められます。さらに、取引先や協力企業との連携を強化し、サプライチェーン全体での環境負荷の低減を目指すことも重要です。

環境問題
環境への配慮を経営の中心に置くことで、真の環境リーダーとしての地位を築くことができるといえる。

サステナビリティへの取り組みについて

サステナビリティは持続可能な未来を築くための核心的な考え方であり、経済開発、社会開発、環境保護の3つの柱から成り立っています。経済開発の観点からは、持続的な成長と収益性の追求が求められ、効率的な生産手法の採用や消費者のニーズに合わせた製品開発が欠かせません。一方、社会開発とは、社会的な公平性や安定性を保ちながら、製品やサービスを提供することです。

従業員の福利厚生の向上や地域社会への貢献を通じて、企業としての社会的な役割を果たすことも大切です。また、環境保護の視点は、家電メーカーとして大いに持つべきものです。エコな製品設計や、リサイクルを考慮した材料選定、生産工程でのCO_2排出削減など、環境に優しい**取り組み**を積極的に進めていくことです。

サステナビリティ
Sustainabilityは直訳すると「持続可能性」。

取り組み
これらをすでに実施している企業は多いが、従業員一人ひとりの節電・節水など、普段の行動も大切。

家電メーカーが環境への取り組みを行う意義

項目	内容
資源の節約	家電製品の製造には多くの資源が必要である。 効率的な資源の利用は、地球上で限られた資源を適切に活用することで、資源の無駄遣いを防ぐことに貢献できる
持続可能な成長	エコな取り組みをすることで、企業の長期的な成長が保たれる。これは環境的な課題だけでなく、社会的・経済的な課題も考慮した持続的なビジネスモデルを築くことができる
企業の社会的責任	環境保護は企業の社会的責任の一部として広く認識されている。企業が環境への取り組みを行うことで、地域社会やステークホルダーからの認知と評価を得ることができる
消費者からの支持獲得	環境に配慮した製品やサービスは、消費者の間で高い評価を受ける傾向にある。これにより、ブランドの価値や商品の販売機会が増加する
規制への対応	世界各国で環境に関する法規制が厳しくなっている。これに適切に対応することで、ビジネスの継続的な展開が可能となり、ペナルティを避け、今後を考えることができる
コスト削減	エネルギー消費の最適化やリサイクル活動により、企業の運営コストを削減することができる。また、廃棄物の処理や資材の購入コストも削減できる可能性がある
次世代への継続的な価値提供	環境に配慮した製品の開発や生産活動は、将来の世代へのコミットメントとしても注目される。消費者や地域社会などから、「継続的な価値の提供」が期待されている

サステナビリティの3つの柱とSDGs

ブルントラント委員会の最終報告書
「Our Common Future」によるサステナビリティ定義
持続可能な開発とは、将来の世代が自らのニーズを満たす能力を損なうことなく、現在のニーズを満たす開発である。

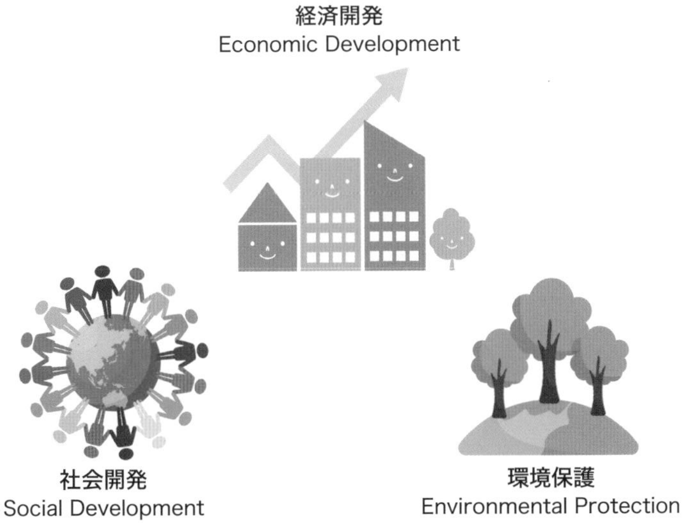

COLUMN 8

ショールーミングの課題と対策

ショールーミングの課題と対策

ショールーミングが問題となって、すでに十数年が経過しています。このショールーミングの全貌が明らかにされた情報があれば、家電メーカーや家電量販店にとって非常に役立ちます。しかし、ショールーミングは、消費者が店舗に来て、商品を見るだけの行動です。販売員との接触もないまま店舗を後にし、その後、ネットで購入するのなら、店舗に何の痕跡も残しません。

例えば、「なぜ、自店で購入しなかったのか」「どのネット通販で購入したのか」「自店に何人のショールーミング客が来たのか」、もっと極端にいえば、「本当に自店でショールーミングが発生しているのか」ということすらわからないのです。

もし、ショールーミング客の実数やショールーミングが起きやすいカテゴリー、購入先サイト、購買決定要因などがわかれば、試行錯誤を繰り返しながらも店舗でのショールーミング対策は行いやすくなります。

POSに現れないデータが重要

ショールーミングの実体把握として、現時点で考えられる現実的な方法は、「接客時の情報収集」と「実際にショールーミングを行った消費者から直接聞く」ことです。ただ、現在の販売員数が少なく、声をかけてきた消費者に対応するのがやっとである状況を考えると接客時に十分な聞き取りを行うのは困難でしょう。

本章の「ショールーミングの活用」では、「自店から自社ネット通販に流れた客数」の把握法を例示しています。これが定期的にわかれば、家電メーカーや家電量販店はインストアプロモーションとショールーミングの関係性を把握することができます。また、実際にショールーミングを行った消費者にアンケートなどで直接聞くことも可能になります。

ショールーミングをはじめ、消費者の買い物時の行動は、POSに現れない情報ですが、非常に重要なものです。消費者が製品を購入するまでの経緯をよく考え、よく観察し、店頭訴求に生かす工夫が、メーカー・量販店には求められています。

第9章

家電メーカーの課題と展望

近年、家電メーカーを取り巻く環境は大きく変化するとともに、そのスピードも増しています。家電メーカーには、消費者ニーズの急激な変化や家電製品のコモディティ化をはじめ、人口減少・少子高齢化などの国内問題への対応に加え、激化する国際競争に打ち勝つ高い技術力の確保が求められています。

Chapter9 01

消費者ニーズの急激な変化への対応

急速なデジタル技術の発展や感染症の流行、さまざまな環境問題の発生により、消費者の価値観とニーズは大きく変化しています。家電メーカーには、これらの変化を先取りし、新たな価値を提供することが求められています。

大きく変わった消費者の価値観とニーズ

消費者のニーズや価値観が大きく変わった背景には、いくつかの原因が考えられます。まず、デジタル技術の急速な進歩によって情報の伝達が早くなり、消費者が多様な選択肢を持つようになったため、消費者の判断基準が従来のメーカーブランド力から、リアルなユーザーの声や体験にシフトしてきたことです。また、環境問題やサステナビリティへの関心の高まりから、エコロジーを重視した商品・サービスへのニーズが増えたこともあります。さらに、テレワークやオンライン消費が普及し、自宅での過ごし方やライフスタイルが大きく変わったことも挙げられます。

消費者の大幅な変化に柔軟に対応するには、常に市場の動向を注視し、時代のニーズに合わせた商品開発やサービスの提供が欠かせないものになっています。

テレワーク
ICTを活用した、時間や場所の制約を受けない柔軟な働き方のこと。

変化した消費者のニーズへの対応

その取り組みの1つは、デジタル技術の進歩を利用し、情報発信を迅速化させることです。消費者が商品やサービスのレビューを即座に確認できるようになった現在、企業の情報発信もタイムリーに行う必要があります。特に、新製品の発売や製品のリコール、キャンペーンなどの情報を消費者の手元に迅速に届けることで、消費者とブランドの関係を強化することができます。他に、環境問題やサステナビリティへの取り組みの強化も重要です。エコロジーを重視した商品開発や、企業活動のなかでの環境負荷を低減させることで、消費者からの評価も高まります。

今後、消費者のライフスタイルや価値観の変化はさらに加速するなか、これら取り組みへの重要性はますます高まっていきます。

サステナビリティ
持続可能性。環境や経済社会などが未来にわたって持続していけるよう、取り組むことが求められている。

環境を受けて急激に変化する「消費者ニーズ」

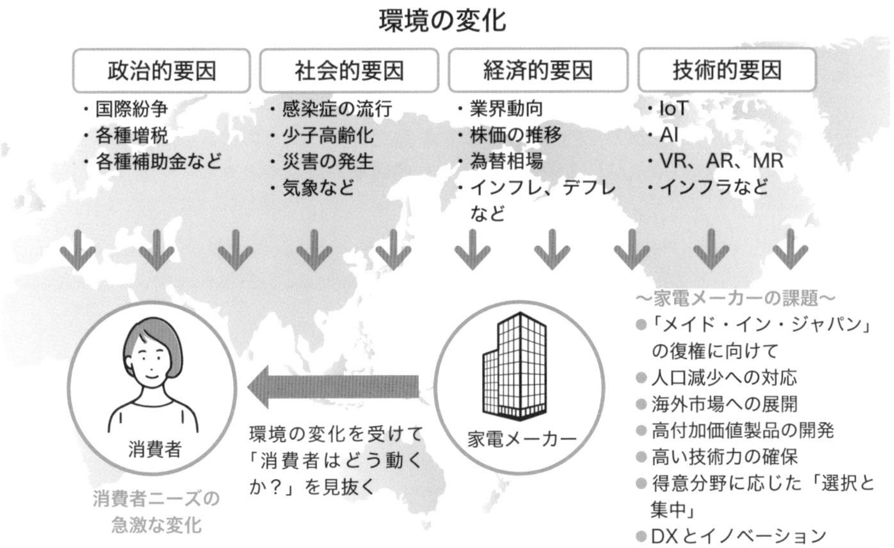

消費者ニーズの急激な変化への対応と届けるべき情報

変化への対応内容
マーケットリサーチの頻度を上げ、最新の消費者の動向や嗜好を定期的に把握する
ソーシャルメディアやレビューサイトのモニタリングを強化し、直接的なフィードバックを収集する
製品やサービスの迅速なイテレーション*を行い、ニーズに合わせて適時改善する
消費者とのコミュニケーションチャネルを多様化し、直接的な意見や要望を収集する
新しい技術やトレンドを活用し、製品やサービスのイノベーションを促進する
ユーザーエクスペリエンス (UX) への取り組みを強化し、製品やサービスの利用体験を最適化する
柔軟な生産体制やサプライチェーンを構築し、迅速な市場投入を実現する
クラウドソーシングやオープンイノベーションを活用し、外部の知見やアイディアを取り入れる
従業員教育やトレーニングを強化し、変化に柔軟に対応できる組織体制を築く
継続的な顧客関係の構築を目指し、ロイヤルティやブランドへの信頼を維持・向上させる

*イテレーションとは、一連の工程を短期間で繰り返す、開発サイクルのこと。

提供情報	内容
製品のリコール情報や安全性に関する警告	製品の安全性に関わる情報は、消費者の安全を確保するために速やかに伝える必要がある
製品の使用方法や取り扱いに関するヒント	製品の最適な利用方法やメンテナンス情報を提供することで、消費者の満足度を高めることができる
キャンペーンやセール情報	限定的なプロモーションや特別な割引情報を、消費者が逃さず利用できるようにする
製品の仕様変更や改良点	既存製品の仕様が変更された場合や新しい機能が追加された場合の情報提供
カスタマーサポートやアフターサービスの変更点	サポートの受付時間の変更や新しいサポートの導入など、消費者がサービスを受ける際の変更を知らせる
環境や社会的な取り組みの更新	持続可能性やCSR活動に関する最新の取り組みや成果を共有する
企業の経営方針やビジョンの変更	企業の方向性や価値観が変わる場合、それを消費者と共有することで信頼関係を深めることができる

社会の変化②

人口減少への対応

人口減少は家電メーカーにとって大きな問題であり、「労働人口の減少」と「販売総数の減少」をもたらします。また、販売面において、世帯数、世帯人数の増減は、人口減少とともに考えるべき問題となっています。

労働力の観点における人口減少に対する取り組み

日本では少子高齢化、人口減少が進んでおり、今後さらに拡大する見込みです。これは労働年齢層の減少をもたらすことから、企業は十分な労働力を確保できず、生産コストの上昇や生産能力の低下など、多くの問題を引き起こす可能性があります。

現在、労働力を確保するため、特定技能実習制度や技能実習制度などで外国人労働者の受け入れが行われています。これは短期的には労働力不足を補いますが、国内労働者の雇用機会の抑制圧力となるなど、デメリットも多くあります。特に製造業では、技術的に代替が難しい作業も多く、工場の自動化や最新設備の普及が現実的な対応になります。

特定技能実習制度
一定の専門性・技能を有する外国人を受け入れるための制度。

技能実習制度
日本の技能、技術、知識を学び、開発途上の母国へ持ち帰って普及させるための制度。

販売面における人口減少の影響と取り組み

人口減少は、個人使用の家電製品の需要が減少する直接的な原因になります。単身世帯の増加、世帯人数の減少も問題です。単身者や高齢者夫婦の二人暮らしでは、「世帯使用、個人使用の家電製品において、さまざまな機能が付いた製品よりも基本機能だけの製品で十分という判断」になるからです。結果として、付加価値商品の必要性がなくなり、その販売台数が減少します。

そこで「付加価値製品への対応」が重要です。最も重要なのが「深い消費者の理解」です。アンケートや各種調査だけに頼らず、生活のなかから「新しい発見」をし、消費者が気付いていない価値を提供することが重要です。また、現在、人口構成において、戦後復興から高度成長期を経て現在まで、日本がたどってきた経緯を参考に、その経緯とターゲットを分析し、「付加価値製品をグローバル展開し、海外メーカーと対峙していく戦略の構築」も大きな課題となっています。

個人使用
例えば音楽プレーヤーや美容機器、パソコンなど。ここでは、単身世帯が使用する世帯使用の家電製品も含む。

世帯使用
例えば冷蔵庫、洗濯機、炊飯器、電子レンジ、エアコンなど。

たどってきた経緯を参考
それぞれの経済状況に応じてどのような家電製品が売れたかを確認し、該当する国での展開を考えること。

人口減少による家電メーカーの課題

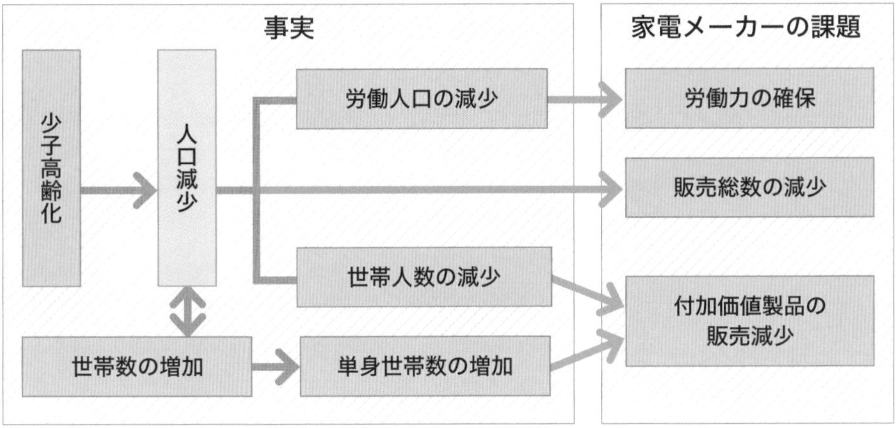

海外での課題
①付加価値製品の拡販、②ターゲットの見直し ⇒ 海外メーカーと対峙する戦略

人口減少に対する課題と解決策

課題	解決策	内容
労働力の確保	生産の自動化・効率化	ロボットやAIなどの技術を活用して生産プロセスを自動化し、人の手を必要としない生産ラインの構築を目指す。自動化により、人手不足の影響を最小限に抑えることができる。加えて、AIやデータ分析を用いて生産効率を向上させる取り組みも重要
	外国人労働者の受け入れ	外国からの労働者受け入れを拡大することで、人手不足を補う方針も考えられる。日本では特定技能や技能実習生などの外国人労働者の受け入れ制度が設けられているが、デメリットも多い
販売総数の減少	海外市場への展開	国内市場が縮小するなか、成長が期待できる海外市場への進出や拡大を検討することで、販売総数を増やせる可能性がある
	新しいライフスタイルの提案	経済状況や社会環境の変化に合わせた新たなライフスタイルを形成するための提案を行うことで、新しい市場の開拓や総数の増加が期待できる
	【重要】深い消費者の理解	消費者のニーズやトレンドを正確につかむことで、タイミングよく新製品を市場に投入し、総数の増加を促すことが期待できる
付加価値製品の販売減少		消費者はアンケートに適当に答えたり、悪気なく事実と違うことを書く。そのため、自分自身の生活のなかから、新しい発見を見つけ出し、消費者が気付いていない価値を提供することが重要
	IoTとの連携	家電製品をスマートフォンやタブレットと連携させることで、リモート操作やデータの収集・分析が可能となり、消費者・メーカーの利便性を向上させる
	体験型の販売戦略	実際に製品を試すことができる体験スペースを店舗に設けたり、製品のデモンストレーションイベントを実施することで、消費者の購買意欲を刺激する
	製品のカスタマイズとモジュラリティ	各世帯のニーズに合わせてカスタマイズできる家電製品の提供や、部品を追加・変更することで機能を増やせるモジュラー型の製品を開発することで、消費者のさまざまなニーズに応える

Chapter9
03

市場の開拓①

「メイド・イン・ジャパン」の復権

家電メーカーによる「メイド・イン・ジャパン」の復権は、日本経済の持続的な発展と国際的な信頼の維持に不可欠です。そのために、「経済的価値の向上」「国際的信用の回復」などの多くの課題に取り組む必要があります。

日本の家電ブランド力の復活への取り組み

まず、経済的価値の向上の観点から考えると、高品質な製品やサービスが国際市場での高い評価を受けることで、日本企業はさらなる利益を上げる可能性が広がります。その結果、国内経済の活性化と、多くの雇用機会の創出が期待できます。

また、国際的信用の側面から見ると、日本製は長らく品質、技術、デザインの高さを示すブランドとして世界中から認識されてきました。このブランドイメージを取り戻すことで、日本製品への国際的な信頼感を強固にすることが期待できます。企業が最先端の技術開発に励むことで、日本の産業全体の競争力が向上します。このような技術の進化は、新しい産業の芽生えや、さらなる市場の開拓を促すことにもつながります。

国際市場
国際市場への対応は企業ごとに異なり、中国で事業を継続する企業やインド市場に注力する企業、インド国内市場に加え、中東やアフリカの供給ハブとして重視する企業もある。

日本製
「日本製」のブランド価値を再構築するには、高度経済成長期～バブル期のように、技術革新、品質、信頼性、持久性などの面で優れた製品を提供し、需要が高い国での市場展開を強化することが必要である。

家電メーカーの競争力強化と知的財産権の重要性

現在、スマートホームの普及やIoT技術の進化といったテクノロジーの変革が急速に進んでいます。このようななか、日本の家電メーカーは伝統的な技術力や品質へのこだわりを生かし、省エネ家電による環境への配慮や日本独特の高い美的感覚や創造性を前面に出すことで、新しい価値を提供する方向を模索しています。

一方で、これらの技術や知識の盗用、知的財産権の侵害という問題も増加してきました。特に、技術の盗用は「メイド・イン・ジャパン」のブランド価値を損なうだけでなく、研究開発への投資意欲や技術の革新を妨げる恐れがあります。このような背景から、経済安保の視点が強く求められるようになってきました。国内法の整備や企業の内部管理の強化など、多角的な対策が必要とされています。

「メイド・イン・ジャパンの復権」が必要な理由

項目	理由
経済的価値の向上	高品質な製品やサービスが国際市場で高い評価を受けることで、日本の企業が、より多くの利益を上げることができる
国際的信用の維持・向上	「メイド・イン・ジャパン」は、品質、技術、デザインの高さを示すブランドとして認識されていた。このブランドイメージを取り戻すことは、日本製品への国際的信頼を再度向上させるために不可欠である
雇用の安定・創出	国内での生産・研究開発の活動が活発化することで、多くの雇用機会が生まれ、経済全体の安定に貢献できる
技術革新の推進	「メイド・イン・ジャパン」の復権を目指すことで、企業は最先端の技術開発に取り組むインセンティブを持つようになる
文化・伝統の継承	日本のものづくりの伝統や美意識、職人の技を世界に発信し、次世代にも伝えることができる
競争力の強化	国際市場での競争力を維持・強化することで、日本の企業が長期的に持続的な成長を遂げるための土壌をつくる
持続可能な 経済構造の構築	高品質・高付加価値な製品の生産を重視することで、持続可能な経済構造を築くことができる
国民の誇り・自信の源泉	「メイド・イン・ジャパン」の製品が世界中で評価されることは、国民の誇りや自信を高める要因となる

「メイド・イン・ジャパンの復権」に向けてのポイント（例）

経済的価値の向上

【品質保証】
製品の耐久性や性能を確保し、長期的な顧客の信頼を築く

【ブランド戦略】
日本の伝統や技術力を前面に出し、独自のブランド価値を構築する

【市場リサーチ】
顧客のニーズを正確に把握し、市場の動向に迅速に対応する

国際的信用の回復

【国際基準の導入】
グローバルな基準や認証を取得し、国際的な信頼性を高める

【文化交流】
国際イベントや展示会に参加し、日本の技術や文化を広める

【透明性の確保】
生産過程や企業の倫理を明示し、消費者との信頼関係を深化させる

技術革新の推進

【研究開発投資】
最新の技術トレンドをキャッチし、独自の技術を開発する

【人材育成】
専門家や研究者を育成・採用し、技術の継承と革新を促進させる

【産学連携】
大学や研究機関との協力を強化し、革新的な技術開発を推進する

メイド・イン・ジャパンの復権 ＝ 世界中での高い評価

・国民の心の面からも、家電メーカーの「メイド・イン・ジャパンの復権」の必要性は強調されるべき課題
・国民の誇りや自信を高める重要な要因となる。国民１人ひとりが持つ自信や誇りが、さらなる創造や挑戦への動機付けとなり、日本全体の活力を向上させることにつながる

海外市場への展開

家電メーカーの多くは、すでに海外市場へ展開を行っています。しかし、近年は感染症などの社会的問題や世界情勢の変化など、目まぐるしく環境が変化しており、社会との調和を図る経営を目指すことが期待されています。

家電メーカーの海外市場への課題と期待

従来、家電メーカーは、市場拡大や生産コスト削減の観点から海外展開を図ってきました。なかでも、成長著しい新興国市場への参入や活動の強化は、企業の売上拡大の大きな鍵となっています。しかし、異文化や異なる消費者ニーズ、さらには現地の法規制や競合状況など、海外進出には多くの課題が伴います。

特に、品質管理やアフターサービスの確保は、ブランドイメージの維持に不可欠です。近年は環境や人権に対する考慮を怠ると企業の評価や業績に大きな影響を与えます。消費者や投資家の意識は高まり、企業の倫理的、環境的取り組みや社会的責任が求められているからです。さらに、現地市場のニーズを的確に捉え、迅速に対応する「地産地消」の展開など、柔軟性も大切です。

地産地消
現地で製品を生産し消費することを意味する。これにより、輸送コストの削減、地域経済への貢献、為替リスクの回避、市場の特性に合わせた製品開発などが可能になる。

ヒートポンプ
大気中などの熱を集め、必要な場所に移動させるシステムのこと。

欧州のヒートポンプ需要に見る世界市場への展開

海外市場への展開はこのように迅速で、有効性があり、タイミングを計った経営判断によって支えられています。例えば、欧州では、「世界情勢の変化により、ガス価格が急騰し、ここ数年、急速にヒートポンプ市場が拡大」しています。実際、複数の日本メーカーが保有している技術を生かし、欧州のヒートポンプ事業の成長戦略を加速しています。ここで重要なのが、環境の変化をいち早くつかみ、市場のニーズや自社の保有技術を確認することです。また、このニーズが短期的か、中長期的なものかの判断も大切です。工場を保有していて増産体制を敷くなら、施工技術者や販売網の確認・整備・構築なども重要です。もし、これらのリソースが不足するなら、自前でサービス網をつくるか、買収で補うのかということまで検討すべき課題となっています。

海外市場への展開に当たっての課題とメリット

課題	内容
文化・習慣の違い	各国の消費者のニーズや好み、使用習慣などが異なるため、製品の設計やマーケティング戦略の適応が必要
法規制	国や地域ごとの製品基準、輸入税、規制等に対応する必要がある
競合との競争	新しい市場には、すでに存在する地域の競合との競争を行う必要性
品質管理	海外の生産ラインでの品質維持や管理が難しくなる可能性
通貨リスク	通貨の変動による利益の変動リスク
物流・供給チェーンの複雑化	複数国にまたがる供給チェーンの確立と管理が必要
人権や環境問題	生産地での労働環境や環境保護への対応が求められる

メリット	内容
市場の拡大	新しい市場や顧客層を獲得できる
生産コストの削減	低コスト地域での生産によるコスト削減
リスクの分散	一つの市場でのリスクを複数の市場に分散させることができる
技術・知識の獲得	新しい市場や地域からの技術、ビジネスモデルを獲得できる
ブランドの国際的な認知度向上	世界各地でのブランド普及による認知度の向上
多様な商品ラインアップ	異なる市場のニーズに応じた製品開発が可能となり、製品の多様化が進む
外貨収入の増加	輸出による外貨収入が増え、企業の収益構造を強化

欧州ヒートポンプ需要に見る海外市場への展開

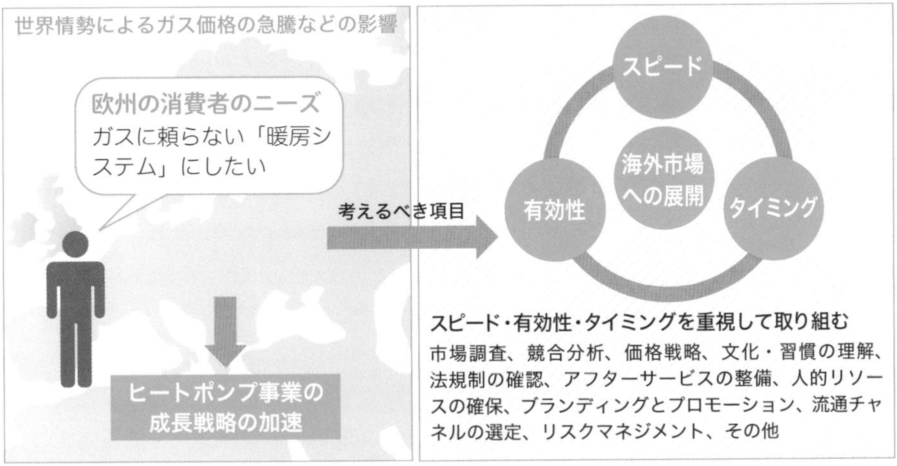

ONE POINT

環境に関する世界的な潮流

サステナビリティ意識の向上に伴い、CO_2排出量の削減や資源効率の向上への対応が主軸となっています。「家電リサイクルの推進」や「省エネ製品の開発」など、資源やエネルギーの消費を抑えた環境効率の高い製品の開発が該当します。

高付加価値製品の開発

高付加価値製品は、消費者の生活をベースに消費者を深く理解して開発されることが重要です。こうして開発された製品は、ブランド価値の向上や顧客との長期的な信頼関係の構築など、多くのメリットをもたらします。

家電メーカーが高付加価値製品を開発する意義

家電メーカーは、高付加価値製品を開発することで、企業のブランド価値を向上させることができます。消費者の支持を得ることで、顧客と長期的な信頼関係を築くことが期待できます。市場には多くの競合製品が存在するため、付加価値が競合製品より優っていれば差別化が図れ、市場のシェアを獲得しやすくなります。

ブランド
製品のコンセプトを表すブランド名は、製品のイメージ定着と消費者の興味を引き、強烈な印象を残すことができる。ソニーのウォークマンなどが有名。

また、高付加価値製品はその価値に見合った初回の価格設定が可能です。これにより、値崩れした前モデルから価格を戻すことができます。収益を安定させ、さらなる成長の投資資金を確保するには、導入時から拡売を推進できるプロモーションも大切です。

高付加価値製品の開発は消費者の生活を向上させるため、企業の成長や競争力の強化などに加え、社会に対する貢献としても考えられており、多くの点で非常に重要なものとなっています。

高付加価値商品の開発における課題

一方、その開発には課題もあります。例えば、大手家電メーカーの製品開発は、大量のデータや市場の動向を中心にする調査手法が主流であるため、時として消費者の真のニーズを見逃すことがあります。数値や一般的な意見を取りまとめた調査データには有効性があります。しかし、それだけに依存すると、消費者の深い部分、個々のニーズやライフスタイルに根差した要望など、微細な部分が見逃されることもあります。特に家電製品は、日常生活に密接に関わるものであり、個々の生活習慣や価値観が製品の選択に大きく影響します。これらの課題を克服するためには、単に調査データに頼るのではなく、実際のライフスタイルやニーズを理解し、それに応じた製品開発を進めることが求められます。

課題
ほかに、消費者の生活を考えずに開発した機能に高い価格設定が加わり、なかなか販売が進まないこともある。

高付加価値商品の開発のメリット

項目	内容
ブランド価値の向上	高品質な製品を市場に投入することで、企業のブランドイメージが向上する。これにより、消費者からの信頼を獲得しやすくなる
差別化の促進	独自性の高い製品を開発することで、他の競合企業との差別化を図ることができ、市場での注目度が増す
高い利益率の確保	付加価値の高い製品は、その価値に相応しい価格設定が可能となるため、発売初期には製品の台あたりの利益増加が期待できる
技術の進歩と革新	高付加価値製品の追求は、技術開発のモチベーションとなり、企業の技術力を向上させる原動力となる
市場シェアの拡大	消費者が高品質な製品を求める傾向があるため、付加価値の高い製品を提供することで市場シェアを増やす可能性がある
顧客ロイヤルティの確保	質の高い製品を継続的に提供することで、消費者との長期的な関係を築き、リピート購入や口コミによる新規顧客の獲得が期待できる
社会的な評価の向上	社会的に認知された高い価値を持つ製品を生み出すことで、企業の社会的評価や貢献度が向上する

高付加価値製品の開発におけるリスク

項目	内容
開発費用の増大	高付加価値製品の開発は、通常、先進的な技術や特殊な素材を要求するため、開発費用が増加する可能性がある。この高いコストは、製品が市場で受け入れられないリスクを伴う
市場受容の不確実性	付加価値が高いと感じるかどうかは、消費者の主観や市場の動向に左右される。したがって、新製品が市場での受け入れを得られない可能性も考慮しなければならない
競合との技術競争	先進的な技術やアイディアを取り入れることで、他の競合企業との技術的な競争が激しくなることが予想される
技術的な問題	高付加価値製品を追求するなかで、未知の技術的障壁や問題に直面する可能性があり、これにより開発が遅延したり、コストが増大するリスクが存在する
知的財産の保護	革新的な技術やアイディアを持つ製品は、模倣やコピーの対象となる可能性が高いため、知的財産の保護に関する問題が生じることが考えられる
高価格による市場の制約	付加価値が高い製品は、価格が高くなる傾向がある。その結果、一部の消費者層しか製品を購入できない、あるいは購入意欲を持たれない可能性がある
消費者ニーズの変動	消費者のニーズや価値観は時代や環境により変わる。開発期間中にその変動が起こると、製品が市場に合わなくなるリスクが生じる

長期的な信頼関係とは、「顧客生涯価値（Life Time Value）」と同意。LTVは、ある顧客の生涯で、自社がその顧客からどれだけの利益を得ることができるのかを表す指標です。

商品の開発②

Chapter9
06

高い技術力の確保

家電メーカーにとって、「高い技術力の確保」は大きな課題です。高い技術力を保持・発展させていくことが競合他社との差別化や国際市場での競争力の強化などにつながるため、総合的・長期的に取り組むことが重要です。

「高い技術力」を確保すべき理由

競争の激化と技術革新は急速に進行しており、消費者のニーズや期待も日々変化しています。これに応えるためには、メーカーとしての技術力を高め続けることが不可欠です。高い技術力を保持していることで、消費者により便利で快適な家電を提供できるようになります。また、独自の技術を持つことで競合他社と差別化を図り、市場での優位な地位を築く手助けになります。さらに、持続的な成長を遂げるための基盤ともなります。

技術力
製品の差別化を図り、競争力を高めるため、日本でしか作れない特殊な部品を持つことも1つの方法であり、国際市場での優位性を確立することができる。

研究開発には高額な投資が必要ですが、その回収には技術リーダーシップの確立が求められます。また、技術力を高めることは、国際市場での競争力の強化につながります。世界各国での家電需要は増加しており、高品質で革新的な製品を提供できるメーカーは、グローバル市場でシェアを拡大できます。

高い技術力の維持・継承と発展への取り組み

しかし、それは一朝一夕にできるものではなく、多角的な戦略と総合的・長期的な取り組みが必要です。なぜなら、高い技術力の背景には「人材の育成」が不可欠だからです。継続的な研究開発への投資はもちろんのこと、新しい技術やアイディアを創出するためには、研究者の育成、先端の研究施設の整備、および社内連携が必要です。また、組織内での技術者育成も欠かせない要素です。継続的な教育や研修を実施し、スキルアップの機会を増やすことで、技術力は一層強化されます。なかには、熟練技術者の動作や状態をデータ化して技能習得を効率化しているメーカーもあります。さらに、外部との連携、特に「大学や異分野との連携」は新しい視点や技術の導入を促進する役割を果たします。

外部との連携
例えば、武蔵野美術大学と日立グローバルライフソリューションズは、家電・ライフサービスのデザインに関する産学連携プロジェクト「Loop of Life」を、2022年9月から約1カ月半にわたり実施した。

技術力の低下の弊害（例）

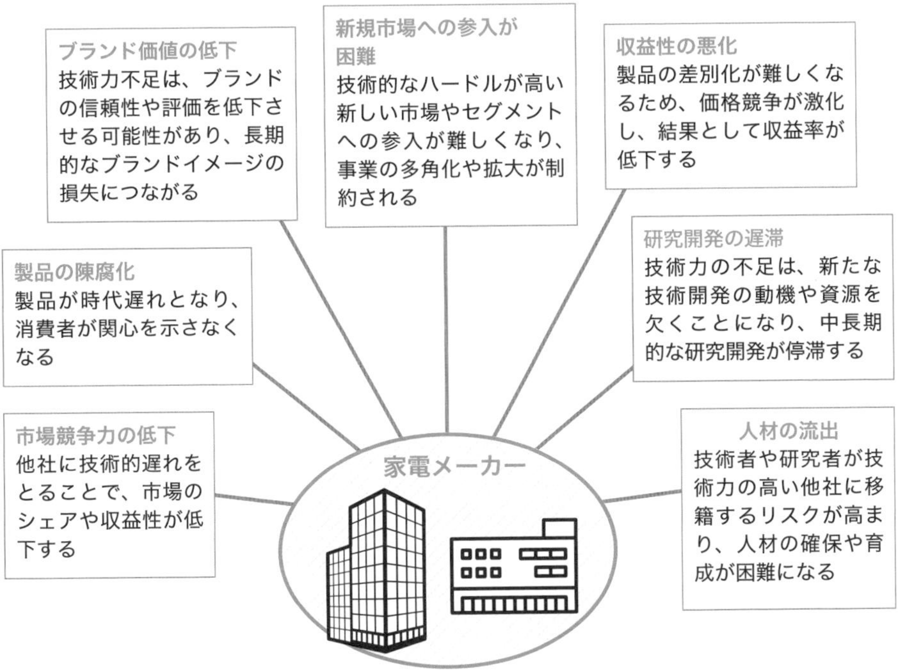

「高い技術力」を確保するための取り組み

項目	内容
研究開発の強化	研究開発は技術の革新や新製品の開発の基盤となる。継続的に研究開発に投資を行い、最先端の技術やアイディアの追求を目指すことが重要
技術のデータ化	熟練技術者の技術や動きをデータ化し、熟練技術者と新人技術者などの作業の質を数値的に比較する。それを基に人材教育や品質管理を行う
技術者の教育・育成	社内の継続的な教育や研修を提供し、技術者のスキルアップを促進。新しい技術や方法論の習得をサポートする
社内外でのコミュニケーションの強化	技術者と他部署・外部とのコミュニケーションを活発にし、多角的な視点や市場のニーズを製品開発に反映させる
外部との連携・コラボレーション	大学、研究機関、異業種との連携を強化する。新しい知識や技術の共有、および共同研究を推進する
グローバルスタンダードの追求	国際的な技術基準や標準に合わせた製品開発を行い、国際市場での競争力を向上させる これらの取り組みは、企業の技術力の向上や持続的な競争力の確保につながる。適切な取り組みを選択し、継続的に実施することが求められる

経営的な視点①

得意分野に応じた「選択と集中」

「選択と集中」とは、企業が持つ限られた資源（資金、人材、技術など）を最も競争力があると考える事業や領域に集中的に投資することです。選択にあたっては、デメリットも十分に把握して、判断することが重要です。

家電メーカーにおける選択と集中の必要性

「選択と集中」は経営戦略の１つです。企業が持つ資源を競争力の高い事業や領域に集中的に投資し、それ以外の事業や領域からは撤退するか、投資を縮小するという考え方です。技術の進化や消費者のニーズの変化が激しいなか、持続的な成長と競争力を維持するためには「選択と集中」が非常に重要になってきます。

現在、総合電機メーカーは、家電製品全体への取り組みを縮小して、家電以外の成長分野に資源を集中させたり、カテゴリー数を縮小したりすることによって、ブランドの優位性などがある強いカテゴリーに集中してきています。このような取り組みは中堅メーカーも同じで、「普及価格帯の製品はつくらず、高価格帯の製品に特化」したり、「大手が取り扱わないカテゴリーを創出」するといった選択と集中を行っています。

選択と集中のメリットとデメリット

「選択と集中」は「強み」を生かした得意分野の事業やカテゴリーなどを選ぶことが重要であり、この選択を誤ると経営危機に陥る可能性もあります。つまり「選択と集中」には、メリットだけでなくデメリットもあるのです。メリットの１つは、これらのリソースを特定の領域に**集中的に投資**することで、その領域での競争力を大きく高められることです。その結果、将来的な収益が期待でき、**事業価値**を高めることができます。一方で、デメリットの１つは、企業が特定の事業領域に過度に集中することで、その領域に関するリスクが大きくなることです。例えば、その市場が縮小した場合や新しい競合が出現した場合、企業全体の収益に大きな影響を及ぼす可能性があります。

集中的に投資
パナソニック（Panasonic）は、米国ラスベガスで開幕したCES2023において、EV用の次世代円筒形リチウムイオンバッテリーを開発していると発表した。

事業価値
企業の収益力、長期的な収益性と成長の潜在力を総合的に評価したもの。「製品の優位性と品質」「ブランド認知性」「サービスとサポート」「技術革新と研究開発」などが挙げられる。

国内市場における「選択と集中」の例

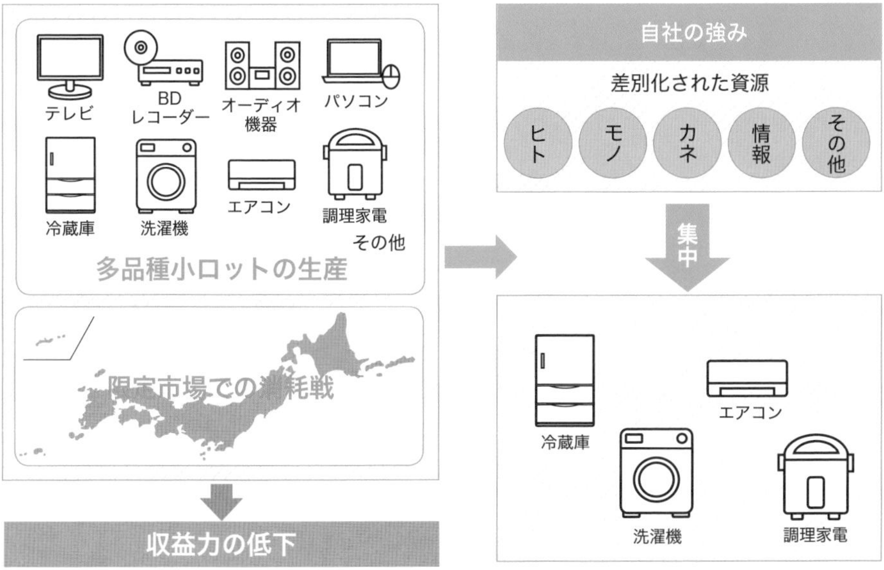

「選択と集中」のメリット、デメリット

メリット	内容
リソースの最適化	企業が持つリソース（資金、人材、技術など）を特定の領域に集中投資することで、その領域での効果的な成果が期待でき、事業価値が高まる
競争力の強化	一つの領域や事業に集中することで、深い専門知識や技術力を磨き、競争力を強化することが可能になる
意思決定の迅速化	事業領域が限定され、方針が明確になることで、迅速かつ適切な意思決定が可能となる
経営のシンプル化	事業領域を絞り込むことで経営の複雑さが軽減され、組織のスムーズな運営が可能になる
市場変動への対応力向上	特定の領域にリソースを集中することで、市場の変動や技術の進化に迅速に対応できる

デメリット	内容
リスクの集中	特定の事業領域に過度に依存することで、その領域に関連するリスクが高まる
新しいチャンスの機会損失	事業領域を絞り込むことで、新しい市場や新技術のチャンスを逃す可能性がある
従業員の不満	事業領域の縮小や撤退により、人員削減や組織再編が必要となることで、従業員の不安や不満が生じる場合がある
他領域への適応力不足	1つの領域にのみ集中することで、他の領域の変化や動向に適応できなくなる可能性がある
一時的な収益減	短期的には、事業領域の縮小やリソースの再配置により、収益が減少する可能性がある

Chapter9 08

DXとイノベーション

デジタルトランスフォーメーション（DX）とイノベーションは密接に関係しています。イノベーションを起こすには、経営者の高度な経営判断が必要です。それは、家電メーカーの競争力の維持と成長の実現に欠かせません。

イノベーションを実現する手段としてのDX

イノベーションは、社会・顧客の課題解決につながる革新的な手法（技術・アイデア）や既存手法の新たな組み合わせで新たな価値（製品・サービスなど）を創造する活動です。一方、DXは、この革新を実現するためのデジタル技術の積極的な活用を指します。具体的には、顧客や社会のニーズを基に、製品やサービス、**ビジネスモデル**を変革するとともに、業務そのものや、組織、プロセス、企業文化・風土を変革し、競争上の優位性を確立することです。したがって、イノベーションは目的であり、DXは目的を実現するための手段の１つといえます。

DXとよく混同されるのがスマートファクトリーです。これは製造部門でデジタル化を進めていくもので、DXは製造業のビジネスや会社組織全体の変革を行うものです。つまり、スマートファクトリーはDXを構成する一部といえます。

ビジネスモデル
企業が価値を創造し、その価値を顧客に提供し、その過程で利益を生み出す方法のこと。例えば、定期的な支払いと引き換えに、継続的なサービスや製品を提供するサブスクリプションモデルがある。

顧客満足度を向上させ、競争力を高めるDX

DXは、製品開発から製造プロセス、顧客サービスまで、あらゆる側面でデジタル技術を活用する取り組みです。これにより、生産性向上とコスト削減が可能となり、またデータに基づく意思決定が推進されます。顧客の期待は絶えず変化し、新しい製品が求められます。このとき、**デザイン思考**が製品やサービスの改良や新しいアイデアの発展に役立ちます。一方、顧客のフィードバックは製品の改善に役立ち、顧客満足度を向上させ、競争力を高めるのに寄与します。今後、デジタル技術の導入に敏感に反応し、柔軟なアプローチでDXとイノベーションを統合した戦略を展開することが、成功の鍵となります。

デザイン思考
ユーザー視点に立ち、プロトタイピング（実用的なモデル作成）を通じて実践的な解決策を探り、ビジネス目標達成に向けて課題を解決する思考法。

イノベーションとDXの関係性

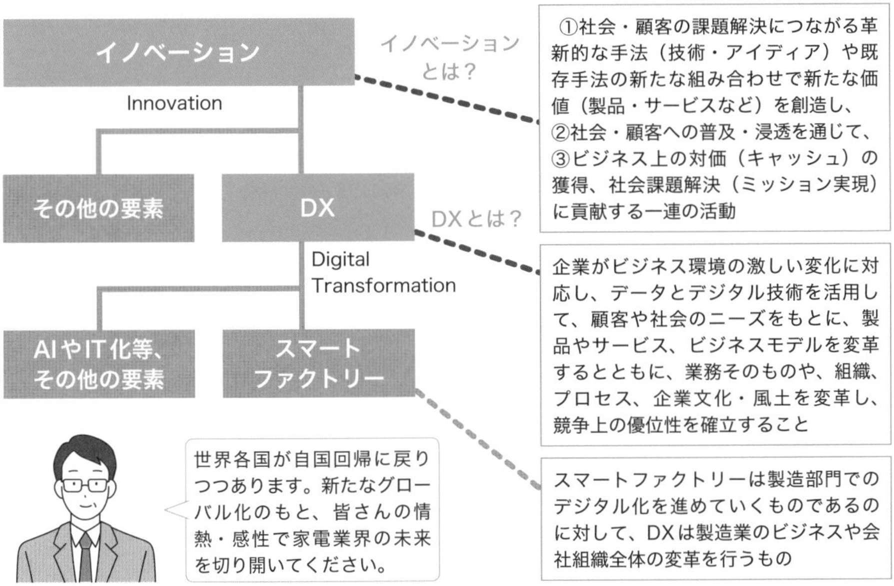

イノベーションの一例

イノベーション（例）	内容
製品デザインの革新	家電メーカーが製品デザインにおける革新を実施する際、製品の外観や形状、ユーザーインターフェースなどを革新的に設計し、市場での差別化を図っている場合などが該当する。競合他社の製品と差別化され、新たな市場でのニーズを喚起し、製品デザインの革新を起こすものである
新たな製品カテゴリーの創造	家電メーカーが新たな製品カテゴリーを創造するイノベーションは、市場に新しい種類の製品を導入し、競争力を高めている場合などが該当。例えば、スマートホーム用の家電製品やエコフレンドリーな家電製品を開発し、これまでにない市場を開拓し、新たな製品カテゴリーの創造といったイノベーションを起こすものである
新しい技術の導入	家電メーカーが新しい技術を導入するイノベーションは、最新のテクノロジーを製品に組み込むことで競争力を高めている場合などが該当。例えば、人工知能（AI）を用いて、製品の自動化や顧客サポートの向上を実現し、新しい技術の導入といったイノベーションを起こすものである
顧客との共創	家電メーカーが顧客との共創を推進するイノベーションは、顧客からの要望やアイディアを収集し、製品やサービスの改善に生かすことで、ユーザーエクスペリエンスを向上させる場合などが該当する。顧客の協力により、新たなアイディアや機能が生まれ、顧客との共創といったイノベーションを起こすものである

索引

英数字

あ行

か行

さ行

た行

な行

は行

ま行

や行

ら行

■参考文献

山名一郎『業界の最新常識 よくわかる家電量販店業界』（日本実業出版社）
一般社団法人電子情報技術産業協会「責任ある企業行動ガイドライン」
一般社団法人日本電機工業会「家電サブスクリプションビジネスのグローバル需要調査エグゼクティブサマリ」
日経クロステックウェブサイト「インダストリー4.0とは何だったのか、登場から10年を機に振り返る」
各メーカーウェブサイト
各家電量販店ウェブサイト
総務省ウェブサイト「ビッグデータの活用に関する アドホックグループの検討状況」
国立研究開発法人国立環境研究所ウェブサイト「環境展望台」
経済産業省中部経済産業局ウェブサイト「スマートファクトリーロードマップ」
外務省ウェブサイト「SDGsとは」

著者紹介

堀田 泰希(ほった　やすき)

大手家電量販企業の幹部職として勤務した後、2007年独立して堀田経営コンサルティング事務所を開業。家電メーカー、専門メーカーをはじめ、大手家電量販企業など、家電業界の研修教育活動に取り組んでいる。海外では、2010年に中華人民共和国最大手家電量販企業（当時）の旗艦店店長約50名を対象に長期間にわたる「店長研修」を現地にて実施。また、中小企業などのコンサルティング実績は延べ1,000件を超える。

■装丁　　　　井上新八
■本文イラスト　関上絵美・晴香
■本文デザイン　株式会社エディポック
■編集／DTP　　株式会社エディポック
■担当　　　　矢野俊博

図《ず》解《かい》即《そく》戦《せん》力《りょく》
家《か》電《でん》業《ぎょう》界《かい》のしくみと仕《し》事《ごと》が
これ1冊《さつ》でしっかりわかる教《きょう》科《か》書《しょ》

2024年3月2日　初版　第1刷発行

著　者　堀田《ほった》　泰希《やすき》
発行者　片岡　巌
発行所　株式会社技術評論社
東京都新宿区市谷左内町21-13
電話　03-3513-6150　販売促進部
　　　03-3513-6160　書籍編集部
印刷／製本　株式会社加藤文明社

ISBN978-4-297-13979-7 C0034　　Printed in Japan

◆ お問い合わせについて

- ご質問は本書に記載されている内容に関するもののみに限定させていただきます。本書の内容と関係のないご質問には一切お答えできませんので、あらかじめご了承ください。
- 電話でのご質問は一切受け付けておりませんので、FAXまたは書面にて下記問い合わせ先までお送りください。また、ご質問の際には書名と該当ページ、返信先を明記してくださいますようお願いいたします。
- お送りいただいたご質問には、できる限り迅速にお答えできるよう努力いたしておりますが、お答えするまでに時間がかかる場合がございます。また、回答の期日をご指定いただいた場合でも、ご希望にお応えできるとは限りませんので、あらかじめご了承ください。
- ご質問の際に記載された個人情報は、ご質問への回答以外の目的には使用しません。また、回答後は速やかに破棄いたします。

◆ お問い合せ先

〒162-0846
東京都新宿区市谷左内町21-13
株式会社技術評論社　書籍編集部
「図解即戦力
家電業界のしくみと仕事が
これ1冊でしっかりわかる教科書」係
FAX：03-3513-6167
技術評論社ホームページ
https://book.gihyo.jp/116